AF598445

Gmelin Handbuch der Anorganischen Chemie

Ergänzungswerk zur achten Auflage

New Supplement Series

Metall-Organische Verbindungen im Gmelin Handbuch

Organometallic Compounds in the Gmelin Handbook

Die folgende Aufstellung gibt eine Anleitung, in welchen Bänden diese Verbindungen behandelt wurden bzw. sich Hinweise befinden:

The following listing indicates in which volumes these compounds are discussed or are referred to:

Transurane	Ergänzungswerk, Band 4
Silber	„Silber" B 5
Zirkonium	Ergänzungswerk, Band 10
Hafnium	Ergänzungswerk, Band 11
Vanadium	Ergänzungswerk, Band 2, und „Vanadium" B
Niob	„Niob" B 4
Tantal	„Tantal" B 2
Chrom	Ergänzungswerk, Band 3
Eisen	Ergänzungswerk, Band 14, und „Eisen" B
Ruthenium	„Ruthenium" Erg.-Bd.
Kobalt	Ergänzungswerk, Band 5 und 6, sowie „Kobalt" Erg.-Bd. A, B 1 und B 2
Nickel	Ergänzungswerk, Band 16, 17 und 18, und „Nickel" B 3 und C
Platin	„Platin" C und D
Zinn	Ergänzungswerk, Band 26 und 29

Gmelin Handbuch der Anorganischen Chemie

BEGRÜNDET VON Leopold Gmelin

Ergänzungswerk zur achten Auflage

ACHTE AUFLAGE begonnen im Auftrage der Deutschen Chemischen Gesellschaft von R. J. Meyer
E. H. E. Pietsch und A. Kotowski

fortgeführt von
Margot Becke-Goehring

HERAUSGEGEBEN VOM Gmelin-Institut für Anorganische Chemie
der Max-Planck-Gesellschaft zur Förderung der Wissenschaften

Springer-Verlag
Berlin · Heidelberg · New York 1976

Gmelin Handbuch der Anorganischen Chemie

Ergänzungswerk zur achten Auflage

New Supplement Series

Band 30

Zinn-Organische Verbindungen

Teil 3

Zinntetraorganyle $R_2SnR'_2$, $R_2SnR'R''$, $RR'SnR''R'''$,
Heterocyclen und Spirane

von **Herbert Schumann** und **Ingeborg Schumann**

BEARBEITER DIESES BANDES (AUTHORS) — Herbert Schumann, Ingeborg Schumann, Technische Universität Berlin

FORMELREGISTER (FORMULA INDEX) — Ursula Hettwer, Gmelin-Institut, Frankfurt am Main

REDAKTEUR DIESES BANDES (EDITOR) — Hubert Bitterer, Gmelin-Institut, Frankfurt am Main

Springer-Verlag
Berlin · Heidelberg · New York 1976

ENGLISCHE FASSUNG DER STICHWÖRTER NEBEN DEM TEXT:
ENGLISH HEADINGS ON THE MARGINS OF THE TEXT:

H. J. KANDINER, SUMMIT, N. J.

DIE LITERATUR IST VOLLSTÄNDIG BIS ENDE 1973 AUSGEWERTET
LITERATURE CLOSING DATE: COMPLETELY UP TO THE END OF 1973

Die vierte bis siebente Auflage dieses Werkes erschien im Verlag von Carl Winter's Universitätsbuchhandlung in Heidelberg

Library of Congress Catalog Card Number: Agr 25-1383

ISBN 3-540-93307-7 Springer-Verlag, Berlin · Heidelberg · New York
ISBN 0-387-93307-7 Springer-Verlag, New York · Heidelberg · Berlin

LN-Druck Lübeck

Vorwort

Im Ergänzungswerk zur 8. Auflage des Gmelin Handbuchs erschienen 1975 als Band 26 und 29 die ersten Lieferungen der Serie „Zinn-Organische Verbindungen". Darin wurden die einkernigen Verbindungen vom Typ SnR_4 und R_3SnR' behandelt, in denen vier Liganden über Kohlenstoff an ein Sn-Atom gebunden sind. Der nun vorliegende dritte Band enthält die Verbindungen vom Typ $R_2SnR'_2$, $R_2SnR'R''$, $RR'SnR''R'''$ und Heterocyclen, in denen Sn als Heteroatom in einem Ring von 4 C-Atomen umgeben ist, sowie die entsprechenden Spirane. Damit ist nun die Behandlung der Verbindungen nach Abschnitt 1.1 (s. Vorwort zu Teil 1) abgeschlossen. Wegen der einheitlichen Betrachtung dieser Verbindungen wurden auch im vorliegenden Band wieder nur die Arbeiten berücksichtigt, die bis Ende 1973 erschienen waren. Es wurde bewußt davon abgesehen, einzelne Arbeiten von 1974 oder 1975 auszuwerten, da durch die spezifische Interessenlage der Autoren ein verschobenes Bild entstehen könnte.

Für den als nächsten geplanten Band dieser Serie, der die einkernigen Organozinnhydride enthalten und der ebenfalls in diesem Jahr erscheinen wird, ist als Literaturschlußtermin Ende 1974 vorgesehen.

Auch an dieser Stelle möchten wir wieder Frau Professor Becke und ihren Mitarbeitern im Gmelin-Institut für die ausgesprochen angenehme Zusammenarbeit danken. Unser Dank gilt auch Frau E. Redlinger für die sorgfältige Führung und Bearbeitung der Literaturkartei sowie den Mitarbeiterinnen und Mitarbeitern der Abteilung Chemie der Universitätsbibliothek der Technischen Universität Berlin für ihre Hilfe bei der Beschaffung der Literatur.

Berlin-Lichtenrade, Mariä Lichtmeß 1976

Herbert Schumann
Ingeborg Schumann

Preface

With Volumes 26 and 29 of the New Supplement Series of Gmelin Handbook the first two volumes of the series "Organotin Compounds" have been published in 1975. In these volumes those mononuclear compounds are treated in which four ligands are carbon-bonded to tin. The present third volume contains compounds of the types $R_2SnR'_2$, $R_2SnR'R''$, $RR'SnR''R'''$, and heterocycles in which Sn as heteroatom in a ring is surrounded by four C atoms, as well as the respective spiranes. Herewith, the treatment of compounds as mentioned in Section 1.1 (see Preface to Part 1) has been completed. In order to guarantee a uniformous treatment of these compounds, also for the present volume only such publications have been considered which had appeared until the end of 1973. It was voluntarily avoided to evaluate single papers from 1974 or 1975, because by the specific interests of the individual authors the general picture might be distorted.

For the next volume projected within this series, which will contain the mononuclear organotin hydrides and is to be published also this year, the end of 1974 has been foreseen as literature deadline.

Also on this occasion we would like to repeat our thanks to Professor Becke and her co-workers at the Gmelin-Institute for the excellent co-operation. Likewise our thanks are due to Mrs. E. Redlinger for the meticulous handling of the literature index as well as to the members of the chemistry department of the library of Technische Universität Berlin for their assistance in procuring the literature.

Berlin-Lichtenrade, Candlemas Day 1976

Herbert Schumann
Ingeborg Schumann

Aus dem Vorwort zu Teil 1

Die metallorganische Chemie — oder besser Organoelementchemie — hat in der zweiten Hälfte unseres Jahrhunderts ständig an Bedeutung gewonnen. Innerhalb dieses Forschungsgebietes nimmt die Organozinnchemie heute eine sehr wichtige Stellung ein. Obgleich die erste Organozinnverbindung, nämlich Diäthylzinnjodid, bereits 1849 von Frankland dargestellt wurde, vergingen 100 Jahre bis zum Beginn einer stürmischen Entwicklung dieser Organozinnchemie. Als vornehmliche Ursache für diesen Fortschritt ist die Erkenntnis der großen Anwendungsbreite dieser Verbindungen in Industrie, Technik und Landwirtschaft anzusehen. Von den vielfältigen Verwendungsmöglichkeiten von Organozinnverbindungen sei an dieser Stelle nur kurz auf die durch sie bewirkte Stabilisierung von PVC gegen Lichteinwirkung und deren Anwendung als Fungizide hingewiesen. Das immer stärker werdende Interesse an diesen Verbindungen — bis 1935 erschienen etwa 200 Publikationen, bis 1960 etwa 1000, bis 1970 etwa 5000 und nun jährlich gegen 1000 — rechtfertigt die Herausgabe einer zusammenfassenden Rückschau über das bisher erarbeitete Wissen auf diesem Teilgebiet der Chemie.

Die Serie enthält nur Verbindungen, in denen an Sn mindestens ein organischer Rest über C gebunden ist. Organozinnverbindungen, wie beispielsweise $Sn[P(C_6H_5)_2]_4$, werden hier nicht behandelt. Auch Cyanide gelten als anorganische Zinnverbindungen. Die Gliederung erfolgt nach folgendem Schema:

1 Verbindungen, die ein Sn-Atom enthalten — Einkernige Verbindungen
2 Zweikernige Verbindungen
3 Dreikernige Verbindungen
4 Vierkernige Verbindungen
5 Fünfkernige Verbindungen
6 Mehrkernige oligomere Verbindungen
7 Mehrkernige polymere Verbindungen

Die Untergliederung innerhalb jeden Hauptpunktes richtet sich nicht nach dem Gmelin-System, sondern ist abhängig von der Bindung:

–.1 Verbindungen mit 4 Sn-C-Bindungen
–.2 Verbindungen mit Sn-H-Bindungen
–.3 Verbindungen mit Sn-Halogen-Bindungen
–.4 Verbindungen mit Bindungen zu den Elementen der VI. Gruppe
–.5 Verbindungen mit Bindungen zu Elementen der V. Gruppe
–.6 Verbindungen mit Bindungen zu Elementen der IV. Gruppe
–.7 Verbindungen mit Bindungen zu Elementen der III. Gruppe
–.8 Verbindungen mit Bindungen zu Elementen der II. Gruppe
–.9 Verbindungen mit Bindungen zu Elementen der I. Gruppe
–.10 Verbindungen mit Bindungen zu Nebengruppenmetallen
–.11 Komplexverbindungen mit Koordination am Sn
–.12 Sonstige Verbindungen

Innerhalb dieser Gliederung gilt das Prinzip der letzten Stelle. Dieses wird nur dann durchbrochen, wenn die Gründe der Übersicht das notwendig erscheinen lassen. Verbindungen, die nach neueren Untersuchungen entgegen der bisherigen Meinung assoziiert sind, erscheinen an der Stelle der kleinsten Einheit. So wird das polymere $(CH_3)_2SnF_2$ bei den einkernigen Organozinnfluoriden behandelt.

Die Nomenklatur der Verbindungen lehnt sich an die Richtlinien der IUPAC an. Die Kohlenwasserstoffreste werden nur speziell gekennzeichnet, wenn es sich um verzweigte oder cyclische Isomere von n-Alkylresten handelt.

Intensitätsangaben bei den IR-Spektren erfolgen in Anlehnung an deutsche Abkürzungen. Es bedeuten: st = stark, m = mittel, s = schwach, Sch = Schulter.

Die chemische Verschiebung in den NMR-Spektren ist wie in den Originalen als δ, τ oder $\Delta\nu$ angegeben; eine Umrechnung wurde nicht vorgenommen. Soweit nichts anderes vermerkt, ist bei der ^{1}H-NMR-Spektroskopie die Spektrometerfrequenz (bei der Angabe der chemischen Verschiebung in Hz) stets 60 MHz und die Bezugssubstanz Tetramethylsilan (TMS). Positives Vorzeichen von δ oder $\Delta\nu$ bedeutet stets, daß die Verschiebung gegenüber der Bezugssubstanz nach der Seite der höheren Feldstärke des äußeren Feldes erfolgt ist.

Bei der Synthese von Verbindungen werden nur dann Mengenangaben gemacht, wenn sie stark von den durch die Stöchiometrie geforderten Mengen abweichen.

Bei der Auswertung der Literatur wurde Vollständigkeit angestrebt. Jedoch konnten Publikationen, die nicht oder unkenntlich in den Chemical Abstracts referiert wurden, naturgemäß nicht berücksichtigt werden. Auf eine lückenlose Auswertung der sehr umfangreichen Patentliteratur wurde verzichtet; in der Regel wurden hierbei nur die in den Chemical Abstracts referierten Tatsachen bearbeitet.

From the Preface of Part 1:

The significance of metalorganic chemistry has increased considerably during recent years and within this area organotin chemistry reigns as one of the most important branches. The first organotin species, i.e., diethyltin diiodide, was prepared by Frankland in 1849; however, a lively development of organotin chemistry began only about one century later, primatily due to the potential application of such compounds in industry, technology, and agriculture. For example, organotin compounds tend to stabilize PVC toward photolytic attack and are active fungicides. The steadily increasing interest—about 200 publications until 1935, about 1000 until 1960, 5000 until 1970 and at present about 1000 annually—justifies a compilation of the available data in this area of chemistry.

The present series encompasses only compounds containing at least one tin-to-carbon bond; species such as $Sn[P(C_6H_5)_2]_4$ will not be considered and cyanides are viewed as inorganic tin derivatives. The material is grouped as follows:

1 Compounds containing only one tin atom (=mononuclear compounds)
2 Dinuclear compounds
3 Trinuclear compounds
4 Fournuclear compounds
5 Fivenuclear compounds
6 Polynuclear oligomeric compounds
7 Polynuclear polymeric compounds

Within each group of compounds the material is arranged in dependency of the substituents rather than by following the usual Gmelin System, i.e.:

–.1 Compounds containing four Sn-C bonds
–.2 Compounds containing Sn-H bonds
–.3 Compounds containing Sn-halogen bonds
–.4 Compounds containing bonds to main group six elements
–.5 Compounds containing bonds to main group five elements
–.6 Compounds containing bonds to main group four elements
–.7 Compounds containing bonds to main group three elements
–.8 Compounds containing bonds to main group two elements
–.9 Compounds containing bonds to main group one elements
–.10 Compounds containing bonds to transition metals
–.11 Complex compounds containing coordinated Sn
–.12 Other species

Within this arrangements the principle of the last position is usually adhered though is sometimes overruled in order to maintain the clarity of the presentation. Those compounds that—based on most recent studies and in contrast to earlier reports—are associated are delt with in the form of their smallest known entity. For example, polymeric $(CH_3)_2SnF_2$ is discussed with the mononuclear organotin fluorides.

As a rule the nomenclature as recommended by IUPAC is used; those hydrocarbon groups that are branched or cyclic isomers of n-alkyl moieties are specifically identified.

Intensity abbreviations for IR spectra are: st = strong, m = medium, s = weak, Sch = shoulder.

As in original publications the chemical shift in NMR spectroscopy has been cited as δ, τ or $\Delta\nu$; no conversions have been made. Nothing contrary being stated, the spectrometer frequency (for chemical shifts measured in Hz) in ^{1}H-NMR-spectroscopy is always 60 MHz, the reference standard tetramethylsilane (TMS). Positive signs of δ or $\Delta\nu$ generally mean a high field shift as compared to the standard.

Quantity data on preparations are specified only in those cases where a considerable deviation from the normal stoichiometry exists.

The literature coverage was attempted to be as complete as feasible but those publications that are not or not clearly abstracted by C.A. are not considered nor are all of the voluminous patent data. As a rule from patent data only those facts as presented in C.A. are fully reflected.

Inhaltsverzeichnis

Table of Contents

Zinn-Organische Verbindungen

Organotin Compounds

1.1.3 Verbindungen des Typs $R_2SnR'_2$

Compounds of the $R_2SnR'_2$ Type

Zinntetraorganyle des Typs $R_2SnR'_2$ entsprechen in ihren Eigenschaften den Verbindungen des Typs R_3SnR'. Zu ihrer Darstellung werden die entsprechenden Verfahren angewandt.

Allgemeine Literatur

General Literature

Vgl. die Vorbemerkungen in Erg.-Werk, Bd. 26 „Zinn-Organische Verbindungen" Teil 1, S. 1.

A. Ya. Yakubovich, V. A. Ginsburg, The Diazo Method of Synthesis of Heteroorganic Compounds of the Aliphatic Series, Usp. Khim. **20** [1951] 734/58.

R. West, E. G. Rochow, A System of Bond Refractions for Tin Compounds, J. Am. Chem. Soc. **74** [1952] 2490/1.

J. Chatt, A. A. Williams, The Nature of the Co-ordinate Link. The Dissociation Constants of the Acids p-$R_3MC_6H_4CO_2H$ (M = C, Si, Ge, and Sn and R = CH_3 and C_2H_5) and the Relative Strengths of d_π-p_π Bonding in the M-C_{ar} Bond, J. Chem. Soc. **1954** 4403/11.

R. G. Jones, H. Gilman, Methods of Preparation of Organometallic Compounds, Chem. Rev. **54** [1954] 835/90.

A. I. Vogel, W. T. Cresswell, J. Leicester, Bond Refractions for Tin, Silicon, Lead, Germanium, and Mercury Compounds, J. Phys. Chem. **58** [1954] 174/7.

C. R. Gloskey, Organotin Compounds, Ind. Eng. Chem. **49** [1957] 47A/49A.

M. Farnsworth, J. Pekola, Determination of Tin in Inorganic and Organic Compounds and Mixtures, Anal. Chem. **31** [1959] 410/4.

H. V. Smith, The Development of the Organotin Stabilizers, Tin Research Institute, Greenford, Middlesex, 1959.

M. S. Blum, J. J. Pratt, Relationships Between Structure and Insecticidal Activity of some Organotin Compounds, J. Econ. Entomol. **53** [1960] 445/8.

J. G. Noltes, J. G. A. Luijten, G. J. M. van der Kerk, Investigations on Organotin Compounds. The Antifungal Properties of some Functionally Substituted Organotin Compounds, J. Appl. Chem. [London] **11** [1961] 38/40.

O. A. Reutov, O. A. Ptitsyna, M. F. Turchinskii, Paper Chromatography of Diaryl Organotin Compounds and its Use in Studying the Products of Reaction Between Unsymmetric Diaryliodonium Salts of Tin Dichloride, Dokl. Akad. Nauk SSSR **139** [1961] 146/9.

R. Sayre, Molar Refraction. The Extension of the Eisenlohr-Denbigh System of Correlation to Liquid Organotin Compounds, J. Chem. Eng. Data **6** [1961] 560/4.

G. J. M. van der Kerk, J. G. A. Luijten, J. C. van Egmond, J. G. Noltes, Fortschritte auf dem Organozinngebiet, Chimia [Aarau] **16** [1962] 36/42.

T. Wojnarowski, Organometallic Macromolecular Substances, Polimery **7** [1962] 165/8.

R. A. Cummins, P. Dunn, The Infrared Spectra of Organotin Compounds, Australia Commonwealth Dept. Supply Defence Std. Lab. Rept. Nr. 266 [1963].

U. Prösch, H.-J. Zöpfl, Die gaschromatographische Analyse der Methyl-Äthylzinnverbindungen, Z. Chem. [Leipzig] **3** [1963] 97/100.

J. M. Birmingham, Synthesis of Cyclopentadienyl Metal Compounds, Advan. Organometal. Chem. **2** [1964] 365/413.

M. Danzig, The Synthesis of Organotin and Organosilicon Derivatives of Fluorene and Related Compounds, Diss. Univ. of Cinncinnati, 1964, 118 S.; Diss. Abstr. **24** [1964] 4991/2.

W. P. Neumann, Die Hydrostannierung ungesättigter Verbindungen, Angew. Chem. **76** [1964] 849/59.

P. M. Treichel, F. G. A. Stone, Fluorocarbon Derivatives of Metals, Advan. Organometal. Chem. **1** [1964] 143/220.

M. L. Maddox, S. L. Stafford, H. D. Kaesz, Applications of NMR to the Study of Organometallic Compounds, Advan. Organometal. Chem. **3** [1965] 1/179.

R. D. Chambers, T. Chivers, Pentafluorophenyl-metal Compounds, Organometal. Chem. Rev. **1** [1966] 279/304.

G. N. Gorshkova, M. A. Chubarova, A. M. Sladkov, L. K. Luneva, V. I. Kasatochkin, Absorption Spectra of some Organometallic Compounds Containing Prop-2-ynyl Groups, Zh. Fiz. Khim. **40** [1966] 1433/4; Russ. J. Phys. Chem. **40** [1966] 779/80.

K. Itoh, S. Sakai, Y. Ishii, Some Addition Reactions of Group IVb Organometallics to Unsaturated Compounds, Yuki Gosei Kagaku Kyokai Shi **24** [1966] 729/40.

C. Tamborski, Perfluoroorganometallic Compounds, Trans. N.Y. Acad. Sci. [2] **28** [1966] 601/10.

D. Bodiot, Spectres d'absorption infra-rouge des composés organométalliques de l'étain ou de plomb, Rev. Chim. Minerale **4** [1967] 957/75.

R. D. Chambers, T. Chivers, Pentafluorophenyl-metal Compounds, Usp. Khim. **36** [1967] 1117/39.

W. E. Davidsohn, M. C. Henry, Organometallic Acetylenes of the Main Groups III-V, Chem. Rev. **67** [1967] 73/106.

V. I. Goldanskii, V. V. Khrapov, O. Yu. Okhlobystin, V. Ya. Rochev, ^{119}Sn: Metal Organic Compounds, in: V. I. Goldanskii, R. H. Herber, Chemical Applications of Mössbauer-Spectroscopy, New York 1968, S. 336/76.

V. I. Bregadze, O. Yu. Okhlobystin, Organoelement Derivatives of Barenes (Carboranes-10), Organometal. Chem. Rev. A **4** [1969] 345/77.

P. Cadiot, W. Chodkiewicz, Acetylenic Derivatives of Groups IIIb, IVb, and Vb, Chem. Acetylenes **1969** 913/73.

Y. Jitsu, N. Kudo, K. Sato, T. Teshima, Determination of Organotin Compounds by Gas Chromatography, Bunseki Kagaku **18** [1969] 169/75; C.A. **70** [1969] Nr. 120924.

T. Chivers, Chlorocarbon and Bromocarbon Derivatives of Metals and Metalloids, Organometal. Chem. Rev. A **6** [1970] 1/64.

H. G. Kuivila, Reduction of Organic Compounds by Organotin Hydrides, Synthesis **1970** 499/509.

K. U. Ingold, B. P. Roberts, Free-Radical Substitution Reactions, New York 1971.

M. Gielen, J. Nasielski, Organotin Compounds with Sn-C-Bonds, in: A. K. Sawyer, Organotin Compounds, Bd. 3, New York 1972, S. 625/822.

J. G. A. Luijten, The Use of Organotin Compounds in Organic Synthesis, Chem. Ind. [London] **1972** 103/4.

J. Nasielski, Two Aspects of Penta-Coordination in Organometallic Chemistry, Pure Appl. Chem. **30** [1972] 449/62.

I. Omae, Organometallic Intramolecular-Coordination Compounds Containing Carbonyl Groups, Rev. Silicon Germanium Tin Lead Compounds **1** [1972] 59/96.

E. W. Abel, M. O. Dunster, A. Waters, Cyclopentadienyl Compounds of Silicon, Germanium, Tin, and Lead, J. Organometal. Chem. **49** [1973] 287/321.

R. Gupta, B. Majee, Studies on Organotin Compounds Using the Del Re Method. Mössbauer Spectra of Organotin Compounds, J. Organometal. Chem. **49** [1973] 203/11.

1.1.3.1 Dimethyldiorganylzinn $(CH_3)_2SnR'_2$

Dimethyl-diorganyl Tin

$(CH_3)_2Sn(C_2H_5)_2$

Darstellung. Dimethyldiäthylzinn entsteht bei der Umsetzung von $(C_2H_5)_2SnCl_2$ mit CH_3MgJ in Diäthyläther [1] in 63%iger Ausbeute [2] sowie bei der Grignard-Synthese aus $CH_3(C_2H_5)_2SnCl$ oder $(CH_3)_2(C_2H_5)SnCl$ und CH_3MgJ bzw. C_2H_5MgJ in Diäthyläther [3] oder aus $[(CH_3)_2SnO]_n$ und C_2H_5MgCl in Toluol [4]. Auch aus $SnCl_4$ und einer Mischung aus CH_3MgJ und C_2H_5MgBr entsteht die Verbindung in Diäthyläther nach 2stündigem Rückflußkochen in Ausbeuten zwischen 40 und 60% [5]. Das älteste Verfahren ist die Synthese aus $(C_2H_5)_2SnJ_2$ und $Zn(CH_3)_2$ in Diäthyläther [6]. Die gleiche Reaktion führt auch ohne Lösungsmittel zum Ziel, wie auch die Umsetzung von $(CH_3)_2SnJ_2$ mit $Zn(C_2H_5)_2$ bei 100°C [7]. Außerdem entsteht die Verbindung bei der Alkylierung von $(CH_3)_2Sn(OOCC_{11}H_{23})_2$ mit $Al(C_2H_5)_3$ [8] und von $[(CH_3)_2SnS]_3$ mit $In(C_2H_5)_3$ in Diäthyläther [9]. Auch die Umsetzung von $(CH_3)_3SnBr$ mit $Sn(C_2H_5)_4$ [10] und von $Sn(CH_3)_4$ mit $OP(OC_2H_5)_3$ führt zur Bildung von $(CH_3)_2Sn(C_2H_5)_2$ [11]. Die Verbindung entsteht bei der Umsetzung von $(C_2H_5)_2SnH_2$ mit $CH_2{=}N_2$ in Diäthyläther [12] und bei der Addition von $(CH_3)_2SnH_2$ an Äthylen unter Bestrahlung bei Zimmertemperatur in Ausbeuten zwischen 22 und 31% neben $(CH_3)_2(C_2H_5)SnH$ [13]. Schließlich bildet sich $(CH_3)_2Sn(C_2H_5)_2$ auch bei der Komproportionierungsreaktion zwischen $Sn(CH_3)_4$ und $Sn(C_2H_5)_4$ [14, 15].

Zur Analyse der Verbindung mit Hilfe der Gaschromatographie s. [10, 11, 16, 25, 26, 27].

Bildungsenthalpie bei Bildung der gasförmigen Verbindung aus den Elementen $\Delta H^\circ_{298} = -28$ kcal/mol [17, 18].

Physikalische Eigenschaften. Siedepunkt 32°C/14 Torr [1], 131 bis 132°C/760 Torr [2, 4], 132°C/760 Torr [1], 132 bis 133°C/760 Torr [13], 134 bis 136°C/760 Torr [16], 144 bis 146°C/760 Torr [6] und 144 bis 147°C/760 Torr [12]. Dichte $D_4^0 = 1.2603$ [7], $D_4^{19} = 1.2319$ g/cm³ [6, 12]. Brechungsindex $n_D^{19} = 1.4650$ [2], $n_D^{20} = 1.4620$ [4]. Verdampfungsenthalpie $\Delta H_v = 8.9$ kcal/mol [13]. Die aus gaschromatographischen Daten ermittelte Trouton-Konstante beträgt 20.4 $cal \cdot mol^{-1} \cdot {}^\circ K^{-1}$ [16]. Im IR-Spektrum werden folgende Banden (in cm^{-1}) gefunden: 2950 Sch, 2920 st, 2880 st, 1703 s, 1680 s, 1470 m, 1460 Sch, 1428 m, 1380 m, 1234 s, 1197 m, 1190 m, 1014 m, 1000 Sch, 960 s, 940 m, 765 Sch, 744 st, 700 m, 668 m, 556 s, 519 st, 509 Sch [13]. Teilweise zugeordnetes Spektrum der flüssigen Verbindung: 2848 st (νCH_2), 2705 st, 2580 s, 2335 m, 2131 m, 1703 m, 1676 m, 1467 st (δCH_2), 1426 st (δCH_3), 1379 st (δCH_3), 1259 m, 1233 st (δCH_3), 1189 st (δCH_3), 1022 st (wag CH_2), 957 st (νCC), 939 st (ρCH_3C), 740 st (ρCH_3Sn), 698 st (ρCH_3Sn), 513 st (νSnC), der gasförmigen Verbindung: 2926 st (νCH_3), 2900 st (νCH_3), 2875 st, 1466 st, 1429 s, 1382 s, 1197 s, 1011 m, 938 s, 740 m [20]. ^1H-NMR-Spektrum: $\delta CH_3(CH_3) = 0$ Hz, $J(^1HC^{117}Sn) = 48.7$ Hz, $J(^1HC^{119}Sn) = 50.9$ Hz, $\delta CH_3(C_2H_5) = -69.5$ Hz, $J(^1HCC^{117}Sn) = 71.3$ Hz, $J(^1HCC^{119}Sn) = 75.0$ Hz [21]. Kopplungskonstanten für die CH_3Sn-Gruppe: $J(^1HC^{117}Sn) = 47.6$ Hz, $J(^1HC^{119}Sn) = 49.8$ Hz [22]. ^{119}Sn-NMR: $\delta = -7$ ppm (20%ige Lösung in CCl_4) [23]. Zum Massenspektrum und zur Diskussion der Ionisierungsenergien der registrierten metastabilen Ionen s. [24].

Reaktionen. Die Verbindung zerfällt unter der Einwirkung von Röntgen- [28] oder γ-Strahlung [29] unter Bildung von $Sn(CH_3)_4$, $CH_3Sn(C_2H_5)_3$, $(CH_3)_3SnC_2H_5$, Alkanen und Äthylen. J_2 spaltet die Verbindung unter Bildung von CH_3J neben $(C_2H_5)_2SnJ_2$ [7] bzw. $[(C_2H_5)_2SnJ]_2$ [6]. Bei der Spaltung mit HCl wird Methan und Äthan [6] sowie $CH_3(C_2H_5)SnCl_2$ gewonnen [1, 12]. Nach 2- bis 3stündigem Rückflußkochen mit $HgCl_2$ in absolutem Äthanol entsteht $(C_2H_5)_2SnCl_2$ in 85%iger Ausbeute [2]. Bei kinetischen Untersuchungen der Komproportionierung mit $(CH_3)_2SnCl_2$, die in Methanol in Gegenwart von $NaClO_4$ zur Bildung von $CH_3(C_2H_5)_2SnCl$ und $(CH_3)_3SnCl$ führt, wird eine Reaktion zweiter Ordnung festgestellt [30]. Benzoylperoxid spaltet die Verbindung in CCl_4 nach 12 h bei 75 bis 80°C im Einschlußrohr unter Bildung von CO_2, C_2H_6, C_2H_4, C_4H_{10}, CH_4, $CHCl_3$, $(CH_3)_2(C_2H_5)SnCl$ und $CH_3(C_2H_5)_2SnCl$ [31]. — Die Verbrennungsenthalpie beträgt $\Delta H = -1221 \pm 5$ kcal/mol [17, 18, 19].

Verwendung. Die Verbindung wird als Stabilisator für verschiedene Polyolefine [8] und als Katalysator für die Polymerisation von Olefinen verwendet [8, 32, 33].

$(CH_3)_2Sn(C_6H_5)_2$

Dimethyldiphenylzinn entsteht bei der Umsetzung von $(CH_3)_2SnCl_2$ mit C_6H_5MgBr in Diäthyläther [34] nach 3 h bei Zimmertemperatur und 1.5stündigem Rückflußkochen in 84%iger Ausbeute [35] bzw. bei der Grignard-Synthese aus $(C_6H_5)_2SnCl_2$ und CH_3MgBr in Diäthyläther [36]. Weitere Grignard-Synthesen bedienen sich der Umsetzung von $[(C_6H_5)_2Sn]_n$ mit J_2 und CH_3MgJ in Diäthyläther (70.5% Ausbeute) [37], von $[(C_6H_5)_2SnMg(C_6H_5)Br]_2$ mit J_2 und CH_3MgJ (40% Ausbeute) [38], von $[(C_6H_5)_3SnZnCl]_2$ mit $(C_6H_5)_3SnCl$, J_2 und CH_3MgJ in Tetrahydrofuran (70.5% Ausbeute) [39], von $[(C_6H_5)_2Sn]_n$ mit RJ und CH_3MgJ bzw. RBr und CH_3MgBr (R = C_2H_5, C_3H_7, C_4H_9) und von $[(C_6H_5)_2Sn]_n$ mit $(C_4H_9)_2SnJ_2$ und CH_3MgJ [21]. Weitere Synthesemöglichkeiten bestehen in der Umsetzung von $(C_6H_5)_2SnJ_2$ mit Na und CH_3J in flüssigem NH_3 (84% Ausbeute) [40], von $(CH_3)_2(C_6H_5)SnCl$ oder $CH_3(C_6H_5)_2SnCl$ mit Zn-Cu in Tetrahydrofuran im Verlauf von 25 bis 31 Tagen [41] und von $[(CH_3)_3Sn]_2$ mit $C_6H_5HgCCl_2F$ in Benzol nach 48stündigem Rückflußkochen [42]. Zur Analyse mittels Gaschromatographie s. [21].

Siedepunkt 80 bis 90°C/0.05 Torr [34], 96 bis 98°C/0.1 Torr [36], 98°C/0.2 Torr [35], 127 bis 140°C/3 Torr unter Zersetzung [40]. Brechungsindex $n_D^{26.5} = 1.5871$ [35]. UV-Spektrum (in nm): 247 ($\varepsilon = 200$), 253 ($\varepsilon = 400$), 259 ($\varepsilon = 400$), 265 ($\varepsilon = 400$) [43]. Im IR-Spektrum werden folgende Banden (in cm^{-1}) gefunden: 1300 m, 1260 m, 1190 m, 1075 st, 997 m, 750 st, 723 st, 696 st, 530 st, 517 st, 446 st [34]; 3065 st, 3050 m, 3015 m, 2990 m, 2920 m, 2865 s, 1579 s, 1480 m, 1425 st, 1331 s, 1298 s, 1257 s, 1188 s, 1073 st, 1020 s, 993 m, 746 m, 710 st, 693 st, 649 s, 525 m, 510 m, 438 m [35]. Die IR-Banden bei 515 und 530 cm^{-1} [44] und die Raman-Linien bei 534 cm^{-1} (depolarisiert) und 521 cm^{-1} (polarisiert) [34] werden den Valenzschwingungen Sn-CH_3 zugeordnet. ^1H-NMR-Spektrum: $\delta CH_3 = -28.2$ Hz, $J(^1HC^{117}Sn) = 53.0$ Hz, $J(^1HC^{119}Sn) = 55.4$ Hz, $\delta C_6H_5 = -444$ und -435 Hz [36]; $\delta CH_3 = -29.8$ Hz, $J(^1HC^{117}Sn) = 53.7$ Hz, $J(^1HC^{119}Sn) = 55.8$ Hz [21]; $\delta CH_3 = -0.47$ ppm [37]; $\delta CH_3 = -0.46$ ppm in CCl_4 und -0.52 ppm in Dimethylsulfoxid, $J(^1HC^{117}Sn) = 54.22$ bzw. 56.10 Hz, $J(^1HC^{119}Sn) = 57.30$ bzw. 58.50 Hz [45]; $\tau CH_3 = 9.45$, $J(^1HC^{117}Sn) = 52.2$ Hz, $J(^1HC^{119}Sn) = 54.4$ Hz, $\tau C_6H_5 = 2.49$ (Multiplett) [34]; $\tau CH_3 = 9.56$, $J(^1HC^{117}Sn) = 53$ Hz, $J(^1HC^{119}Sn) = 56$ Hz, $\tau C_6H_5 = 2.6$ bis 2.7 (Multiplett) [35]; $J(^1HC^{119}Sn) = 54.4$ Hz [44]. ^{119}Sn-NMR: $\delta = +59.8$ ppm [46].

Die Verbindung reagiert mit J_2 in CCl_4 unter Bildung von $(CH_3)_2(C_6H_5)SnJ$ und C_6H_5J [35], mit $ZnCl_2$ in THF-Methanol beim Rückflußkochen unter Bildung von Benzol [41], mit $Fe(CO)_5$ in Äthylcyclohexan beim Rückflußkochen unter Bildung von $[(CH_3)_2SnFe(CO)_4]_2$ [47], mit $Cr(CO)_6$ unter Bildung der über den bzw. die Phenylreste π-gebundenen Komplexe $(CH_3)_2(C_6H_5)SnC_6H_5Cr(CO)_3$ und $(CH_3)_2Sn[C_6H_5Cr(CO)_3]_2$ [34].

$(CH_3)_2Sn(C_6F_5)_2$

Die Verbindung entsteht durch Umsetzung von $(CH_3)_2SnCl_2$ mit C_6F_5MgCl [48] oder C_6F_5MgBr [49]. Beim 2tägigen Rückflußkochen von $(CH_3)_2SnBr_2$ mit C_6F_5MgBr in Diäthyläther werden 58% [50] bzw. 65% [51] Ausbeute erzielt. Außerdem entsteht die Verbindung aus $(CH_3)_2ClSnMn(CO)_5$ und C_6F_5Li in Diäthyläther. Auch C_6F_5MgBr kann zur Reaktion herangezogen werden [52].

Siedepunkt 74 bis 76°C/10^{-2} Torr [50], 94 bis 96°C/1.7 Torr [48, 49], 126°C/2.6 Torr [51]. Brechungsindex $n_D^{20} = 1.4912$ [51], 1.4970 [49]. Im UV-Spektrum der in Cyclohexan gelösten Verbindung erscheint eine Bande bei 265 nm ($\varepsilon = 1540$). In Methanol absorbiert die Verbindung bei 261.5 nm ($\varepsilon = 1140$) [50]. IR-Spektrum (in cm^{-1}): 2923 m, 2864 s, 1644 st, 1513 st, 1459 st, 1412 m, 1370 st, 1282 st, 1208 m, 1136 m, 1075 st, 1068 st, 1010 st, 961 st, 786 st, 723 m, 609 m, 582 s, 546 m, 528 m [50]. Die Bande bei 1645 cm^{-1} werden der $\nu C{=}C$, die bei 1075 und 965 cm^{-1} CF-Schwingungen zugeordnet [51]. ^1H-NMR-Spektrum: $\delta CH_3 = -1.05$ ppm, $J(^1HCSnCC^{19}F) = 0.4$ Hz, $J(^1HC^{119}Sn) = 64$ Hz [53]; $\delta CH_3 = -1.03$ ppm [54]; $\tau CH_3 = 9.1$, $J(^1HC^{119}Sn) = 65$ Hz [52]; $J(^1HC^{119}Sn) = 65.6$ Hz [55, 56]; $J(^1HCSnCC^{19}F) = 0.4$ Hz [57]. ^{19}F-NMR: $\delta F_o = 122.1$ ppm gegen CCl_3F, $\delta F_m = 160.2$ ppm, $\delta F_p = 151.4$ ppm [50], $\delta F_o = 121.8$ ppm, $\delta F_m = 159.8$ ppm, $\delta F_p = 150.6$ ppm [58]; $\delta F_o = -40.2$ ppm gegen C_6F_6, $\delta F_m = -2.6$ ppm, $\delta F_p = -11.6$ ppm. Kopplungskonstanten der C_6F_5-Gruppen: $J_{2,3} = 27.0$ Hz, $J_{3,4} = 19.0$ Hz, $J_{2,6} = 6.5$ Hz, $J_{3,5} = 1.4$ Hz, $J_{2,4} = 1.8$ Hz, $J_{2,5} = 12.0$ Hz [54]. Aus dem ^{19}F-NMR-Spektrum ist zu entnehmen, daß keine sterische Hinderung im Molekül vorliegt [59]. Mössbauer-Spektrum: $\delta = 1.23$ mm/s gegen SnO_2, $\Delta = 1.56$ mm/s [55, 56], $\delta = 1.25$ mm/s (SnO_2), $\Delta = 1.48$ mm/s [60], $\delta = 1.27$ mm/s (SnO_2), $\Delta = 1.50$ mm/s [61], $\delta = 1.34 \pm$

0.06 mm/s ($BaSnO_3$), $\Delta = 1.29 \pm 0.06$ mm/s [62], $\Delta = 1.48$ mm/s [63]. Del Re-Berechnungen, basierend auf Mössbauer-spektroskopischen Daten, s. bei [64]. Zum Massenspektrum s. [65].

Die Verbindung wird von wasserfreiem HCl unter Bildung von $(CH_3)_2SnCl_2$ und C_6F_5H gespalten [50]. Mit BCl_3 entsteht im Einschlußrohr bei Temperaturen zwischen 20 und 100°C je nach dem Mengenverhältnis der Ausgangskomponenten $(CH_3)_2SnCl_2$ neben $C_6F_5BCl_2$ oder $(C_6F_5)_2BCl$ [66]. Bei Temperaturen von 150°C reagiert $SnCl_4$ mit $(CH_3)_2Sn(C_6F_5)_2$ in einer Komproportionierungsreaktion unter Bildung von $(CH_3)_2SnCl_2$ neben $(C_6F_5)_2SnCl_2$ [48, 49]. Zur entsprechenden Reaktion mit $SnBr_4$ s. [49]. Bei der Umsetzung der Verbindung mit NaOH entsteht $[(CH_3)_2SnO]_n$ [50].

$(CH_3)_2SnR'_2$

Darstellung und Eigenschaften weiterer Verbindungen vom Typ $(CH_3)_2SnR'_2$, wobei R' einen organischen Rest bedeutet, sind in Tabelle 1 auf S. 6/14 aufgeführt.

Weitere Angaben zu den in der Tabelle aufgeführten Verbindungen (laufende Nummern mit Stern):

$(CH_3)_2Sn(CH_2Cl)_2$ (Tabelle **1**, Nr. **1**). Die Verbindung entsteht im Gemisch mit $(CH_3)_3SnCH_2Cl$, $(CH_3)_2(C_2H_5)SnCH_2Cl$ und $CH_3(C_2H_5)Sn(CH_2Cl)_2$. $R_{mol} = 45.63$ (ber.: 46.14). Zum IR-Spektrum im Bereich von 4000 bis 400 cm^{-1} und zum Massenspektrum s. Original [67]. ^1H-NMR-Spektrum: $\delta CH_3 = -0.32$ ppm, $J(^1HC^{117}Sn) = 55$ Hz, $J(^1HC^{119}Sn) = 57$ Hz, $\delta CH_2 = -3.12$ ppm, $J(^1HCSn) =$ 20 Hz (in CCl_4) [68]; $\delta CH_3 = -0.28$ ppm, $J(^1HCSn) = 57.6$ Hz, $\delta CH_2 = -3.04$ ppm, $J(^1HCSn) =$ 19.8 Hz (in reiner Form); $\delta CH_2 = -3.06$ ppm, $J(^1HCSn) = 19.2$ Hz (in CCl_4); $\delta CH_2 = -2.70$ ppm, $J(^1HCSn) = 19.2$ Hz (in Benzol) [67]. Mössbauer-Spektrum: $\delta = -0.80$ mm/s gegen α-Sn, $\Delta = 0$ mm/s [69], $\delta = 1.30$ mm/s gegen SnO_2, $\Delta = 0$ mm/s [70]. NQR-Spektrum: $\nu = 33.840$ bis 34.248 MHz [71], 34.032 MHz [72].

$(CH_3)_2Sn(CF{=}CF_2)_2$ (Tabelle **1**, Nr. **4**). Die Verbindung ist luftempfindlich und muß deshalb unter N_2 dargestellt werden. Das IR-Spektrum der flüssigen Verbindung ist in Tabelle 2 wiedergegeben [78]. Weitere Angaben über IR-Banden s. bei [77, 81]. ^1H-NMR-Spektrum: $\delta CH_3 =$ -0.58 ppm, $J(^1HC^{117}Sn) = 58.6$ Hz, $J(^1HC^{119}Sn) = 61.6$ Hz, $J(^1H^{13}C) = 131$ Hz [81]. ^{19}F-NMR: $\delta CF(F_3) = 191.6$ ppm gegen CCl_3F, $\delta CF_2(cis, F_2) = 121.2$ ppm, $\delta CF_2(trans, F_1) = 85.9$ ppm, $J(^{19}FC^{19}F) = 75$ Hz, $J(^{19}FCC^{19}F_{cis}) = 34$ Hz, $J(^{19}FCC^{19}F_{trans}) = 116$ Hz, $J(^{19}F_1Sn) = 29$ Hz, $J(^{19}F_2Sn) = 25$ Hz, $J(^{19}F_3{}^{117}Sn) = 199$ Hz, $J(^{19}F_3{}^{119}Sn) = 208$ Hz [79]. Die Verbindung reagiert mit BF_3 unter Bildung von $CF_2{=}CFBF_2$ [80], mit BCl_3 im Einschlußrohr bei 70°C je nach Stöchiometrie unter Bildung von $CF_2{=}CFBCl_2$ oder $(CF_2{=}CF)_2BCl$ [75, 76, 80], mit $(CF_2{=}CF)_2BCl$ unter Bildung von $(CF_2{=}CF)_3B$ [80], mit CF_3COOH unter Bildung von $CF_2{=}CHF$, wobei keine Sn-CH_3-Bindungen gespalten werden [75, 76], mit $(CH_3)_3SnH$ im Einschlußrohr bei 70°C unter Bildung von $(CH_3)_2SnF_2$, $CF_2{=}CHF$, $(CH_3)_3SnCF{=}CF_2$, $(CH_3)_3SnCF{=}CHF$, $(CH_3)_3SnF$, $(CH_3)_3SnCH{=}CF_2$, $(CH_3)_3SnC_2H_2F$, $(CH_3)_2Sn(CH{=}CF_2)_2$ und $(CH_3)_2Sn(CF{=}CHF)_2$ sowie mit $(CH_3)_2SnH_2$ bei gleichen Bedingungen unter Bildung gleicher Produkte [81].

Tabelle 2
IR-Spektrum von $(CH_3)_2Sn(CF{=}CF_2)_2$

Zuordnung	ν in cm^{-1}	Zuordnung	ν in cm^{-1}
$\nu_{as}CH$	3010 m	$\delta_sCH_3(Sn)$	1194 Sch
ν_sCH	2930 m	νCF	1121 st
νC=C	1720 st	νCF	1004 st
$\delta_{as}CH_3(Sn)$	1408 s	ρCH_3Sn	786 st
νCF	1274 st	ρCH_3Sn	734 Sch
$\delta_sCH_3(Sn)$	1203 s		

Kombinations- und Oberschwingungen s. im Original.

Tabelle 1

Nr.	Verbindung $(CH_3)_2SnR'_2$	Darstellung	Reaktionsbedingungen Eigenschaften	Ausbeute in %	Lit.
1*	$(CH_3)_2Sn(CH_2Cl)_2$	$R'_3SnCl + CH_3MgBr$	Diäthyläther, 15 h, Rückfluß; $t_s = 65.7$ bis 66.8°C/3.7 Torr, $n_D^{20} = 1.5221$, $D_4^{20} = 1.6559$	—	[67]
		$(CH_3)_2Sn(CH_2J)_2 + AgCl$	CH_3CN, 7 d, 25°C; $t_s = 68$ bis 70°C/4.8 Torr, $n_D^{25} = 1.5219$	68	[68]
2	$(CH_3)_2Sn(CH_2Br)_2$	$(CH_3)_2SnCl_2 + R'ZnBr$	THF, 2 h, 40°C; $n_D^{25} = 1.5561$	31	[68]
		$(CH_3)_2Sn(CH_2J)_2 + AgBr$	CH_3CN, 7 d, 25°C; NMR: $\delta CH_3 = -0.38$ ppm, $J(^1HC^{117/119}Sn) = 54/56$ Hz, $\delta CH_2 = -2.70$ ppm, $J(^1HCSn) = 18$ Hz	75	[68]
3	$(CH_3)_2Sn(CH_2J)_2$	$(CH_3)_2SnCl_2 + R'ZnJ$	THF, 2 h, 40°C; $n_D^{25} = 1.6448$	71	[74]
		$(CH_3)_2SnCl_2 + R'ZnJ$	THF, 4 h, 40°C; $t_s = 60$ bis 61°C/0.01 Torr, 68 bis 70°C/0.05 Torr, NMR: $\delta CH_3 = -0.42$ ppm, $J(^1HC^{117/119}Sn) = 54/56$ Hz, $\delta CH_2 = -2.07$ ppm, $J(^1HCSn) = 20$ Hz; bildet mit AgX die Verbindungen Nr. 1 und Nr. 2 (X = Cl, Br)	79	[68, 73]
4*	$(CH_3)_2Sn(CF{=}CF_2)_2$	$(CH_3)_2SnCl_2 + R'MgBr$	THF, 15 h, 50°C; $t_s = 58$°C/38 Torr, 59 bis 61°C/40 Torr	65	[75, 76, 77]
5	$(CH_3)_2Sn(C_2F_5)_2$	$(CH_3)_2SnCl_2 + R'MgJ$	THF, 15 h, 40°C; $t_s = 62$ bis 63°C/89 Torr, IR: 1315, 1195, 1098, 1063, 928 cm^{-1}	43	[82]
			NMR: $\delta CF_3 = 83.7$ ppm, $\delta CF_2 = 118.9$ ppm (CCl_3F)		[83]
			bildet mit CF_3COOH etwas CH_4		[82]
6*	$(CH_3)_2Sn(C{\equiv}CH)_2$	—	Massenspektrum	—	[84]
7*	$(CH_3)_2Sn(CF_2CHBrF)_2$	$(CH_3)_2SnH_2 + CF_2{=}CBrF$	19 h, 50°C, Bombenrohr	—	[86]
8*	$(CH_3)_2Sn(CF{=}CHF)_2$	$(CH_3)_3SnH$ oder $(CH_3)_2SnH_2$ + $(CH_3)_2Sn(CF{=}CF_2)_2$	25 bis 60°C, Einschlußrohr	—	[81]

Tabelle 1 (Fortsetzung)

Nr.	Verbindung $(CH_3)_2SnR'_2$	Darstellung	Reaktionsbedingungen Eigenschaften	Ausbeute in %	Lit.
9*	$(CH_3)_2Sn(CH{=}CF_2)_2$	wie Nr. 8	wie Nr. 8	—	[81]
10*	$(CH_3)_2Sn(CF_2CHF_2)_2$	$(CH_3)_2SnH_2 + CF_2{=}CF_2$	Bombenrohr; $t_s = 124°C$/Normaldruck	40 bis 75	[13, 86]
11*	$(CH_3)_2Sn(CH{=}CHF)_2$	wie Nr. 8	wie Nr. 8	—	[81]
12*	$(CH_3)_2Sn(CH{=}CH_2)_2$	$(CH_3)_2SnCl_2 + R'MgBr$	THF; 20 h, Rückfluß; $t_s = 118.5$ bis 120°C/759 Torr, $n_D^{25} = 1.4701$, $D_4^{25} = 1.265$, $R_{mol} = 44.75$ (ber.: 45.09)	79	[90]
		$(CH_3)_2SnX_2 + R'MgCl$	THF; $t_s = 120$ bis 121°C/760 Torr, $n_D^{25} = 1.4720$, $D_4^{25} = 1.284$	75	[92]
13	$(CH_3)_2Sn(CH{=}CH_2)_2 \cdot 2\,CuCl$	$(CH_3)_2Sn(CH{=}CH_2)_2$ + CuCl	−78°C, N_2; IR: $\nu C{=}C = 1500\ cm^{-1}$, NMR: $\tau CH_3 = 9.65$, $\tau CH{=}CH_2 = 4.75$; zersetzt sich oberhalb 120°C	62	[94]
14*	$(CH_3)_2Sn(C{\equiv}CCF_3)_2$	$(CH_3)_2SnCl_2 + R'MgBr$	Diäthyläther, 3 h, Rückfluß; $t_s = 156°C$/760 Torr	21	[99]
15	$(CH_3)_2Sn(CH_2C{\equiv}CH)_2$	$(CH_3)_2SnCl_2 + R'MgCl$	Diäthyläther, 12 h, 25°C; $t_s = 62°C$/5 Torr, IR: 1930, 1050 cm^{-1}	70	[103]
16*	$(CH_3)_2Sn(CH{=}C{=}CH_2)_2$	$(CH_3)_2SnCl_2 + R'MgBr$	Diäthyläther; farblose Flüssigkeit, $t_s = 90$ bis 91°C/21 Torr	23	[104, 105]
17*	$(CH_3)_2Sn(CH_2CH_2CF_3)_2$	—	—	—	[107, 108]
18*	$(CH_3)_2Sn(CH_2CH{=}CH_2)_2$	$(CH_3)_2SnCl_2 + R'MgCl$	Diäthyläther	—	[109]
		$(CH_3)_2SnCl_2 + R'MgBr$	Diäthyläther, 0°C; $t_s = 62°C$/12 Torr	78	[110]
19	$(CH_3)_2Sn(C_3H_7)_2$	$SnCl_4 + CH_3MgJ + R'MgBr$	Diäthyläther, 2 h, Rückfluß	40 bis 60	[111]
20	$(CH_3)_2Sn(iso\text{-}C_3H_7)_2$	$(CH_3)_2SnCl_2 + R'MgBr$	THF, 22 h, Rückfluß; $t_s = 68°C$/29 Torr, $n_D^{25} = 1.4621$, $D_4^{25} = 1.161$; reagiert mit J_2 zu $(CH_3)_2R'SnJ$ und $CH_3R'_2SnJ$	76.6	[112]
		$Al(CH_3)_3 + (R'_2SnO)_n$	Xylol; Stabilisator für Kunststoffe	—	[8]

Tabelle 1 (Fortsetzung)

Nr.	Verbindung $(CH_3)_2SRn_2'$	Darstellung	Reaktionsbedingungen Eigenschaften	Ausbeute in %	Lit.
21	$(CH_3)_2Sn[CH_2SiH(CH_3)_2]_2$	$(CH_3)_2SnCl_2 + R'MgCl$	Diäthyläther; $t_s = 101°C/20$ Torr, $n_D^{25} = 1.4743$, $D_4^{25} = 1.108$, $R_{mol} = 25.37$ (ber.: 25.44); hydrolisiert zu $(CH_3)_2Sn(CH_2)_2[Si(CH_3)_2]_2O$ (Ring: Sn–CH_2–Si–O–Si–CH_2)	82	[113 bis 116]
22	$(CH_3)_2Sn(1,7\text{-}B_{10}C_2H_{10}\text{-}CH_3)_2$	$(CH_3)_2SnCl_2 + R'Li$	Diäthyläther, 5 h, 30°C; $t_f = 107.7$ bis 108°C	—	[117]
23	$(CH_3)_2Sn[C{=}C(CF_3)CF_2]_2$ (CH3, CF3–C=C, F2C, Sn, C–CF3, CF2, CH3)	$(CH_2)_2Sn(C{\equiv}CCF_3)_2 + (CH_3)_3SnCF_3$	20 h, 145°C; IR: 1729, 1339, 1280, 1192, 1090 cm^{-1}, NMR: $\delta CH_3 = -0.20$ ppm, $\delta CF_2 = 101.3$ ppm (CCl_3F), $\delta CF_3 = 63.4$ ppm, $J(^{19}FCCC^{19}F) = 3.6$ Hz; wird durch H_2O bei 20°C hydrolisiert	—	[101, 102]
24*	$(CH_3)_2Sn[C(=N_2)COOC_2H_5]_2$	$(CH_3)_2Sn[N(CH_3)_2]_2 + R'H$	Diäthyläther, 25°C; $t_s = 135$ bis 140°C/0.1 Torr	60 bis 70	[118]
25*	$(CH_3)_2Sn(CH_2CH{=}CHCH_3)_2$	$(CH_3)_2SnH_2 + CH_2{=}CHCH{=}CH_2$	20 bis 163 h, 20 bis 50°C, im Dunkeln oder unter Bestrahlung	19 bis 70	[13]
26*	$(CH_3)_2Sn(C_4H_9)_2$	$R_2'SnCl_2 + CH_3MgBr$	THF, 22 h, Rückfluß; $t_s = 70°C/4.4$ Torr, $n_D^{25} = 1.4640$, $D_4^{25} = 1.124$	90	[112]
		$R_2'SnCl_2 + CH_3MgCl$	Diäthyläther, Rückfluß; $t_s = 77$ bis 88°C/4.3 bis 4.5 Torr	—	[119]
		$(R_2'SnO)_n + CH_3Li$	Diäthyläther, 5 h, Rückfluß $t_s = 210°C/760$ Torr; Gaschromatographie	60	[120] [121]

Tabelle 1 (Fortsetzung)

Nr.	Verbindung $(CH_3)_2SnR'_2$	Darstellung	Reaktionsbedingungen Eigenschaften	Ausbeute in %	Lit.
27	$(CH_3)_2Sn(\textit{iso}\text{-}C_4H_9)_2$	$(CH_3)_2SnBr_2 + R'MgBr$	Diäthyläther, 2 h, Rückfluß; $t_s = 85°C/16.5$ Torr, $n_D^{20.1} = 1.46354$, $D_4^{20.1} = 1.1179$	—	[127]
			$n_D^{20} = 1.4635$, $R_{mol} = 64.858$ (ber.: 64.950)		[93]
			$R_{mol} = 64.85$ (ber.: 64.57, 64.72)		[128, 129]
28*	$(CH_3)_2Sn(\textit{sec}\text{-}C_4H_9)_2$	$(CH_3)_2SnCl_2 + R'MgBr$	THF, 22 h, Rückfluß; $t_s = 68°C/5.5$ Torr, $n_D^{25} = 1.4738$, $D_4^{25} = 1.143$	86.5	[112]
29*	$(CH_3)_2Sn(\textit{tert}\text{-}C_4H_9)_2$	$(CH_3)_2SnCl_2 + R'MgCl$	Diäthyläther, 1 h, Rückfluß; $t_s = 84.5$ bis 85°C/40 Torr, $n_D^{25} = 1.4662$, $D_4^{25} = 1.1043$	—	[132]
30	$(CH_3)_2Sn[CH{=}P(CH_3)_3]_2$	$(CH_3)_2Sn(C_5H_5)_2 \cdot 2\,Mo(CO)_3 + (CH_3)_3P{=}CH_2$	zersetzt sich bei Zimmertemperatur	—	[135]
31*	$(CH_3)_2Sn[CH_2Si(CH_3)_3]_2$	$(CH_3)_2SnCl_2 + R'MgCl$	THF, 20 h, Rückfluß; $t_s = 55°C/0.7$ Torr, 62°C/1.3 Torr, $n_D^{25} = 1.4702$, $D_4^{25} = 1.073$	94	[136]
		$(CH_3)_2SnCl_2 + R'MgCl$	Diäthyläther, Rückfluß; $t_s = 146.5$ bis 147.3°C/65 Torr, $n_D^{25} = 1.4644$, $D_4^{25} = 1.0559$	51	[137]
		$R'_2SnCl_2 + CH_3MgBr$	$t_s = 90.5$ bis 91°C/8 Torr, $n_D^{20} = 1.4717$, $D_4^{20} = 1.0796$	—	[138]
32	$(CH_3)_2Sn(C_5H_5)_2$ (C_5H_5 = 2,4-Cyclopentadien-1-yl)	$(CH_3)_2SnCl_2 + R'Na$	Benzol, 2 Tage, Rückfluß; $t_s = 85°C/0.001$ Torr, NMR: $\delta CH_3 = +12.6$ Hz, $J(^1HC^{117/119}Sn) = 50.5/53.0$ Hz, $\delta C_5H_5 = -358.0$ Hz, $J(^1H^{117/119}Sn) = 24.4/23.35$ Hz	—	[139]
33	$(CH_3)_2Sn(\textit{cyclo}\text{-}C_5H_9)_2$	$(CH_3)_2SnCl_2 + R'MgBr$	THF, 22 h, Rückfluß; $t_s = 76$ bis 77°C/0.3 Torr, $n_D^{25} = 1.5109$, $D_4^{25} = 1.231$; reagiert mit J_2 zu $(CH_3)_2R'SnJ$ und $CH_3R'_2SnJ$	51.2	[112]
			NMR: $J(^1HC^{117/119}Sn) = 46.4/48.4$ Hz	—	[133]

Tabelle 1 (Fortsetzung)

Nr.	Verbindung $(CH_3)_2SnR'_2$	Darstellung	Reaktionsbedingungen Eigenschaften	Ausbeute in %	Lit.
34*	$(CH_3)_2Sn[CH(CH_3)C_3H_7]_2$	—	—	—	[130, 131]
35	$(CH_3)_2Sn(C_5H_{11})_2$	$(CH_3)_2SnCl_2 + R'MgCl$	Diäthyläther; $t_s = 68$ bis 70 °C/1 Torr, 242 °C/Normaldruck, $n_D^{20} = 1.4676$, $D_4^{20} = 1.098$; reagiert mit J_2 zu $CH_3R'_2SnJ$ und $(CH_3)_2R'SnJ$, reagiert mit RCOOH zu $CH_3R_2SnOOCR$ und $(CH_3)_2RSnOOCR$ ($R = CF_3$, C_2F_5)	95	[122]
36	$(CH_3)_2Sn[C(CH_3)_2C_2H_5]_2$	$(CH_3)_2SnCl_2 + R'MgCl$	Diäthyläther, 1 h, Rückfluß; $t_s = 119.5$ bis 120 °C/29 Torr, $n_D^{25} = 1.4870$, $D_4^{25} = 1.1229$ $R_{mol} = 74.54$ (ber.: 74.07)	—	[132] [129]
37	$(CH_3)_2Sn[(CH_2)_3SiH(CH_3)_2]_2$	$(CH_3)_2SnCl_2 + R'MgCl$	Diäthyläther; $t_s = 146$ °C/15 Torr, $n_D^{25} = 1.4730$, $D_4^{25} = 1.052$, $R_{mol} = 26.67$ (ber.: 26.65); reagiert mit H_2O zu $[(CH_3)_2Si(CH_2)_3Sn(CH_3)_2(CH_2)_3\text{-}Si(CH_3)_2O]_n$	75.5	[113, 114, 115]
38*	F F CH_3 Br F / F– –Sn– –F / F Br CH_3 F F	$(CH_3)_2SnCl_2 + R'Li$	Diäthyläther, 2 h, −78 °C; $t_f = 56$ bis 58 °C, $t_s = 142$ bis 143 °C/0.1 Torr	—	[140]
39*	Cl CH_3 Cl Cl / Cl– –Sn– –Cl / Cl Cl CH_3 Cl	$(CH_3)_3SnR'$	3 h, 230 °C; $t_f = 140$ bis 141.5 °C	—	[141]
40*	$(CH_3)_2Sn(C_6H_4\text{-}p\text{-}F)_2$	$(CH_3)_2SnCl_2 + R'MgBr$	Äther; $t_s = 173$ °C/18 Torr	—	[142]
41*	$(CH_3)_2Sn(C_6H_4\text{-}m\text{-}F)_2$	$(CH_3)_2SnCl_2 + R'MgBr$	Äther; $t_s = 180$ °C/23 Torr	—	[142]

Tabelle 1 (Fortsetzung)

Nr.	Verbindung $(CH_3)_2SnR'_2$	Darstellung	Reaktionsbedingungen Eigenschaften	Ausbeute in %	Lit.
42	$(CH_3)_2Sn(C_6H_4\text{-}o\text{-}J)_2$	$(CH_3)_3SnR'$	3.5 h, 235°C; nicht rein isolierbar	—	[147]
43	$(CH_3)_2Sn(C_6H_4\text{-}p\text{-}OH)_2$	$(CH_3)_2SnCl_2$ + $LiC_6H_4\text{-}p\text{-}OLi$ + HCl	THF, Hexan; $t_f = 96$ bis 98°C; bei 25°C nur wenige Minuten stabil	20	[148]
44*	$(CH_3)_2Sn(cyclo\text{-}C_6H_{11})_2$	$(CH_3)_2SnCl_2 + R'MgCl$	THF, 22 h, Rückfluß	82	[112]
		$(CH_3)_2SnCl_2 + R'MgBr$	THF, 22 h, Rückfluß; $t_s = 98$°C/0.4 Torr, 101 bis 102°C/0.6 bis 0.7 Torr, $n_D^{25} = 1.5184$, $D_4^{25} = 1.208$	69	[112]
		$(CH_3)_2SnCl_2 + R'MgCl$	Diäthyläther, Rückfluß; $t_s = 89$ bis 91°C/0.15 Torr, $n_D^{22} = 1.5148$	85	[133]
45	$(CH_3)_2Sn[CH_2CH(CH_3)CH_2SiH(CH_3)_2]_2$	$(CH_3)_2SnCl_2 + R'MgCl$	Diäthyläther	—	[114]
46	$(CH_3)_2Sn(CCl{=}NC_6H_5)_2$	$(CH_3)_2SnCl_2 + C_6H_5N{\equiv}C$	CH_2Cl_2, 8 h, 25°C; ockerfarbene Kristalle, $t_f > 100$°C (Zers.), IR: νCN = 1685 cm^{-1}; dimer	—	[149]
47	$(CH_3)_2Sn(C_6H_4\text{-}p\text{-}COOH)_2$	$(CH_3)_2Sn(C_6H_4\text{-}p\text{-}CH_3)_2$ + O_2	Essigsäure, 400°C, unter Druck; $t_f = 260$ bis 261°C; Stabilisator für PVC, Fungizid, Herbizid; reagiert mit $C_{14}H_{29}NH_2$ zu $(CH_3)_2Sn(C_6H_4CONHC_{14}H_{29})_2$	55	[150]
48*	$(CH_3)_2Sn(CH_2C_6H_4\text{-}o\text{-}Cl)_2$	$R'_2SnCl_2 + CH_3MgBr$	Äther; $t_s = 163$°C/0.6 Torr, $n_D^{19} = 1.6100$	33.9	[151]
49*	$(CH_3)_2Sn(CH_2C_6H_5)_2$	$R'_2SnCl_2 + CH_3MgBr$	Äther; $t_f = 26$°C, $t_s = 132$ bis 135°C/1.0 Torr	41.5	[151]
		$(CH_3)_2SnCl_2 + R'MgBr$	Äther; $t_f = 47$°C	80	[152]
50*	$(CH_3)_2Sn(C_6H_4\text{-}p\text{-}CH_3)_2$	$(CH_3)_2SnCl_2 + R'MgBr$	Diäthyläther, 30 min, Rückfluß; $t_s = 120$ bis 121°C/0.2 Torr, $n_D^{20} = 1.5779$	69	[150]
		$(CH_3)_2SnCl_2 + R'Li$	Diäthyläther; $t_s = 110$ bis 112°C/0.1 Torr	—	[36]

Tabelle 1 (Fortsetzung)

Nr.	Verbindung $(CH_3)_2SnR'_2$	Darstellung	Reaktionsbedingungen Eigenschaften	Ausbeute in %	Lit.
51	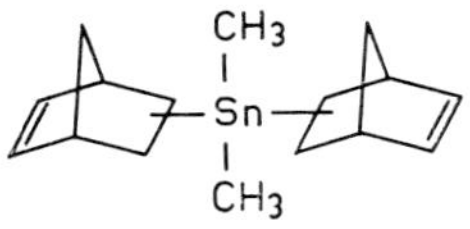 CH_3–Sn–CH_3	$(CH_3)_2SnH_2$ + $(CH_3)_2SnF_2$  + + CH_3MgJ	12 h, 25°C; 12 h, 70°C; THF, Diäthyläther, 6 h, Rückfluß; als Isomerengemisch; $t_s = 87$ bis 89°C/0.15 Torr	72	[154]
52*	$(CH_3)_2Sn[CH_2Si(CH_3)_2C_4H_9]_2$	$R'_2SnCl_2 + CH_3MgBr$	Äther; $t_s = 130$ bis 136°C/0.5 Torr, $n_D^{20} = 1.4749$, $D_4^{20} = 1.0306$, $R_{mol} = 111.28$ (ber.: 111.46)	—	[138]
53*	$(CH_3)_2Sn(C{\equiv}CC_6H_5)_2$	$(CH_3)_2SnCl_2 + R'MgBr$	Diäthyläther	90	[155]
		$(CH_3)_2SnCl_2 + R'Li$	Diäthyläther-Benzol; $t_f = 89$°C, $t_s = 152$°C/0.2 Torr	85	[155]
		$(CH_3)_2SnBr_2 + R'MgBr$	THF; $t_s = 96$°C/0.2 Torr, $n_D^{28} = 1.5668$	65	[156]
		$(CH_3)_2SnBr_2 + R'Na$	Hexan, 2 h, Rückfluß; $t_f = 66.7$°C	50	[157]
		$(CH_3)_2Sn(NR''_2)_2 + R'H$	Rückfluß; $t_f = 85$ bis 87°C	80 bis 90	[158]
54*	$(CH_3)_2Sn[CH(CH_3)C_6H_5]_2$	—	—	—	[131]
55*	$(CH_3)_2Sn(CH_2C_6H_4\text{-}o\text{-}CH_3)_2$	$R'_2SnCl_2 + CH_3MgBr$	Äther; $t_s = 150$ bis 152°C/0.4 Torr, $n_D^{29} = 1.5830$	54.2	[151]
56	$(CH_3)_2Sn[CH_2SiH(CH_3)C_6H_5]_2$	$(CH_3)_2SnCl_2 + R'MgCl$	Diäthyläther	—	[114]
57	$(CH_3)_2Sn(1,10\text{-}C_2B_8H_8\text{-}C_6H_5)_2$	$(CH_3)_2SnCl_2 + R'Li$	Äther; $t_f = 155$ bis 156°C; reagiert mit KOH zu $[(CH_3)_2SnO]_n$	89	[159, 160]
58	$(CH_3)_2Sn(1,7\text{-}C_2B_{10}H_{10}\text{-}C_6H_5)_2$	$(CH_3)_2SnCl_2 + R'Li$	Diäthyläther, 10 h, 30°C; $t_f = 142$ bis 143°C	—	[117]
59	$(CH_3)_2Sn(C_8H_{17})_2$	$(CH_3)_2SnCl_2 + R'MgX$	Äther; $t_s = 121$ bis 122°C/0.2 Torr, $n_D^{25} = 1.4659$, $D_4^{25} = 1.0168$; reagiert mit $SnCl_4$ zu R'_2SnCl_2 und $(CH_3)_2SnCl_2$	72	[161, 162]
		$R'_2SnCl_2 + CH_3MgCl$	Äther; $n_D^{22} = 1.4656$; reagiert mit $SnCl_4$ zu $CH_3R'_2SnCl$ und CH_3SnCl_3	97	[119]

Tabelle 1 (Fortsetzung)

Nr.	Verbindung $(CH_3)_2SnR'_2$	Darstellung	Reaktionsbedingungen Eigenschaften	Ausbeute in %	Lit.
60	$(CH_3)_2Sn[CH_2CH(C_2H_5)C_4H_9]_2$	$(CH_3)_2SnX_2 + R'MgX$	Äther; $n_D^{25} = 1.4715$, $D_4^{25} = 1.0307$	73	[161]
			$t_s = 101$ bis 102°C/0.2 Torr, $n_D^{20} = 1.4735$, $R_{mol} = 101.847$ (ber.: 102.126)	—	[93, 161]
61*	$(CH_3)_2Sn[C_6H_5\text{-}\pi\text{-}Cr(CO)_3]_2$	$(CH_3)_2Sn(C_6H_5)_2 + Cr(CO)_6$	Diglyme, 5 h, Rückfluß; als Nebenprodukt; $t_f = 146$ bis 148°C	15	[34]
62	$(CH_3)_2Sn[C_6H_4\text{-}p\text{-}CH(COOH)_2]_2$	$(CH_3)_2Sn(C_6H_4\text{-}p\text{-}iso\text{-}C_3H_7)_2 + O_2$	Essigsäure, 400°C, unter Druck; Holzschutzmittel, Stabilisator, Fungizid, Schmiermittelzusatz	—	[150]
63	$(CH_3)_2Sn[C_6H_2(CH_3)_3]_2$ (2,4,6-)	$(CH_3)_2SnCl_2 + R'Li$	Diäthyläther; $t_f = 101$°C, $t_s = 170$ bis 172°C/0.1 Torr, NMR: $\delta CH_3Sn = -35.6$ Hz, $J(^1HC^{117/119}Sn) = 50.2/52.3$ Hz, δCH_3 (Ring) $= -133.3$, -137.5 Hz, $\delta C_6H_2 = -403.5$ Hz, $J(^1HCCCSn) = 16.0$ Hz	—	[36]
64	$(CH_3)_2Sn[C_6H_2(CH_3)_3]_2$ (3,4,5-)	$(CH_3)_2SnCl_2 + R'Li$	Diäthyläther; $t_f = 56$°C, NMR: $\delta CH_3Sn = -25.0$ Hz, $J(^1HC^{117/119}Sn) = 52.2/54.3$ Hz, δCH_3 (Ring) $= -129.7$, -135.8 Hz, $\delta C_6H_2 = -420.0$ Hz, $J(^1HCCSn) = 48.5$ Hz	—	[36]
65	$(CH_3)_2Sn[C_6H_4\text{-}p\text{-}CH(CH_3)_2]_2$	—	bildet mit O_2 die Verbindung Nr. 62; Fungizid, Herbizid, Bakterizid	—	[150]
66	$(CH_3)_2Sn(C_{10}H_{21})_2$	$(CH_3)_2SnCl_2 + R'MgCl$	Äther; reagiert mit $SnCl_4$ zu $(CH_3)_2SnCl_2$ und R'_2SnCl_2	—	[162]
67*	$(CH_3)_2Sn(C_6F_4\text{-}o\text{-}C_6F_5)_2$	$(CH_3)_2SnCl_2 + R'Li$	Diäthyläther, −78°C; $t_f = 100$ bis 102°C	12	[164]
68	$(CH_3)_2Sn(C_6H_4\text{-}p\text{-}C_6H_5)_2$	$(CH_3)_3SnCl + R'Li$	Diäthyläther; als Nebenprodukt; $t_f = 173$ bis 175°C; schlecht löslich in Methanol	—	[165]

Tabelle 1 (Fortsetzung)

Nr.	Verbindung $(CH_3)_2SnR'_2$	Darstellung	Reaktionsbedingungen Eigenschaften	Ausbeute in %	Lit.
69	$(CH_3)_2Sn(C_{12}H_{25})_2$	$(CH_3)_2SnCl_2 + R'MgCl$	Äther; reagiert mit $SnCl_4$ zu $(CH_3)_2SnCl_2$ und R'_2SnCl_2	—	[162]
70	$(CH_3)_2Sn(C_6H_4\text{-}p\text{-}OCH_2C_6H_5)_2$	$(CH_3)_2SnCl_2 + R'MgBr$	THF, 2 h, 25°C; $t_f = 95$ bis 96°C	62	[148]
71*	$(CH_3)_2Sn[C_5H_5FeC_5H_3CH_2N(CH_3)_2]_2$	$(CH_3)_2SnCl_2 + R'Li$	Diäthyläther	—	[166]
72	$\{(CH_3)_2Sn[CH_2P(C_6H_5)_3]_2\}[HgBr_2Cl]_2$	$(CH_3)_2SnCl_2 +$ $(C_6H_5)_3P{=}CH_2 + HgBr_2$	Diäthyläther, Äthanol; $t_f = 139$ bis 140°C	—	[167]
73	$(CH_3)_2Sn(C_6H_4\text{-}p\text{-}CONHC_{14}H_{29})_2$	$(CH_3)_2Sn(C_6H_4\text{-}p\text{-}CO_2H)_2$ $+ C_{14}H_{29}NH_2$	120 bis 125°C; $n_D^{20} = 1.5010$	—	[150]
74	$\{(CH_3)_2Sn[CH_2P(C_6H_5)_3]_2\}$- $[Cr(NH_3)_2(SCN)_4]_2$	$(CH_3)_2SnCl_2 +$ $(C_6H_5)_3P{=}CH_2 +$ $NH_4[Cr(NH_3)_2(SCN)_4]$	Diäthyläther; $t_f = 115$ bis 119°C	—	[167]
75	$\{(CH_3)_2Sn[CH_2P(C_6H_5)_3]_2\}[B(C_6H_5)_4]_2$	$(CH_3)_2SnCl_2 +$ $(C_6H_5)_3P{=}CH_2 +$ $NaB(C_6H_5)_4$	Diäthyläther; $t_f = 78$ bis 81°C	—	[167]

$(CH_3)_2Sn(C{\equiv}CH)_2$ (Tabelle **1**, Nr. **6**). Die IR- und Raman-Spektren sind in Tabelle 3 wiedergegeben [85].

Tabelle 3
IR- und Raman-Spektren von $(CH_3)_2Sn(C{\equiv}CH)_2$

Zuordnung	ν in cm^{-1}			
	Raman (flüssig)	IR (CCl_4)	IR (Benzol)	IR (gasförmig)
ρ oder wag $Sn(C{\equiv}C)_2$, ν_{31}, ν_{25}	99 m, dp	—	—	—
ρ oder wag $Sn(C{\equiv}C)_2$, ν_{25}, ν_{31}	138 s, dp	—	—	—
$\delta SnC_2(CH_3)$, ν_{12}	—	223 m	225 m	—
$\delta SnC{\equiv}C$, ν_{30}, ν_{24}	—	272 s	273 st	273 st
$\delta SnC{\equiv}C$, ν_{24}, ν_{30}	—	293 st	293 st	—
?	300 s	—	—	—
$\delta SnC{\equiv}C$, ν_{11}	432 s, p	—	—	—
$\nu Sn\text{-}C{\equiv}$, ν_{23}	—	445 m	445 m	448 m
$\nu Sn\text{-}C{\equiv}$, ν_{10}	454 s, p	—	—	—
$\nu Sn\text{-}CH_3$, ν_8	532 st, p	531 s	531 s	532 s
$\nu Sn\text{-}CH_3$, ν_{28}	552 s, dp	549 s	550 s	548 s
δCH, ν_{22}, ν_{29}	—	675 st	—	673 st
δCH, ν_9, ν_{15}	687 s	—	—	—
ρCH_3, ν_{27}	—	—	734 s	729 s
ρCH_3 ν_7, ν_{21}	—	—	—	769 m
	—	—	777 m	773 m
	—	—	—	777 m
$\delta_s CH_3$ ν_2	—	—	—	1203 s
	1207 m, p	1202 s	1202 s	1209 s
	—	—	—	1215 s
δCH_3, ν_4	—	1407 s	1400 s	1412 s
?	—	1979 s	1973 s	—
?	—	1996 s	1992 s	—
$\nu C{\equiv}C$, ν_6, ν_{20}	2016 s, p	2019 s	2018 s	2029 s
?	—	2794 s	2794 s	2809 s
$\nu_s CH$, ν_1	2921 m, p	2921 s	2920 s	2920 s
νCH ν_3	—	—	—	2952 s
	3002 s, dp	3002 s	3001 s	3005 s
	—	—	—	3010 s
	—	3276 Sch	3273 Sch	3281 s
	—	—	—	3288 s
νCH ν_5, ν_{19}	—	—	—	3302 st
	3276 s, p	3292 st	3282 st	3308 st
	—	—	3314 st	—

Kombinations- und Oberschwingungen s. im Original.

$(CH_3)_2Sn(CF_2CHBrF)_2$ (Tabelle **1**, Nr. **7**). IR-Spektrum der flüssigen Verbindung (in cm^{-1}): 3000 s, 2920 s (νCH), 2335 s, 1710 s, 1645 s, 1605 s, 1455 s, 1405 s, 1375 m, 1258 m, 1245 m, 1152 st, 1108 st, 1080 Sch, 1045 st (ab 1258 CF-Schwingungen), 952 m, 895 st, 780 st (ρCH_3), 760 Sch. ^1H-NMR-Spektrum: $\delta CH_3 = -0.95$ ppm, $\delta CH = -4.65$ ppm (2 Tripletts) [86].

$(CH_3)_2Sn(CF{=}CHF)_2$ (Tabelle **1**, Nr. **8**). Bei der Reaktion, die bei UV-Bestrahlung abläuft, entstehen das *cis-* und das *trans*-Isomere nebeneinander. Im IR-Spektrum werden für das *cis*-Isomere folgende Banden (in cm^{-1}) gefunden: νC=C = 1647 st, C-F-Schwingungen: 1102 st, 1065 m, 1039 m. ^{1}H-NMR-Spektrum des *cis*-Isomeren: $\delta CH_3 = -0.53$ ppm, $\delta CH = -5.93$ ppm (Quartett, $J_{1,2} = 75.5$ Hz, $J_{1,3} = 25$ Hz), des *trans*-Isomeren: $\delta CH = -7.53$ ppm (Quartett, $J_{1,2} = 76.5$ Hz, $J_{2,3} = 15$ Hz) [81].

$(CH_3)_2Sn(CH{=}CF_2)_2$ (Tabelle **1**, Nr. **9**). Im IR-Spektrum werden folgende Banden zugeordnet: νC=C = 1685 cm^{-1}, CF-Schwingung = 928 cm^{-1}. ^{1}H-NMR-Spektrum: $\delta CH = -4.03$ ppm (Quartett, $J_{2,3} = 9$ Hz, $J_{1,3} = 45$ Hz) [81].

$(CH_3)_2Sn(CF_2CHF_2)_2$ (Tabelle **1**, Nr. **10**). Bei der Darstellung muß ein mindestens vierfacher Überschuß an $CF_2{=}CF_2$ eingesetzt werden. Nach 160 h entstehen im Bombenrohr im Dunkeln bei 25°C 9.2% Ausbeute [86], nach 24 h bei 50°C aber schon 65.5% [13]. Bei 13fachem Überschuß an Olefin werden im Dunkeln bei 50°C nach 24 h 69.9% erhalten [13], unter UV-Bestrahlung nach 21 h bei 25°C 75% [13]. Die Verbindung entsteht auch beim Erhitzen von $(CH_3)_2SnHCF_2CHF_2$ auf 140°C [86]. Die Verdampfungsenthalpie beträgt $\Delta H_v = 8.3$ kcal/mol [86]. IR-Spektrum der flüssigen Verbindung (in cm^{-1}): 2970 s, 2915 s (νCH), 1402 Sch, 1384 Sch, 1362 st, 1341 Sch, 1274 s, 1205 Sch ($\delta_s CH_3$), 1177 st, 1088 st, 1042 st (νCF), 974 m, 785 st (ρCH_3), 736 Sch, 638 m, 580 m, 549 m, 520 st [86]. ^{1}H-NMR-Spektrum: $\delta CH_3 = -0.63$ ppm, $J(^1HC^{117}Sn) = 61.5$ Hz, $J(^1HC^{119}Sn) = 64.5$ Hz, $J(^1H^{13}C) = 137.3$ Hz, $\delta CHF_2 = -5.63$ ppm, $J(^1HC^{19}F) = 56.5$ Hz, $J(^1HCC^{19}F) = 5.1$ Hz, $J(^1HCCSn) = 32$ Hz [88], $J(^1HC^{119}Sn) = 64.5$ Hz [87]. ^{19}F-NMR-Spektrum: $\delta CF_2Sn = 37.9$ ppm gegen CF_3COOH, $J(^{19}FCC^1H) = 5.1$ Hz, $J(^{19}FCSn) = 274$ Hz, $J(^{19}FCSnC^1H) = 1.1$ Hz, $\delta CF_2H = 51.2$ ppm, $J(^{19}FC^1H) = 56.7$ Hz, $J(^{19}FCCSn) = 8$ Hz [88], $J(^{19}FCSn) = 251$ Hz [89].

$(CH_3)_2Sn(CH{=}CHF)_2$ (Tabelle **1**, Nr. **11**). IR-Spektrum der flüssigen Verbindung (in cm^{-1}): νC=C = 1608 st, CF-Schwingungen: 1148 m, 1105 st, 973 st. ^{1}H-NMR-Spektrum: $\delta CH_3 = -0.47$ ppm, $\delta CH = -5.13$ und -7.04 ppm (2 Quartetts, $J_{1,2} = 72$ Hz, $J_{2,3} = 5.5$ Hz, $J_{1,3} = 98$ Hz) [81].

$(CH_3)_2Sn(CH{=}CH_2)_2$ (Tabelle **1**, Nr. **12**). Die Verbindung entsteht auch bei der Umsetzung von $(CH_3)_3SnCH{=}CH_2$ mit JCH_2ZnJ in Diäthyläther beim 24stündigen Rückflußkochen in 4.4%iger und aus $(CH_3)_3SnCH{=}CH_2$ und $(CH_3)_3Sn$-*cyclo*-C_3H_5 beim 24stündigen Rückflußkochen in Diäthyläther in Gegenwart von ZnJ_2 in 1.4%iger Ausbeute [91]. Brechungsindex $n_D^{20} = 1.4740$ [93], $n_D^{25} = 1.4715$ [91]. Molrefraktion $R_{mol} = 44.241$ (ber.: 45.208) [93]. IR-Spektrum: νC=C = 1580 cm^{-1} [94]. ^{119}Sn-NMR-Spektrum: $\delta = 79.4$ ppm [46]. Die Verbindung reagiert mit CuCl unter Komplexbildung über die olefinische Doppelbindung und Bildung von $(CH_3)_2Sn(CH{=}CH_2)_2 \cdot 2CuCl$ [94]. Bei der Reaktion mit J_2 in Diäthyläther entsteht $(CH_3)_2(CH_2{=}CH)SnJ$, mit HCl oder HBr in $CHCl_3$ bei −78°C wird neben $CH_2{=}CH_2$ $(CH_3)_2(CH_2{=}CH)SnCl$ bzw. die entsprechende Br-Verbindung erhalten [96]. Carbonsäuren RCOOH reagieren bei 100°C unter Abspaltung einer Vinylgruppe und Bildung von $(CH_3)_2(CH_2{=}CH)SnOOCR$ im Falle von $R = CH_3CHBr$ [98] und CH_2Cl [95] sowie unter Abspaltung von zwei Vinylgruppen und Bildung von $(CH_3)_2Sn(OOCR)_2$ im Falle von $R = CF_3$, CCl_3, $CHCl_2$, CH_2Cl, CH_2Br. Auch mit C_6H_5PHOOH wird $(CH_3)_2Sn(OOPHC_6H_5)_2$ gebildet [95]. Die Verbindung dient als Insektizid zur Vernichtung von Stubenfliegen. Die LD_{50} beträgt 530×10^{-10} mol/Fliege [97].

$(CH_3)_2Sn(C{\equiv}CCF_3)_2$ (Tabelle **1**, Nr. **14**). Im IR-Spektrum werden folgende Banden (in cm^{-1}) gefunden: 2188, 1252, 1219, 1164. ^{1}H-NMR-Spektrum: $\delta CH_3 = -0.49$ ppm, $J(^1HC^{117}Sn) = 68.6$ Hz, $J(^1HC^{119}Sn) = 72.7$ Hz; ^{19}F-NMR-Spektrum: $\delta CF_3 = 51.54$ ppm gegen CCl_3F [99]. Mössbauer-Spektrum: $\delta = 1.19$ mm/s gegen SnO_2, $\Delta = 1.95$ mm/s [100]. Wasser spaltet die Verbindung unter Bildung von $CF_3C{\equiv}CH$ [99]. Bei der Reaktion mit $(CH_3)_3SnCF_3$ entsteht entweder in der Gasphase oder im Einschlußrohr bei 145°C nach 20 h neben $(CH_3)_3SnF$ die Verbindung $(CH_3)_2Sn(\underbrace{C{=}C}_{CF_2}CF_3)_2$ [101, 102].

$(CH_3)_2Sn(CH{=}C{=}CH_2)_2$ (Tabelle **1**, Nr. **16**). Im IR-Spektrum erscheint die νC=C=C bei 1925 cm^{-1} [104, 105]. ^{1}H-NMR-Spektrum: $\tau CH_3 = 9.86$, $J(^1HC^{119}Sn) = 59$ Hz, $\tau CH = 4.93$ (Triplett, $J = 7.5$ Hz), $J(^1HC^{119}Sn) = 12$ Hz, $\tau CH_2 = 5.78$ (Dublett, $J = 7.5$ Hz), $J(^1HCCC^{119}Sn) = 44$ Hz [104, 105, 106]. Die Verbindung reagiert mit SO_2 unter Bildung von $(CH_3)_2Sn(OSOCH_2C{\equiv}CH)_2$ [104, 105, 106].

$(CH_3)_2Sn(CH_2CH_2CF_3)_2$ (Tabelle **1**, Nr. **17**). ^{1}H-NMR-Spektrum: $\tau CH_2Sn = 9.25$, $J(^1HC^{119}Sn) = 54.0$ Hz, $J(^1HCC^1H) = 8.9$ Hz, $\tau CH_2CF_3 = 8.02$, $J(^1HCC^{119}Sn) = -42.1$ Hz, $J(^1HCC^{19}F) = 10.3$ Hz. ^{19}F-NMR: $\delta = 69.3$ ppm gegen CCl_3F, $J(^{19}FCCC^{119}Sn) = 0$ Hz [107]. Mössbauer-Spektrum: $\delta = -0.23 \pm 0.1$ mm/s gegen Pd_3Sn, $\Delta = 0$ mm/s [108].

$(CH_3)_2Sn(CH_2CH{=}CH_2)_2$ (Tabelle **1**, Nr. **18**). IR-Banden werden bei 1622, 882 und 488 cm^{-1} gefunden. ^{1}H-NMR-Spektrum: $\tau CH_3 = 9.89$, $J(^1HC^{117}Sn) = 49.8$ Hz, $J(^1HC^{119}Sn) = 52.0$ Hz, $\tau CH_2 = 8.11$ und 8.27, $J(^1HC^{119}Sn) = 65.3$ und 65.8 Hz [109]. Die Verbindung reagiert mit $(CO)_5MnBr$ in THF beim Rückflußkochen unter Bildung von $C_3H_5Mn(CO)_4$ [110].

$(CH_3)_2Sn[C({=}N_2)COOC_2H_5]_2$ (Tabelle **1**, Nr. **24**). IR-Spektrum: $\nu CO = 1670$ cm^{-1}, $\nu N_2 = 2070$ cm^{-1}. ^{1}H-NMR-Spektrum: $\delta CH_3Sn = -0.51$ ppm, $J(^1HC^{117}Sn) = 63.5$ Hz, $J(^1HC^{119}Sn) = 67.0$ Hz, $\delta CH_3(C_2H_5) = -1.03$ ppm, $J(^1HCC^1H) = 7.0$ Hz, $\delta CH_2 = -4.01$ ppm [118].

$(CH_3)_2Sn(CH_2CH{=}CHCH_3)_2$ (Tabelle **1**, Nr. **25**). Die Verbindung entsteht aus $(CH_3)_2SnH_2$ und Butadien im Molverhältnis 1:1 nach 163 h bei 50°C in 19.4%iger Ausbeute neben 34.1% an $(CH_3)_2SnHCH_2CH{=}CHCH_3$, nach 112 h unter UV-Bestrahlung bei 50°C in 29.5%iger Ausbeute neben 37% des Nebenproduktes, nach 20 h unter gleichen Bedingungen in 32.4%iger Ausbeute neben 5.7% und bei einem Molverhältnis von 1:2 nach 23 h bei 50°C unter Bestrahlung in 70.6%iger Ausbeute neben 5.5% Nebenprodukt. IR-Spektrum (in cm^{-1}): 3020 st, 2955 Sch, 2910 st, 2860 Sch, 1820 s, 1740 s, 1708 s, 1690 s, 1675 s, 1655 s, 1639 m, 1454 m, 1442 m, 1417 m, 1397 m, 1379 m, 1362 m, 1302 s, 1254 s, 1191 m, 1156 m, 1092 m, 1066 m, 1034 m, 991 st, 960 st, 905 Sch, 902 m, 788 Sch, 764 st, 750 Sch, 720 st, 550 Sch, 526 st, 510 m, 480 s. ^{1}H-NMR-Spektrum: $\delta CH_3Sn = 0.0$ ppm, $\delta CH_2CH{=}CHCH_3 = -5.36, -5.27, -5.18, -0.5$ bis -2.00 ppm [13].

$(CH_3)_2Sn(C_4H_9)_2$ (Tabelle **1**, Nr. **26**). ^{1}H-NMR-Spektrum: $\delta CH_3 = -0.4$ Hz, $J(^1HC^{117}Sn) = 48.7$ Hz, $J(^1HC^{119}Sn) = 50.9$ Hz [21]. ^{119}Sn-NMR-Spektrum: $\delta = -0.4$ ppm [46]. Zur Analyse der Verbindung s. [126]. Die Verbindung reagiert mit Br_2 unter Bildung von $CH_3(C_4H_9)_2SnBr$ [122], mit J_2 unter Bildung von $(CH_3)_2(C_4H_9)SnJ$ neben $CH_3(C_4H_9)_2SnJ$ [112], mit perfluorierten Carbonsäuren RCOOH (R = CF_3, C_2F_5, C_3F_7) unter Bildung der entsprechenden Ester $(CH_3)_2(C_4H_9)SnOOCR$ [122] und mit $(C_4H_9)_2Sn(OOCCH_3)_2$ bei 200°C unter Bildung von $CH_3(C_4H_9)_2SnOOCCH_3$ [125]. Mit $SnCl_4$ [119, 124], $SnBr_4$ [124] und $(C_4H_9)_2SnCl_2$ [123] reagiert die Verbindung bei Temperaturen zwischen 0 und 100°C unter Bildung von CH_3SnCl_3, $CH_3(C_4H_9)_2SnCl$ und $(C_4H_9)_2SnCl_2$ bzw. CH_3SnBr_3 und $(C_4H_9)_2SnBr_2$ bzw. $CH_3(C_4H_9)_2SnCl$.

$(CH_3)_2Sn(\textit{sec}\text{-}C_4H_9)_2$ (Tabelle **1**, Nr. **28**). Im ^{1}H-NMR-Spektrum werden zwei Diastereomere gefunden. dl-Form: $\delta CH_3 = 0.038$ ppm, $J(^1HC^{117/119}Sn) = 44.8/46.8$ Hz; meso-Form: $\delta CH_3(1) = 0.031$ ppm, $J(^1HC^{117/119}Sn) = 44.8/46.8$ Hz, $\delta CH_3(2) = 0.046$ ppm, $J(^1HC^{117/119}Sn) = 44.4/46.4$ Hz [130, 131]. Die Verbindung reagiert mit J_2 in Benzol beim Rückflußkochen unter Bildung von $(CH_3)_2(\textit{sec}\text{-}C_4H_9)SnJ$ und $CH_3(\textit{sec}\text{-}C_4H_9)_2SnJ$ [112].

$(CH_3)_2Sn(\textit{tert}\text{-}C_4H_9)_2$ (Tabelle **1**, Nr. **29**). Brechungsindex $n_D^{20} = 1.4682$, Molrefraktion $R_{mol} = 65.986$ (ber.: 65.342) [93], 65.97 (ber.: 65.01) [129]. ^{1}H-NMR-Spektrum: $\delta CH_3Sn = 0.053$ ppm, $J(^1HC^{117/119}Sn) = 42.9/44.9$ Hz, $\delta CH_3C = -1.20$ ppm, $J(^1HCC^{117/119}Sn) = 58.7/61.4$ Hz [133]. Zum Massenspektrum der Verbindung s. [134].

$(CH_3)_2Sn[CH_2Si(CH_3)_3]_2$ (Tabelle **1**, Nr. **31**). Die Verbindung reagiert mit Br_2 bei Zimmertemperatur in CCl_4 und mit HBr bei Zimmertemperatur in $CHCl_3$ unter Bildung von $(CH_3)_3SiCH_2SnBr(CH_3)_2$ neben $CH_3[(CH_3)_3SiCH_2]_2SnBr$, mit J_2 dagegen erst bei 175°C unter Bildung von $CH_3[(CH_3)_3SiCH_2]_2SnJ$, mit $HgBr_2$ in Äthanol beim Rückflußkochen unter Bildung von CH_3HgBr als einzigem isolierten Produkt [136]. Molrefraktion $R_{mol} = 83.79$ (ber.: 83.73). ^{1}H-NMR-Spektrum: $\delta CH_3Si = +0.02$ ppm, $\delta CH_3Sn = -0.10$ ppm, $J(^1HC^{117/119}Sn) = 50.2/52.6$ Hz, $\delta CH_2 = +0.32$ ppm, $J(^1HC^{117/119}Sn) = 69.4/72.6$ Hz [138].

$(CH_3)_2Sn[CH(CH_3)C_3H_7]_2$ (Tabelle **1**, Nr. **34**). Die Verbindung kommt in zwei diastereomeren Formen vor. ^{1}H-NMR-Spektrum der dl-Form: $\delta CH_3 = +0.053$ ppm, der meso-Form: $\delta CH_3 = +0.048$ und $+0.059$ ppm [131].

$(CH_3)_2Sn(C_6BrF_4)_2$ (Tabelle **1**, Nr. **38**). IR-Spektrum in Nujol (in cm^{-1}): 1616 s, 1602 s, 1497 st, 1438 st, 1320 s, 1300 s, 1260 s, 1118 s, 1102 m, 1090 s, 1038 s, 1022 st, 831 st, 773 m, 543 s, 530 s. ^1H-NMR-Spektrum: $\tau CH_3 = 9.06$, J(HF) = 1.15 Hz, $J(^1HC^{119}Sn) = 63.8$ Hz [140], 63.4 Hz [55, 56]. ^{19}F-NMR-Spektrum: $\delta F_3 = 125.5$ ppm gegen CCl_3F, $\delta F_4 = 150.6$ ppm, $\delta F_5 = 154.3$ ppm, $\delta F_6 = 118.9$ ppm, $J(F_3F_4) = 20.15$ Hz, $J(F_3F_5) = 3.85$ Hz, $J(F_3F_6) = 12.0$ Hz, $J(F_4F_5) = 18.7$ Hz, $J(F_4F_6) = 4.25$ Hz, $J(F_5F_6) = 25.15$ Hz [140]. Mössbauer-Spektrum: $\delta = 1.25$ mm/s gegen SnO_2, $\Delta = 1.41$ mm/s [55, 56].

$(CH_3)_2Sn(C_6HCl_4)_2$ (Tabelle **1**, Nr. **39**). UV-Spektrum in Äthanol (in nm): 211 ($\varepsilon = 115000$), 238 ($\varepsilon = 30000$), 275 ($\varepsilon = 700$), 284 ($\varepsilon = 830$), 293 ($\varepsilon = 230$). IR-Spektrum in CCl_4 (in cm^{-1}): 2965 s, 2940 s, 1600 s, 1510 s, 1380 st, 1320 st, 1295 s, 1240 s, 1190 m, 1175 s, 1150 m, 1070 m, 880 s, 845 m, 710 s, 635 m, 530 s. ^1H-NMR-Spektrum in CCl_4: $\delta C_6H = -7.30$ ppm, $\delta CH_3 = -0.75$ ppm [141].

$(CH_3)_2Sn(C_6H_4\text{-}p\text{-}F)_2$ (Tabelle **1**, Nr. **40**). Im IR-Spektrum erscheinen Banden bei 1488 und 1580 cm^{-1} [143]. ^1H-NMR-Spektrum: $\delta CH_3 = -29$ Hz, $J(^1HC^{119}Sn) = 58$ Hz, $\delta H_a = -1$ Hz gegen Benzol, $\delta H_b = +22.5$ Hz gegen Benzol. ^{19}F-NMR: $\delta F = 3066$ Hz bei 94.1 MHz gegen CF_3COOH oder −0.83 ppm gegen C_6H_5F, $J_{3,5} = 9.22$ Hz, $J_{1,5} = 6.40$ Hz, $J_{2,3} = 8.06$ Hz, $J_{2,4} = 0.53$ Hz, $J_{1,2} = 2.57$ Hz, $J_{3,4} = 1.57$ Hz [144], $\delta F = -0.64$ ppm gegen C_6H_5F in Cyclohexan, −0.75 ppm in $CHCl_3$ und −1.22 ppm in Pyridin [145]. ^{119}Sn-NMR: $\delta = +53.2$ ppm in Cyclohexan [146]. Die Verbindung reagiert mit J_2 in Diäthyläther beim Rückflußkochen unter Bildung von $(CH_3)_2(p\text{-}FC_6H_4)SnJ$ [145].

$(CH_3)_2Sn(C_6H_4\text{-}m\text{-}F)_2$ (Tabelle **1**, Nr. **41**). Im IR-Spektrum erscheinen Banden bei 1472 und 1582 cm^{-1} [143]. ^1H-NMR-Spektrum: $\delta CH_3 = -30$ Hz, $J(^1HC^{119}Sn) = 60$ Hz. ^{19}F-NMR: $\delta F = 3119.44$ Hz bei 94.1 MHz gegen CF_3COOH bzw. −0.22 ppm gegen C_6H_5F [144].

$(CH_3)_2Sn(\textit{cyclo}\text{-}C_6H_{11})_2$ (Tabelle **1**, Nr. **44**). Für die CH_3-Gruppen wurden folgende Kopplungskonstanten bestimmt: $J(^1HC^{117}Sn) = 45.4$ Hz, $J(^1HC^{119}Sn) = 47.5$ Hz [133]. Die Verbindung reagiert mit J_2 beim Rückflußkochen in Benzol unter Bildung von $(CH_3)_2(\textit{cyclo}\text{-}C_6H_{11})SnJ$ neben $CH_3(\textit{cyclo}\text{-}C_6H_{11})_2SnJ$ [112], mit $SnCl_4$ unter Bildung von $CH_3(\textit{cyclo}\text{-}C_6H_{11})_2SnCl$ neben CH_3SnCl_3 [119].

$(CH_2)_2Sn(CH_2C_6H_4\text{-}o\text{-}Cl)_2$ (Tabelle **1**, Nr. **48**). Das IR-Spektrum der flüssigen Verbindung ist in Tabelle 4 wiedergegeben [151].

Tabelle 4
IR-Spektrum von $(CH_3)_2Sn(CH_2C_6H_4\text{-}o\text{-}Cl)_2$

Zuordnung	ν in cm^{-1}	Zuordnung	ν in cm^{-1}
νCC (A_1)	1592 st	$\delta_s CH_2Sn$	1100
νCC (B_1)	1570		1080 Sch
	1480 Sch	νCCl	1048
νCC (A_1)	1472 st	βCH (A_1)	1028
νCC (B_1)	1442		970 s
	1420 Sch	γCH (B_2)	938
	1340 s	γCH (A_2)	859
νCC (A_1)	1290		818
	1280	ρCH_3Sn	770 Sch
νCCH_2	1210	γCH (B_2)	750
$\delta_s CH_3Sn$	1190 Sch		730 Sch
	1160	δCCl	680
βCH (B_1)	1141		650 st

Tabelle 4 (Fortsetzung)

Zuordnung	ν in cm^{-1}	Zuordnung	ν in cm^{-1}
δCCl	577	$\nu_{as}SnCH_2$	482
	567		475
$\nu_{as}SnCH_3$	532	ν_sSnCH_2	435
ν_sSnCH_3	517		

$(CH_3)_2Sn(CH_2C_6H_5)_2$ (Tabelle **1**, Nr. **49**). Das IR-Spektrum der flüssigen Verbindung ist in Tabelle 5 wiedergegeben [151]. Die Verbindung kann durch Extraktion mit Äthanol gereinigt werden [153]. ^{1}H-NMR-Spektrum: $\delta CH_3 = +2.2$ Hz, $J(^1HC^{117}Sn) = 49.9$ Hz, $J(^1HC^{119}Sn) = 52.2$ Hz, Kopplungskonstanten der CH_2-Gruppe: $J(^1HC^{117}Sn) = 59.2$ Hz, $J(^1HC^{119}Sn) = 61.5$ Hz [21, 153]. Die Verbindung reagiert mit SO_2 unter Einschiebung in die Sn-CH_2-Bindung und Bildung von $(CH_3)_2(C_6H_5CH_2)SnOOSCH_2C_6H_5$ [152].

Tabelle 5
IR-Spektrum von $(CH_3)_2Sn(CH_2C_6H_5)_2$

Zuordnung	ν in cm^{-1}	Zuordnung	ν in cm^{-1}
νCC (B_1)	1655 s	δRing (A_1)	1000 m
νCC (A_1)	1603 st		975
νCC (B_1)	1585 s		960 s
	1540 s	γCH (B_2)	899 m
νCC (A_1)	1493 st		835 Sch
νCC (B_1)	1455 m		810 Sch
	1310 s	γCH (A_2)	795 s
	1245 s	γCH (B_2)	755 st
νCCH_2	1208 m	Phenyl-CH (B_2)	695 st
δ_sCH_3	1190 Sch	αCCC (A_1)	620 s
	1155 s		565
δ_sCH_2	1095 st	$\nu_{as}SnCH_3$	530
	1048 st	ν_sSnCH_3	515
	1030 m	$\nu SnCH_2$	445

$(CH_3)_2Sn(C_6H_4$-*p*-$CH_3)_2$ (Tabelle **1**, Nr. **50**). ^{1}H-NMR-Spektrum in CCl_4: $\delta CH_3Sn = -27.0$ Hz, $J(^1HC^{117}Sn) = 52.8$ Hz, $J(^1HC^{119}Sn) = 54.7$ Hz, δCH_3(Ring) = −137.5 Hz, δC_6H_2(ortho) = −440 Hz, δC_6H_2(meta) = −423 Hz [36]. Die Verbindung wird von O_2 bei 400°C unter Druck in Gegenwart von Essigsäure, $Co(OOCCH_3)_2$, $Mg(OOCCH_3)_2$ und NH_4Br oxidiert unter Bildung von $(CH_3)_2Sn(C_6H_4$-*p*-$COOH)_2$. Sie dient als Fungizid, Herbizid und Bakterizid [150].

$(CH_3)_2Sn[CH_2Si(CH_3)_2C_4H_9]_2$ (Tabelle **1**, Nr. **52**). ^{1}H-NMR-Spektrum: $\delta CH_3Si = 0.02$ ppm, $\delta CH_3Sn = -0.11$ ppm, $J(^1HC^{117}Sn) = 50.8$ Hz, $J(^1HC^{119}Sn) = 52.8$ Hz, $\delta CH_2Sn = 0.32$ ppm, $J(^1HC^{117}Sn) = 70.0$ Hz, $J(^1HC^{119}Sn) = 73.3$ Hz [138].

$(CH_3)_2Sn(C{\equiv}CC_6H_5)_2$ (Tabelle **1**, Nr. **53**). Im UV-Spektrum der farblosen Kristalle erscheinen Banden bei 247 nm (ε = 34000) und 259.5 nm (ε = 31000) [157]. Die νC≡C wird im IR-Spektrum bei 2135 [158], 2140 [155] und 2147 cm^{-1} [157] gefunden. ^{1}H-NMR-Spektrum: $\delta CH_3 = -0.61$ ppm, $J(^1HC^{117}Sn) = 65.4$ Hz, $J(^1HC^{119}Sn) = 68.3$ Hz, $J(^1H^{13}C) = 131.3$ Hz [157]; $\delta CH_3 = -0.32$ ppm, $J(^1HC^{117}Sn) = 70.0$ Hz, $J(^1HC^{119}Sn) = 74.0$ Hz, $\delta C_6H_5 = -6.96$ und −7.51 ppm [158]. Die Verbindung reagiert mit Br_2 unter Bildung von $(CH_3)_2SnBr_2$ neben $C_6H_5C{\equiv}CBr$ [155].

$(CH_3)_2Sn[CH(CH_3)C_6H_5]_2$ (Tabelle **1**, Nr. **54**). Aus dem ^{1}H-NMR-Spektrum ist zu ersehen, daß zwei diastereomere Formen nebeneinander vorliegen. dl-Form: $\delta CH_3 = 0.16$ ppm, $J(SnCH_3) = 46.0/48.1$ Hz; meso-Form: δCH_3 (1) = 0.06 ppm, $J(SnCH_3) = 45.2/47.4$ Hz, δCH_3 (2) = −0.29 ppm, $J(SnCH_3) = 46.8/48.8$ Hz [131].

$(CH_3)_2Sn(CH_2C_6H_4\text{-}o\text{-}CH_3)_2$ (Tabelle **1**, Nr. **55**). Das IR-Spektrum der flüssigen Verbindung ist in Tabelle 6 wiedergegeben [151].

Tabelle 6
IR-Spektrum von $(CH_3)_2Sn(CH_2C_6H_4\text{-}o\text{-}CH_3)$

Zuordnung	ν in cm^{-1}	Zuordnung	ν in cm^{-1}
νCC (A_1)	1600 st	βCH (A_1)	1035
νCC (B_1)	1575		985
νCC (A_1)	1490 st	γCH (B_2)	935
$\delta_{as}CH_3$	1462	γCH (A_2)	860 s
νCC (B_1)	1445		835
	1420 Sch		720 Sch
δ_sCH_3	1380		670 s
	1295 Sch		593
νCC (A_1)	1290		573
νCCH_2	1220	$\nu_{as}SnCH_3$	525
$\delta_sCH_3(Sn)$	1185	ν_sSnCH_3	510
	1155 s	$\nu_{as}SnCH_2$	477
βCH (B_1)	1135	ν_sSnCH_2	435
$\delta_sCH_2(Sn)$	1090		
	1065 s		

Kombinations- und Oberschwingungen s. im Original.

$(CH_3)_2Sn[C_6H_5\text{-}\pi\text{-}Cr(CO)_3]_2$ (Tabelle **1**, Nr. **61**). UV-Spektrum: 318 nm (ε = 20000), 267 nm (ε = 16000) in Cyclohexan und 318 nm (ε = 21100), 258 nm (ε = 16100) in $CHCl_3$. IR-Spektrum in Nujol (in cm^{-1}): 1980 m, 1940 st, 1880 st, 1860 st, 1292 m, 1060 m, 655 st, 631 st, 618 m, 530 st, 476 m; in Cyclohexan: 1975 st, 1910 st. Raman-Spektrum (in cm^{-1}): $\nu SnCH_3 = 530$ st, 531 (p), $\delta CrCO = 545$ st [34], $\nu SnCH_3 = 514, 529$ [44]. ^{1}H-NMR-Spektrum in $CDCl_3$: $\tau C_6H_5 = 4.67$, $\tau CH_3 = 9.55$, $J(^1HC^{117}Sn) = 55.5$ Hz, $J(^1HC^{119}Sn) = 58.1$ Hz [34]. ^{119}Sn-NMR-Spektrum: $\delta = +4$ ppm [163]. Mössbauer-Spektrum: $\delta = 1.75$ mm/s gegen SnO_2, $\Delta = 0.89$ mm/s [34]. Weitere Diskussion der spektroskopischen Angaben s. bei [44]. Zum Massenspektrum s. [34].

$(CH_3)_2Sn(C_6F_4\text{-}o\text{-}C_6F_5)_2$ (Tabelle **1**, Nr. **67**). IR-Spektrum in Nujol und Hexachlorbutadien (in cm^{-1}): 3128 s, 3006 s, 1651 m, 1622 m, 1595 m, 1519 st, 1291 m, 1264 m, 1150 s, 1096 st, 1042 m, 1036 st, 988 st, 940 s, 806 s, 790 m, 772 m, 767 m, 714 st, 539 breit. ^{1}H-NMR in CCl_4: $\delta CH_3 = -0.30$ ppm, $J(^1HCSn) = 62$ Hz. Die Verbindung löst sich in CCl_4, $CHCl_3$, Petroläther, Äther, Benzol und Aceton [164].

$(CH_3)_2Sn[C_5H_5FeC_5H_3CH_2N(CH_3)_2]_2$ (Tabelle **1**, Nr. **71**). Von der Verbindung existieren die beiden Isomeren 71a und 71b:

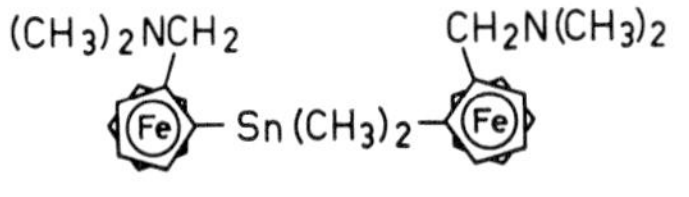

$(CH_3)_2NCH_2$ — Fe — $Sn(CH_3)_2$ — Fe — $CH_2N(CH_3)_2$

71a

$(CH_3)_2NCH_2$ — Fe — $Sn(CH_3)_2$ — Fe — $CH_2N(CH_3)_2$

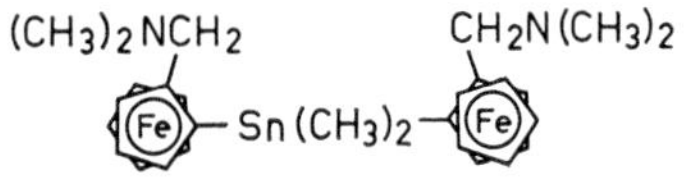

71b

Bei der Reaktion mit CH_3J und verschiedenen Aminen erfolgt Transaminierung und Bildung zweier unterschiedlich verbrückter Verbindungen der Typen

CH_2 — X — CH_2 (Fe) — Sn$(CH_3)_2$ — (Fe) und CH_2 — X — CH_2 (Fe) — Sn$(CH_3)_2$ — (Fe)

mit X = NC_6H_5, $NCH_2C_6H_5$, $NCH(CH_3)C_6H_5$ und O. Differenzen der chemischen Verschiebungen der CH_3Sn-Signale im ^1H-NMR-Spektrum s. im Original [166].

Literatur:

[1] R. H. Bullard, F. R. Holden (J. Am. Chem. Soc. **53** [1931] 3150/3). — [2] Z. M. Manulkin (Zh. Obshch. Khim. **16** [1946] 235/42 nach C.A. **1947** 90). — [3] W. J. Pope, S. J. Peachey (Proc. Chem. Soc. **1903** 290/1). — [4] I. Földesi (Acta Chim. Acad. Sci. Hung. **45** [1965] 237/44). — [5] F. H. Pollard, G. Nickless, D. N. Dolan (Chem. Ind. [London] **1965** 1027).

[6] E. Frankland (Liebigs Ann. Chem. **111** [1859] 44/68). — [7] N. Morgunoff (Liebigs Ann. Chem. **144** [1867] 157/63). — [8] J. R. Manghan (U.S.P. 3095433 [1963]; C.A. **59** [1963] 6440). — [9] K. Yasuda, R. Okawara (Inorg. Nucl. Chem. Letters **3** [1967] 135/6). — [10] F. H. Pollard, G. Nickless, P. C. Uden (J. Chromatog. **19** [1965] 28/56).

[11] D. N. Dolan, G. Nickless (J. Chromatog. **37** [1968] 1/13). — [12] M. Lesbre, R. Buisson (Bull. Soc. Chim. France **1957** 1204/6). — [13] H. C. Clark, J. T. Kwon (Can. J. Chem. **42** [1964] 1288/93). — [14] G. Callingaert, H. A. Beatty, H. R. Neal (J. Am. Chem. Soc. **61** [1939] 2755/8). — [15] G. Callingaert, H. Soroos, V. Hnizda (J. Am. Chem. Soc. **62** [1940] 1107/10).

[16] U. Prösch, H.-J. Zöpfl (Z. Chem. [Leipzig] **3** [1963] 97/100). — [17] C. R. Dillard, E. H. McNeill, D. E. Simmons, J. B. Yeldell (J. Am. Chem. Soc. **80** [1958] 3607/9). — [18] W. F. Lautsch, A. Tröber, W. Zimmer, L. Mehner, W. Linck, H.-M. Lehmann, H. Brandenburger, H. Körner, H.-J. Metzschker, K. Wagner, R. Kaden (Z. Chem. [Leipzig] **3** [1963] 415/21). — [19] W. F. Lautsch, A. Tröber, H. Körner, K. Wagner, R. Kaden, S. Blase (Z. Chem. [Leipzig] **4** [1964] 441/54). — [20] C. R. Dillard, J. R. Lawson (J. Opt. Soc. Am. **50** [1960] 1271/4).

[21] K. Sisido, T. Miyanisi, K. Nabika, S. Kozima (J. Organometal. Chem. **11** [1968] 281/90). — [22] H. C. Clark, J. T. Kwon, L. W. Reeves, E. J. Wells (Inorg. Chem. **3** [1964] 907/8). — [23] W. McFarlane, J. C. Maire, M. Delmas (J. Chem. Soc. Dalton Trans. **1972** 1862/5). — [24] E. Heldt, K. Höppner, K. H. Krebs (Z. Anorg. Allgem. Chem. **347** [1966] 95/100). — [25] F. H. Pollard, G. Nickless, P. C. Uden (J. Chromatog. **14** [1964] 1/12).

[26] K. Höppner, U. Prösch, H. Wiegleb (Z. Chem. [Leipzig] **4** [1964] 31). — [27] K. Höppner, U. Prösch, H. J. Zöpfl (Abhandl. Deut. Akad. Wiss. Berlin Kl. Chem. Geol. Biol. **1966** 393/406). — [28] K. Höppner (Proc. 2nd Tihany Symp. Radiat. Chem., Tihany, Hung., 1966 [1967], S. 33/6 nach C.A. **67** [1967] Nr. 59548). — [29] E. Heldt, K. Höppner, K. H. Krebs (Z. Anorg. Allgem. Chem. **348** [1966] 113/6). — [30] G. Plazzogna, S. Bresadola, G. Tagliavini (Inorg. Chim. Acta **2** [1968] 333/6).

[31] G. A. Razuvaev, Yu. I. Dergunov, N. S. Vyazankin (Dokl. Akad. Nauk SSSR **145** [1962] 347/50; Proc. Acad. Sci. USSR Chem. Sect. **142/147** [1962] 611/3). — [32] Union Carbide Corp. (Belg.P. 562385 [1957/60]; C. **1961** 13736). — [33] Koppers Co., Inc. (B.P. 808706 [1959]; C.A. **1959** 12529). — [34] T. P. Poeth, P. G. Harrison, T. V. Long, B. R. Willeford, J. J. Zuckerman (Inorg. Chem. **10** [1971] 522/8). — [35] A. Davison, P. E. Rakita (J. Organometal. Chem. **23** [1970] 407/26).

[36] M.-R. Kula, E. Amberger, K. K. Mayer (Chem. Ber. **98** [1965] 634/7). — [37] F. J. A. des Tombe, G. J. M. van der Kerk, J. G. Noltes (J. Organometal. Chem. **13** [1968] P9/P12). — [38] H. J. M. C. Creemers, J. G. Noltes, G. J. M. van der Kerk (J. Organometal. Chem. **14** [1968] 217/21). — [39] F. J. A. des Tombe, G. J. M. van der Kerk, J. G. Noltes (J. Organometal. Chem. **43** [1972] 323/31). — [40] R. H. Bullard, W. B. Robinson (J. Am. Chem. Soc. **49** [1927] 1368/73).

[41] F. J. A. des Tombe, G. J. M. van der Kerk, J. G. Noltes (J. Organometal. Chem. **51** [1973] 173/80). — [42] D. Seyferth, K. V. Darragh (J. Organometal. Chem. **11** [1968] P9/P12). — [43] O. A. Zasyadko, R. G. Mirskov, N. P. Ivanova, Yu. L. Frolov (Zh. Prikl. Spektroskopii **15** [1971]

718/23). — [44] P. G. Harrison, J. J. Zuckerman, T. V. Long, T. P. Poeth, B. R. Willeford (Inorg. Nucl. Chem. Letters **6** [1970] 627/32). — [45] G. Barbieri, F. Taddei (J. Chem. Soc. Perkin Trans. II **1972** 1327/31).

[46] B. K. Hunter, L. W. Reeves (Can. J. Chem. **46** [1968] 1399/414). — [47] R. B. King, F. G. A. Stone (J. Am. Chem. Soc. **82** [1960] 3833/5). — [48] J. M. Holmes, R. D. Peacock, J. C. Tatlow (Proc. Chem. Soc. **1963** 108). — [49] J. M. Holmes, R. D. Peacock, J. C. Tatlow (J. Chem. Soc. A **1966** 150/3). — [50] R. D. Chambers, T. Chivers (J. Chem. Soc. **1964** 4782/90).

[51] J. L. W. Pohlmann, F. E. Brinckmann, G. Tesi, R. E. Donadio (Z. Naturforsch. **20b** [1965] 1/4). — [52] J. A. J. Thompson, W. A. G. Graham (Inorg. Chem. **6** [1967] 1875/9). — [53] A. G. Massey, E. W. Randall, D. Shaw (Chem. Ind. [London] **1963** 1244/5). — [54] K. W. Jolley, L. H. Sutcliffe (Spectrochim. Acta A **24** [1968] 1191/203). — [55] T. Chivers, J. R. Sams (J. Chem. Soc. A **1970** 928/31).

[56] T. Chivers, J. R. Sams (Chem. Commun. **1969** 249/50). — [57] J. Burdon (Tetrahedron **1965** 1101/8). — [58] A. J. R. Bourn, D. G. Gilles, E. W. Randall (Proc. Chem. Soc. **1963** 200). — [59] D. E. Fenton, A. G. Massey, K. W. Jolley, L. H. Sutcliffe (Chem. Commun. **1967** 1097/8). — [60] H. A. Stöckler, H. Sano (Trans. Faraday Soc. **64** [1968] 577/81).

[61] R. V. Parish, R. H. Platt (J. Chem. Soc. A **1969** 2145/50). — [62] J. J. Zuckerman (Advan. Organometal. Chem. **9** [1970] 21/134). — [63] M. G. Clark, A. G. Maddock, R. H. Platt (J. Chem. Soc. Dalton Trans. **1972** 281/90). — [64] R. Gupta, B. Majee (J. Organometal. Chem. **49** [1973] 203/11). — [65] T. Chivers, G. F. Lanthier, J. M. Miller (J. Chem. Soc. A **1971** 2556/63).

[66] R. D. Chambers, T. Chivers (J. Chem. Soc. **1965** 3933/9). — [67] R. G. Kostyanovskii, A. K. Prokofev (Izv. Akad. Nauk SSSR Ser. Khim. **1968** 274/9). — [68] D. Seyferth, S. B. Andrews (J. Organometal. Chem. **30** [1971] 151/66). — [69] V. I. Goldanskii, V. V. Khrapov, O. Yu. Okhlobystin, V. Ya. Rochev (in: V. I. Goldanskii, R. H. Herber, Chemical Application of Moessbauer Spectroscopy, New York 1968, S. 336/76). — [70] P. J. Smith (Organometal. Chem. Rev. A **5** [1970] 373/402).

[71] G. K. Semin, T. A. Babushkina, A. K. Prokofev, R. G. Kostyanovskii (Izv. Akad. Nauk SSSR Ser. Khim. **1968** 1401/4; Bull. Acad. Sci. USSR Div. Chem. Sci. **1968** 1326/8). — [72] M. G. Voronkov, V. P. Feshin, V. F. Mironov, S. A. Mikhailyants, T. K. Gar (Zh. Obshch. Khim. **41** [1971] 211/7; J. Gen. Chem. USSR **41** [1971] 2237/42). — [73] D. Seyferth, S. B. Andrews (J. Organometal. Chem. **18** [1969] P21/P23). — [74] D. Seyferth, S. B. Andrews, R. L. Lambert (J. Organometal. Chem. **37** [1972] 69/76). — [75] H. D. Kaesz, S. L. Stafford, F. G. A. Stone (J. Am. Chem. Soc. **81** [1959] 6336).

[76] S. L. Stafford (Diss. Univ. Harvard 1961, 101 S. nach Diss. Abstr. **22** [1961] 1401). — [77] H. D. Kaesz, S. L. Stafford, F. G. A. Stone (J. Am. Chem. Soc. **82** [1960] 6232/5). — [78] S. L. Stafford, F. G. A. Stone (Spectrochim. Acta **17** [1961] 412/23). — [79] T. D. Coyle, S. L. Stafford, F. G. A. Stone (Spectrochim. Acta **17** [1961] 968/76). — [80] S. L. Stafford, F. G. A. Stone (J. Am. Chem. Soc. **82** [1960] 6238/40).

[81] A. D. Beveridge, H. C. Clark, J. T. Kwon (Can. J. Chem. **44** [1966] 179/89). — [82] F. G. A. Stone, P. M. Treichel (Chem. Ind. [London] **1960** 837/8). — [83] E. Pitcher, A. D. Buckingham, F. G. A. Stone (J. Chem. Phys. **36** [1962] 124/9). — [84] R. E. Sacher (Diss. Univ. Boston Coll. 1970 nach Diss. Abstr. Intern. B **31** [1970] 3310). — [85] R. E. Sacher, W. Davidsohn, F. A. Miller (Spectrochim. Acta A **26** [1970] 1011/22).

[86] H. C. Clark, S. G. Furnival, J. T. Kwon (Can. J. Chem. **41** [1963] 2889/97). — [87] R. Gupta, B. Majee (J. Organometal. Chem. **40** [1972] 97/105). — [88] H. C. Clark, J. T. Kwon, L. W. Reeves, E. J. Wells (Can. J. Chem. **41** [1963] 3005/12). — [89] L. W. Reeves, E. J. Wells (Can. J. Chem. **41** [1963] 2698/702). — [90] D. Seyferth, F. G. A. Stone (J. Am. Chem. Soc. **79** [1957] 515/7).

[91] D. Seyferth, H. M. Cohen (Inorg. Chem. **1** [1962] 913/6). — [92] S. D. Rosenberg, A. J. Gibbons, H. E. Ramsden (J. Am. Chem. Soc. **79** [1957] 2137/8). — [93] R. Sayre (J. Chem. Eng. Data **6** [1961] 560/4). — [94] J. W. Fitch, D. P. Flores, J. E. George (J. Organometal. Chem. **29** [1971] 263/8). — [95] A. Saitow, E. G. Rochow, D. Seyferth (J. Org. Chem. **23** [1958] 116/8).

[96] D. Seyferth (Naturwissenschaften **44** [1957] 34/5). — [97] M. S. Blum, J. J. Pratt (J. Econ. Entomol. **53** [1960] 445/8). — [98] D. Seyferth (J. Am. Chem. Soc. **79** [1957] 2133/6). — [99] W. R. Cullen, M. C. Waldman (J. Fluorine Chem. **1** [1971/72] 41/50). — [100] W. R. Cullen, J. R. Sams, M. C. Waldman (Inorg. Chem. **9** [1970] 1682/6).

[101] W. R. Cullen, M. C. Waldman (Inorg. Nucl. Chem. Letters **4** [1968] 205/7). — [102] W. R. Cullen, M. C. Waldman (J. Fluorine Chem. **1** [1971] 151/63). — [103] A. M. Sladkov, L. K. Luneva (Zh. Obshch. Khim. **36** [1966] 553/6; J. Gen. Chem. USSR **36** [1966] 570/3). — [104] C. W. Fong, W. Kitching (J. Organometal. Chem. **22** [1970] 107/19). — [105] W. Kitching, C. W. Fong, A. J. Smith (J. Am. Chem. Soc. **91** [1969] 767/9).

[106] C. W. Fong, W. Kitching (J. Organometal. Chem. **22** [1970] 95/106). — [107] D. E. Williams, L. H. Toporcer, G. M. Ronk (J. Phys. Chem. **74** [1970] 2139/42). — [108] D. E. Williams, C. W. Kocher (J. Chem. Phys. **52** [1970] 1480/8). — [109] K. Kawakami, H. G. Kuivila (J. Org. Chem. **34** [1969] 1502/4). — [110] E. W. Abel, S. Moorhouse (J. Chem. Soc. Dalton Trans. **1973** 1706/11).

[111] F. H. Pollard, G. Nickless, D. N. Dolan (Chem. Ind. [London] **1965** 1027). — [112] D. Seyferth (J. Org. Chem. **22** [1957] 1599/603). — [113] R. L. Merker, M. J. Scott (J. Am. Chem. Soc. **81** [1959] 975/8). — [114] R. L. Merker, Dow Corning Corp. (U.S.P. 3043858 [1959/62]; C.A. **58** [1963] 1489). — [115] Midland Silicones (B.P. 891087 [1958/62]; C.A. **59** [1963] 11560).

[116] R. L. Merker, Dow Corning Corp. (U.S.P. 2956045 [1960]; C.A. **1961** 5552). — [117] S. Bresadola, F. Rossetto, I. Tagliavini (Ann. Chim. [Rome] **58** [1968] 597/602). — [118] J. Lorberth (J. Organometal. Chem. **15** [1968] 251/3). — [119] M. & T. International N.V. (F. Demande 2179552 [1972/73]; C.A. **80** [1974] Nr. 108671). — [120] H. F. Reiff, B. R. LaLiberte, W. E. Davidsohn, M. C. Henry (J. Organometal. Chem. **15** [1968] 247/50).

[121] A. F. Fentiman, R. E. Wyant, R. D. Steinmeyer, D. A. Jeffrey, J. F. Kircher, E. J. Kahler (BMI-1613 [1965] 14 S.). — [122] H. H. Anderson (Inorg. Chem. **1** [1962] 647/50). — [123] L. S. Melnichenko, M. N. Zemlyanskii, N. D. Kolosova, I. V. Karandi, K. A. Kocheshkov (Dokl. Akad. Nauk SSSR **198** [1971] 1094/5; Dokl. Chem. Proc. Acad. Sci. USSR **196/201** [1971] 500/1). — [124] L. S. Melnichenko, N. N. Zemlyanskii, K. A. Kocheshkov (Izv. Akad. Nauk SSSR Ser. Khim. **1972** 184/5; Bull. Acad. Sci. USSR Div. Chem. Sci. **1972** 175/6). — [125] L. S. Melnichenko, N. N. Zemlyanskii, K. A. Kocheshkov (Izv. Akad. Nauk SSSR Ser. Khim. **1972** 2055/8; Bull. Acad. Sci. USSR Div. Chem. Sci. **1972** 1993/6).

[126] R. D. Steinmeyer, A. F. Fentinam, E. J. Kahler (Anal. Chem. **37** [1965] 520/3). — [127] G. Grüttner, E. Krause (Ber. Deut. Chem. Ges. **50** [1917] 1802/7). — [128] R. West, E. G. Rochow (J. Am. Chem. Soc. **74** [1952] 2490/1). — [129] A. I. Vogel, W. T. Cresswell, J. Leicester (J. Phys. Chem. **58** [1954] 174/7). — [130] M. Gielen, M. de Clercq, G. Mayence, J. Nasielski, J. Topart, H. Vanwuytswinkel (Rec. Trav. Chim. **88** [1969] 1337/8).

[131] M. Gielen, M. R. Barthels, M. de Clercq, C. Dehouck, G. Mayence (J. Organometal. Chem. **34** [1972] 315/20). — [132] R. West, M. H. Webster, G. Wilkinson (J. Am. Chem. Soc. **74** [1952] 5794/5). — [133] M. Gielen, M. de Clercq, B. de Poorter (J. Organometal. Chem. **34** [1972] 305/13). — [134] M. Gielen, M. de Clercq (J. Organometal. Chem. **47** [1973] 351/7). — [135] W. Malisch (J. Organometal. Chem. **61** [1973] C15/C19).

[136] D. Seyferth (J. Am. Chem. Soc. **79** [1959] 5881/4). — [137] S. Papetti, H. W. Post (J. Org. Chem. **22** [1957] 526/8). — [138] V. F. Mironov, E. M. Stephina, V. I. Shiryaev (Zh. Obshch. Khim. **42** [1972] 631/6; J. Gen. Chem. USSR **42** [1972] 627/32). — [139] H. P. Fritz, C. G. Kreiter (J. Organometal. Chem. **1** [1964] 323/7). — [140] T. Chivers (J. Organometal. Chem. **19** [1969] 75/80).

[141] D. Seyferth, A. B. Evnin (J. Am. Chem. Soc. **89** [1967] 1468/75). — [142] J. C. Maire, J. M. Angelelli (Bull. Soc. Chim. France **1969** 1311/7). — [143] J. M. Angelelli, R. T. C. Brownlee, A. R. Katritzky, R. D. Topsom, L. N. Yakhontov (J. Am. Chem. Soc. **91** [1969] 4500/4). — [144] J. M. Angelelli, J. C. Maire (Bull. Soc. Chim. France **1969** 1858/61). — [145] D. N. Kravtsov, B. A. Kvasov, T. S. Khazanova, E. I. Fedin (J. Organometal. Chem. **61** [1973] 207/18).

[146] A. P. Tupciauskas, N. M. Sergeev, Yu. A. Ustynyuk (Org. Magn. Resonance **3** [1971] 655/9). — [147] A. B. Evnin, D. Seyferth (J. Am. Chem. Soc. **89** [1967] 952/9). — [148] W. Davidsohn, B. R. LaLiberte, C. M. Goddard, M. C. Henry (J. Organometal. Chem. **36** [1972] 283/91). — [149] A. G. Meller, G. Maresch, W. Maringgele (Monatsh. Chem. **104** [1973] 557/63). — [150] E. F. Jason, E. K. Fields, Standard Oil Co., Indiana (U.S.P. 3122576 [1959/64]; C.A. **60** [1964] 12051).

[151] C. J. Cattanach, E. F. Mooney (Spectrochim. Acta A **24** [1968] 407/15). — [152] C. J. Moore, W. Kitching (J. Organometal. Chem. **59** [1973] 225/30). — [153] M. Gielen, M. R. Barthels,

M. de Clercq, J. Nasielski (Bull. Soc. Chim. Belges **80** [1971] 189/95). — [154] H. G. Kuivila, J. D. Kennedy, R. Y. Tien, I. J. Tyminski, F. L. Pelczar, O. R. Kahn (J. Org. Chem. **36** [1971] 2083/8). — [155] H. Hartmann, B. Karbstein, P. Schaper, W. Reiss (Naturwissenschaften **50** [1963] 373/4).

[156] M. Le Quan, P. Cadiot (Compt. Rend. **254** [1962] 133/5). — [157] M. Le Quan, P. Cadiot (Bull. Soc. Chim. France **1965** 35/44). — [158] J. Lorberth (J. Organometal. Chem. **16** [1969] 327/31). — [159] L. I. Zakharkin, V. N. Kalinin, E. G. Rys (Zh. Obshch. Khim. **42** [1972] 477/8; J. Gen. Chem. USSR **42** [1972] 474/5). — [160] L. I. Zakharkin, V. N. Kalinin, E. G. Rys (Zh. Obshch. Khim. **43** [1973] 847/52; J. Gen. Chem. USSR **43** [1973] 848/52).

[161] S. D. Rosenberg, E. Debreczeni, E. L. Weinberg (J. Am. Chem. Soc. **81** [1959] 972/5). — [162] S. Matsuda, H. Matsuda, N. Iwamoto, A. Matsumoto (Kogyo Kagaku Zasshi **70** [1967] 1747/50). — [163] P. G. Harrison, S. E. Ulrich, J. J. Zuckerman (J. Am. Chem. Soc. **93** [1971] 5398/402). — [164] D. E. Fenton, A. G. Massey (Tetrahedron **21** [1965] 3009/18). — [165] M. D. Curtis, A. L. Allred (J. Am. Chem. Soc. **87** [1965] 2554/63).

[166] D. R. Morris, B. W. Rockett (J. Organometal. Chem. **40** [1972] C21/C22). — [167] D. Seyferth, S. O. Grimm (J. Am. Chem. Soc. **83** [1961] 1610/3).

Diethyl-diorganyl Tin

1.1.3.2 Diäthyldiorganylzinn $(C_2H_5)_2SnR'_2$

$(C_2H_5)_2Sn(C_4H_9)_2$

Darstellung. Die Verbindung wird bei der Grignard-Synthese aus $(C_2H_5)_2SnCl_2$ und C_4H_9MgBr in Diäthyläther-Benzol bei 3stündigem Rückflußkochen und nachfolgender Zersetzung des Reaktionsgemisches mit wäßriger NH_4Cl-Lösung gewonnen [1]. Bei der Reaktion von $[(C_4H_9)_2SnO]_n$ mit Mg, C_2H_5Cl und C_2H_5Br in Tetrahydrofuran entsteht die Verbindung bei 4.5stündigem Rückflußkochen in 91.5%iger Ausbeute [2]. Auch aus $[(C_2H_5)_2SnS]_3$ und C_4H_9MgCl kann in Diäthyläther bei 12stündigem Rückflußkochen $(C_2H_5)_2Sn(C_4H_9)_2$ gewonnen werden [3]. $[(C_4H_9)_2SnO]_n$ reagiert mit $Al(C_2H_5)_3$ in Toluol bei 80°C unter Bildung von $(C_2H_5)_2Sn(C_4H_9)_2$ in 45%iger Ausbeute. Bei Verwendung eines Überschusses an $Al(C_2H_5)_3$ kann die Ausbeute auf 70% gesteigert werden [4]. Auch aus $[(C_4H_9)_3Sn]_2O$ und $(C_2H_5)_2AlCl$ kann bei 160 bis 190°C $(C_2H_5)_2Sn(C_4H_9)_2$ neben $Sn(C_4H_9)_4$ und $(C_4H_9)_3SnC_2H_5$ gewonnen werden [5]. Die Verbindung entsteht ferner aus $(C_4H_9)_2SnJ_2$ und C_2H_5J in Gegenwart von Cu-Zn nach 2 h bei 80°C in 82.8%iger Ausbeute [6], aus $(C_2H_5)_3SnCl$ und C_4H_9Cl in Gegenwart von Zn und $(C_2H_5)_3N$ in 4%iger Ausbeute neben anderen Produkten [7], aus C_4H_9Cl und $[(C_2H_5)_2Sn]_n$ bei 160°C im Einschlußrohr und in Gegenwart von $(C_2H_5)_3N$ oder $(C_2H_5)_4NJ$, aus $(C_2H_5)_2SnCl_2$ und $[(C_4H_9)_2Sn]_n$ unter gleichen Bedingungen [8] und aus $SnCl_4$ und C_4H_9MgBr als Verunreinigung [9]. — Zur Analyse der Verbindung wird die Gaschromatographie herangezogen [7, 14, 15].

Bildungsenthalpie $\Delta H^{\circ}_{298} = -2170 \pm 2$ kcal/mol [1, 12, 13].

Eigenschaften. Siedepunkt 111.5 bis 112.5°C/10 Torr [3], 112 bis 113°C/10 Torr [1, 2], 205 bis 208°C/Normaldruck [4]. Dichte $D_4^{20} = 1.1035$ g/cm³ [1]. Brechungsindex $n_D^{20} = 1.4730$ [2], 1.4734 [1], $n_D^{25} = 1.4702$ [4]. Molrefraktion $R_{mol} = 74.03$ [1]. Der Dampfdruck gehorcht der Gleichung $\lg p = 8.3558 - 2786/T$. Die Verdampfungswärme beträgt $\Delta H_v = 12.75$ kcal/mol [10, 11]. Für die Verbrennungsenthalpie werden angegeben $\Delta H_v = -2170 \pm 2$ kcal/mol, für die Verbrennungswärme $\Delta U_v = 7439 \pm 7$ cal/g [1, 12, 13].

Verwendung. Die Verbindung dient als Stabilisator für verschiedene Kunststoffe und als Katalysator zur Polymerisation von Olefinen [4].

$(C_2H_5)_2Sn(C_6H_5)_2$

Darstellung. Die Verbindung entsteht bei der Umsetzung von $(C_6H_5)_2SnBr_2$ mit C_2H_5MgBr in Diäthyläther bei 1stündigem Rückflußkochen in 31%iger [16] und aus $(C_6H_5)_2SnCl_2$ und C_2H_5MgBr unter entsprechenden Bedingungen in 78.5%iger Ausbeute [17]. Außerdem ist die Verbindung aus $[(C_2H_5)_2Sn]_n$ und $Hg(C_6H_5)_2$ bei 150°C in 60%iger Ausbeute zugänglich [18, 19].

Eigenschaften. Siedepunkt 135.5 bis 137°C/1 Torr [16], 154 bis 156°C/4 Torr [18, 19], 155 bis 157°C/4 Torr [17]. UV-Spektrum (in nm): 246 (ε = 400), 253 (ε = 500), 259 (ε = 600), 265 (ε = 500) [20]. Im IR-Spektrum erscheint eine Bande bei 1579 cm^{-1} [20]. ^1H-NMR-Spektrum: $\delta CH_3 = -77.7$ Hz, $J(^1HCC^{117}Sn) = 74.9$ Hz, $J(^1HCC^{119}Sn) = 75.1$ Hz [21]. ^{119}Sn-NMR-Spektrum: $\delta = +66$ ppm [22]. Aus dem Massenspektrum [23, 24] wird folgendes Fragmentierungsschema aufgestellt [23]:

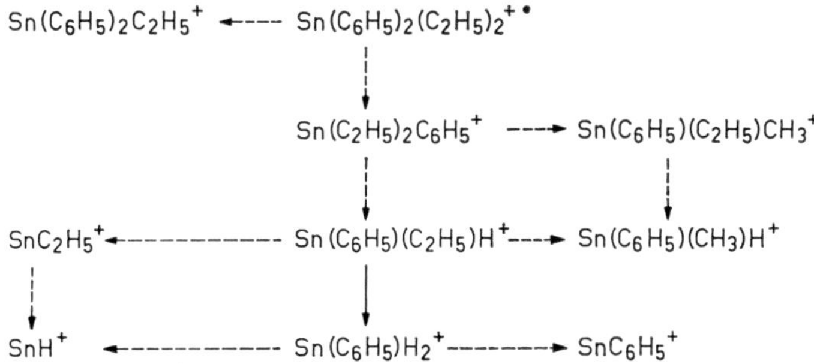

Reaktionen. Die Verbindung zerfällt bei Bestrahlung bei Zimmertemperatur innerhalb von 110 bis 140 h in $CHCl_3$ unter Bildung von C_6H_6, $(C_2H_5)_2SnCl_2$, Cl_3CCCl_3 und $Cl_2CHCHCl_2$, in CCl_4 unter Bildung von $(C_2H_5)_2SnCl_2$, C_6H_5Cl und Cl_3CCCl_3 und in Methanol unter Bildung von CH_2O, C_6H_6 und $(C_2H_5)_2Sn(OCH_3)_2$ [25]. Sie reagiert mit gasförmigem HCl bei 150 bis 160°C unter Bildung von $(C_2H_5)_2SnCl_2$ [17], mit $C_6H_5AsH_2$ bei 250°C unter Bildung eines Sn- und As-haltigen Niederschlags [26], mit $(C_2H_5)_2SnCl_2$ bei 210°C unter Bildung von $(C_2H_5)_2(C_6H_5)SnCl$ [27] und mit $Fe(CO)_5$ in Äthylcyclohexan unter N_2 bei 10stündigem Rückflußkochen unter Bildung von $[(C_2H_5)_2SnFe(CO)_4]_2$ [28]. Zur Kinetik der Reaktion mit $AgNO_3$ s. [16].

Verwendung. Die Verbindung findet Verwendung als Katalysator zur Polymerisation von Olefinen [29].

$(C_2H_5)_2SnR'_2$

Darstellung und Eigenschaften weiterer Verbindungen vom Typ $(C_2H_5)_2SnR'_2$, wobei R' einen organischen Rest bedeutet, sind in Tabelle 7 auf S. 26/32 aufgeführt.

Weitere Angaben zu den in der Tabelle aufgeführten Verbindungen (laufende Nummern mit Stern):

$(C_2H_5)_2Sn(C{\equiv}CH)_2$ (Tabelle **7**, Nr. **3**). Im IR-Spektrum werden folgende Banden (in cm^{-1}) gefunden: 3293, 2017, 674, 671, 526, 510, 434, 420, 290, 97, 45 [33]. ^{119}Sn-NMR-Spektrum: $\delta = +141$ ppm [22].

$(C_2H_5)_2Sn(CH{=}CH_2)_2$ (Tabelle **7**, Nr. **4**). Im IR-Spektrum der Verbindung werden folgende Banden (in cm^{-1}) zugeordnet: $\nu SnC_2H_5 = 495$ und 518, $\nu SnCH{=}CH_2 = 462$ und 476, $\nu C{=}C = 1580$ [35]. Wie IR-spektroskopische Untersuchungen zeigen, bildet die Verbindung Wasserstoffbrücken zur OH-Gruppe von Phenol aus. Basizität der Verbindung im Vergleich zu der anderer Vinyl- und Allyl-Derivate von Metallorganylen s. Original [36]. ^1H-NMR-Spektrum: $\tau CH_3 = 8.79$, $\tau CH_2Sn = 9.07$, $\tau CH = 3.59$, $\tau CH_2 = 3.76$ und 4.27 [37]. ^{119}Sn-NMR: $\delta = +81$ ppm [22]. Mössbauer-Spektrum: $\delta = 1.20$ mm/s gegen SnO_2 [38], -0.90 mm/s gegen α-Sn [39]. In beiden Fällen wird keine Quadrupolaufspaltung gefunden.

$(C_2H_5)_2Sn(CH_2CH{=}CH_2)_2$ (Tabelle **7**, Nr. **8**). IR-Spektrum (in cm^{-1}): 3060 s, 2940 st, 2900 st, 2860 st, 1620 st, 1460 m, 1420 m, 1375 m, 1255 s, 1230 s, 1185 st, 1090 m, 1020 m, 988 m, 960 s, 928 m, 880 st, 795 s, 738 m [47]. Außerdem werden Banden bei 1621, 879 und 488 cm^{-1} gefunden [49]. Die Verbindung reagiert mit H_2S_x unter Bildung von $[(C_2H_5)_2SnS_{1.2}]_3$ [50].

$(C_2H_5)_2Sn(CH_2COOCH_3)_2$ (Tabelle **7**, Nr. **9**). ^1H-NMR-Spektrum: $\delta CH_2 = -1.97$ ppm, $J(^1HCSn) = 56.8$ Hz [52]. Die Verbindung reagiert mit wasserfreiem Methanol bei 50 bis 60°C unter Bildung von $(C_2H_5)_2Sn(OCH_3)_2$ neben Essigsäuremethylester [51], mit Aldehyden RCHO unter Bildung von Verbindungen des Typs $(C_2H_5)_2Sn(OCHRCH_2COOCH_3)_2$ [53].

Tabelle 7

Nr.	Verbindung $(C_2H_5)_2SnR'_2$	Darstellung	Reaktionsbedingungen Eigenschaften	Ausbeute in %	Lit.
1	$(C_2H_5)_2Sn(CF{=}CF_2)_2$	$(C_2H_5)_2SnCl_2 + R'MgBr$	THF, −15°C; $t_s = 55$ bis 57°C/12 Torr, $n_D^{25} = 1.4168$, $D_4^{25} = 1.595$; reagiert mit C_2H_5OH zu $(C_2H_5)_2Sn(OC_2H_5)_2$; reagiert mit KF zu $[(C_2H_5)_2FSn]_2O$	80	[30]
2	$(C_2H_5)_2Sn(C_2F_5)_2$	—	^{119}Sn-NMR: $\delta = +65$ ppm	—	[31]
3*	$(C_2H_5)_2Sn(C{\equiv}CH)_2$	$(C_2H_5)_2SnCl_2 + R'Na$	Diäthyläther, Rückfluß; $t_s = 32$ bis 35°C/0.1 Torr	80	[32]
4*	$(C_2H_5)_2Sn(CH{=}CH_2)_2$	$(C_2H_5)_2SnCl_2 + R'MgBr$	Diäthyläther; $t_s = 168.5$°C/765 Torr, $n_D^{20} = 1.4860$, $D_4^{20} = 1.2356$	—	[34]
5	$(C_2H_5)_2Sn(CHClCH_3)_2$	$R'_2SnCl_2 + C_2H_5MgBr$	Diäthyläther, 3 h, Rückfluß; $t_s = 114$ bis 115°C/5 Torr, $n_D^{20} = 1.5083$, $D_4^{20} = 1.414$	—	[40, 41]
6	$(C_2H_5)_2Sn(C{\equiv}CCH_3)_2$	$[(C_2H_5)_2SnO]_n + R'MgBr$	Diäthyläther; $t_s = 62$°C/1 Torr, $n_D^{20} = 1.4877$, $D_4^{20} = 1.2332$, $R_{mol} = 60.50$ (ber.: 61.48) IR: $\nu C{\equiv}C = 2136\ cm^{-1}$	66	[42] [43, 44]
7	$(C_2H_5)_2Sn(CH_2CH_2CN)_2$	$(C_2H_5)_2SnH_2 + CH_2{=}CHCN$	5 h, 50°C, AIBN; $t_s = 144$ bis 147°C/2.5 Torr, $n_D^{20} = 1.5088$	54	[45]
8*	$(C_2H_5)_2Sn(CH_2CH{=}CH_2)_2$	$(C_2H_5)_2SnCl_2 + R'MgBr$ $(C_2H_5)_2SnJ_2 + R'MgBr$	Benzol; $t_s = 98$ bis 100°C/17 Torr, $n_D^{23} = 1.5086$ Diäthyläther; $t_f = 129$ bis 130°C	25.5 —	[46, 47] [48]
9*	$(C_2H_5)_2Sn(CH_2COOCH_3)_2$	$(C_2H_5)_2SnH_2 + HgR'_2$	2 h, Rückfluß; $t_s = 117$ bis 119.5°C/2.5 Torr, $n_D^{20} = 1.4940$, $D_4^{20} = 1.3813$	82	[51]
		$(C_2H_5)_2Sn(OCH_3)_2 + CH_2{=}CO$	Diäthyläther, 0 bis −5°C; $t_s = 109$ bis 111°C/1 Torr, $n_D^{20} = 1.4932$, $D_4^{20} = 1.3771$	72	[51]
		$[(C_2H_5)_2SnS]_3 + HgR'_2$	Benzol, 1.5 h, 80°C; $t_s = 108$ bis 109°C/1.5 Torr, $n_D^{20} = 1.4937$, $D_4^{20} = 1.3809$, $R_{mol} = 68.05$ (ber.: 68.14)	78	[52]

Tabelle 7 (Fortsetzung)

Nr.	Verbindung $(C_2H_5)_2SnR'_2$	Darstellung	Reaktionsbedingungen Eigenschaften	Ausbeute in %	Lit.
10	$(C_2H_5)_2Sn(C_3H_7)_2$	$(C_2H_5)_2SnCl_2 + R'MgBr$	Äther; $t_s = 84.5°C/10$ bis 11 Torr, 205 bis 207°C/Normaldruck; reagiert mit HCl zu $C_2H_5(C_3H_7)SnCl_2$	88	[17]
			Gaschromatographie		[54]
11	$(C_2H_5)_2Sn(iso\text{-}C_3H_7)_2$	$(C_2H_5)_2SnJ_2 + R'MgBr$	Diäthyläther; $t_s = 74$ bis 75°C/5 Torr, $n_D^{20} = 1.4750$, $D_4^{20} = 1.1513$, $\sigma_{20} = 15.59$ dyn/cm	—	[50]
12	$(C_2H_5)_2Sn(CH_2OC_2H_5)_2$	$(C_2H_5)_2SnCl_2 + R'MgCl$	THF, $HgCl_2$; $t_s = 110.9$ bis 111°C/16 Torr, $n_D^{20} = 1.4688$, $D_4^{20} = 1.2114$	—	[55]
13	$(C_2H_5)_2Sn(C{\equiv}CCH{=}CH_2)_2$	$[(C_2H_5)_2SnO]_n + R'MgBr$	Äther; $t_s = 96°C/1$ Torr, $n_D^{20} = 1.5428$, $D_4^{20} = 1.2267$, $R_{mol} = 71.59$ (ber.: 69.80)	70	[42]
14*	$(C_2H_5)_2Sn[C(=N_2)COOC_2H_5]_2$	$(C_2H_5)_2SnN(CH_3)_2 + R'H$	Diäthyläther, 25°C; $t_s = 140$ bis 142°C/0.1 Torr	60	[56]
15	$(C_2H_5)_2Sn(CH_2CH_2COOCH_3)_2$	$(C_2H_5)_2SnH_2 + CH_2{=}CHCOOCH_3$	7 h, 50°C, AIBN; $t_s = 150$ bis 156°C/0.001 Torr, $n_D^{20} = 1.4849$;	86	[45]
			reagiert mit $HOCH_2CH{=}CH_2$ zu $(C_2H_5)_2Sn(CH_2CH_2COOCH_2CH{=}CH_2)_2$		[65]
16	$(C_2H_5)_2Sn(CH_2COOC_2H_5)_2$	$(C_2H_5)_2SnH_2 + HgR'_2$	2 h, Rückfluß, N_2; $t_s = 112$ bis 114°C/1.5 Torr, $n_D^{20} = 1.4858$, $D_4^{20} = 1.3007$	60	[51]
		$(C_2H_5)_2Sn(OC_2H_5)_2 + CH_2{=}CO$	Diäthyläther, 0 bis −5°C; $t_s = 106$ bis 108°C/1 Torr, $n_D^{20} = 1.4850$, $D_4^{20} = 1.3012$	69	[51]
17	$(C_2H_5)_2Sn(iso\text{-}C_4H_9)_2$	$(C_2H_5)_2SnBr_2 + R'MgBr$	Diäthyläther, 3 h, Rückfluß; $t_s = 108.2°C/13$ Torr, $n_D^{20.4} = 1.47361$, $D_4^{20.4} = 1.1030$	—	[57]
		$Sn(C_2H_5)_4 + SnR'_4$	200°C, 2.5 Torr, $AlCl_3$	—	[58]
			$n_D^{20} = 1.4738$, $R_{mol} = 74.105$ (ber.: 74.244)		[59]
			$R_{mol} = 74.10$ (ber.: 73.86, 74.00)		[60, 61]
			Katalysator zur Polymerisation von Olefinen		[29]

Tabelle 7 (Fortsetzung)

Nr.	Verbindung $(C_2H_5)_2SnR'_2$	Darstellung	Reaktionsbedingungen Eigenschaften	Ausbeute in %	Lit.
18	$(C_2H_5)_2Sn(\textit{tert}\text{-}C_4H_9)_2$	—	$n_D^{20} = 1.4890$, $n_D^{25} = 1.4870$, $D_4^{25} = 1.1229$, $R_{mol} = 74.548$ (ber.: 74.636) NMR: $\delta CH_3C = -1.17$ ppm, $J(^1HCC^{117/119}Sn) = 55.2/57.7$ Hz ^{119}Sn-NMR: $\delta = +19$ ppm Massenspektrum	—	[59] [62] [22] [63]
19	$(C_2H_5)_2Sn(1,2\text{-}B_{10}C_2H_{10}\text{-}CH{=}CH_2)_2$	$(C_2H_5)_2Sn[N(C_2H_5)_2]_2 + R'H$	5 h, 120°C; $t_f = 38$°C, $t_s = 168$ bis 174°C/2 Torr, $n_D^{20} = 1.5562$	13	[64]
20	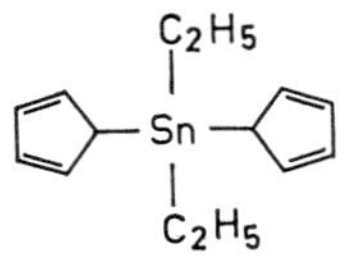 C_2H_5 Sn C_2H_5	$(C_2H_5)_2SnCl_2 + R'Na$	Benzol oder Xylol, 2 d, 25°C, N_2; $t_s = 90$°C/0.001 Torr, 121.5 bis 123°C/2.5 Torr, $n_D^{30} = 1.5890$, NMR: $\delta CH_3 = 64.6$ Hz, $J(^1HCC^{117/119}Sn) = 94/90$ Hz, $\delta CH_2 = -29.3$ Hz, $\delta C_5H_5 = -359.0$ Hz, $J(HSn) = 21.6$ Hz	58.1	[66, 67]
21*	$(C_2H_5)_2Sn(C{\equiv}CC_3H_7)_2$	$(C_2H_5)_2SnCl_2 + R'MgBr$	Diäthyläther, 2 h, Rückfluß; $t_s = 66$°C/0.1 Torr, $n_D^{20} = 1.4969$, $D_4^{20} = 1.225$	65	[68]
22	$(C_2H_5)_2Sn[CH_2CH(CH_3)COOCH_3]_2$	$(C_2H_5)_2SnH_2 + CH_2{=}C(CH_3)COOCH_3$	9 h, 40 bis 50°C, AIBN; $t_s = 123$ bis 127°C/0.03 Torr, $n_D^{20} = 1.4829$ reagiert mit $HOCH_2CH{=}CH_2$ zu $(C_2H_5)_2Sn[CH_2CH(CH_3)COOCH_2CH{=}CH_2]_2$	95	[45] [65]
23	$(C_2H_5)_2Sn(CH_2COOC_3H_7)_2$	$(C_2H_5)_2Sn(OC_3H_7)_2 + CH_2{=}CO$	Diäthyläther, 5°C; $t_s = 134$ bis 136°C/2 Torr, $n_D^{20} = 1.4820$, $D_4^{20} = 1.2370$	50	[51]
24	$(C_2H_5)_2Sn(C_5H_{11})_2$	$(C_2H_5)_2SnCl_2 + R'MgBr$	Diäthyläther, 1 h, Rückfluß; $t_s = 139$ bis 141°C/14 Torr; reagiert mit J_2 zu $C_2H_5R'_2SnJ$	75	[70]
25	$(C_2H_5)_2Sn(\textit{iso}\text{-}C_5H_{11})_2$	$(C_2H_5)_2SnBr_2 + R'MgBr$	Diäthyläther, 3 h, Rückfluß; $t_s = 131$°C/13.5 Torr, $n_D^{19} = 1.47268$, $D_4^{19} = 1.0725$ $n_D^{20} = 1.4723$, $R_{mol} = 83.423$ (ber.: 83.538) $R_{mol} = 83.42$ (ber.: 83.18, 83.24)	—	[57] [59] [60, 61]

Tabelle 7 (Fortsetzung)

Nr.	Verbindung $(C_2H_5)_2SnR'_2$	Darstellung	Reaktionsbedingungen Eigenschaften	Ausbeute in %	Lit.
26	$(C_2H_5)_2Sn[CH_2C(CH_3)_3]_2$	$(C_2H_5)_2SnCl_2 + R'MgCl$	Diäthyläther-Benzol, 2 h, Rückfluß; $t_s = 66°C/0.1$ Torr, $n_D^{25} = 1.4710$, $D_4^{24} = 1.0680$; reagiert mit Br_2 zu $(C_2H_5)R'_2SnBr$	79	[71]
27	$(C_2H_5)_2Sn(CH_2CH_2CH_2OCH_2CH_2OH)_2$	$(C_2H_5)_2SnH_2 + CH_2{=}CHCH_2OCH_2CH_2OH$	10 h, 50 bis 60°C, AIBN; $t_s = 170$ bis 177°C/0.001 Torr, $n_D^{20} = 1.5025$	55	[45]
		$(C_2H_5)_2SnH_2 + CH_2{=}CHCH_2OCH_2CH_2OH$	$t_s = 173$ bis 175°C/0.002 Torr	—	[72]
28	$(C_2H_5)_2Sn(C_6F_5)_2$	$(C_2H_5)_2SnCl_2 + R'Li$	NMR: $J(^1HCSn) = 62$ Hz, $J(^1HCCSn) = 102$ Hz	—	[73]
29*	$(C_2H_5)_2Sn(C_6H_4\text{-}p\text{-}F)_2$	$(C_2H_5)_2SnCl_2 + R'MgBr$	Äther; $t_s = 136$ bis 140°C/0.7 Torr	—	[74]
30*	$(C_2H_5)_2Sn(C_6H_4\text{-}m\text{-}F)_2$	$(C_2H_5)_2SnCl_2 + R'MgBr$	Äther; $t_s = 136$ bis 140°C/0.5 Torr	—	[74]
31	$(C_2H_5)_2Sn(C_6H_4\text{-}p\text{-}Cl)_2$	—	reagiert mit $Pb(OOCCH_3)_4$ zu $(C_2H_5)_2Sn(OOCCH_3)_2$ und $R'_2Pb(OOCCH_3)_2$	—	[77]
32	$(C_2H_5)_2Sn(C_6H_4\text{-}p\text{-}Br)_2$	—	reagiert mit $Pb(OOCCH_3)_4$ zu $(C_2H_5)_2Sn(OOCCH_3)_2$ und $R'_2Pb(OOCCH_3)_2$	—	[77]
33*	$(C_2H_5)_2Sn(C{\equiv}CC_4H_9)_2$	$(C_2H_5)_2SnCl_2 + R'MgBr$	Diäthyläther, 3 h, Rückfluß; $t_s = 101$°C/0.15 Torr, $n_D^{20} = 1.4888$, $D_4^{20} = 1.1175$	63	[68]
		$(C_2H_5)_2SnCl_2 + R'H$	Dicyclohexylamin, Benzol, 5 h, 80°C; $t_s = 100$°C/0.07 Torr	—	[78]
34	$(C_2H_5)_2Sn(C_6H_4\text{-}o\text{-}OC_6H_5)_2$	$(C_2H_5)_2SnCl_2 + LiC_5H_4\text{-}o\text{-}OC_6H_4\text{-}o\text{-}Li$	THF	4	[80]
			Massenspektrum		[92]

Tabelle 7 (Fortsetzung)

Nr.	Verbindung $(C_2H_5)_2SnR'_2$	Darstellung	Reaktionsbedingungen Eigenschaften	Ausbeute in %	Lit.
35	$(C_2H_5)_2Sn(CH_2CH_2COOCH_2CH{=}CH_2)_2$	$(C_2H_5)_2Sn(CH_2CH_2\text{-}COOCH_3)_2$ + $HOCH_2CH{=}CH_2$	135 bis 140°C, $NaOCH_3$; $t_s = 119$ bis 120°C/0.015 Torr, $n_D^{20} = 1.4935$, $D_4^{20} = 1.2443$, $R_{mol} = 94.23$ (ber.: 94.5)	78.3	[65]
		$(C_2H_5)_2SnH_2$ + $CH_2{=}CHCOOCH_2CH{=}CH_2$	Bombenrohr, 1 h, 90 bis 100°C, N_2; $t_s = 122$°C/0.05 Torr, $n_D^{20} = 1.4940$, $D_4^{20} = 1.2439$	83.3	[65]
36	$(C_2H_5)_2Sn(\textit{cyclo}\text{-}C_6H_{11})_2$	$R'_2SnBr_2 + C_2H_5MgJ$	Diäthyläther, 2 h, 100°C; $t_s = 155$ bis 156°C/2 Torr, $n_4^{18} = 1.5190$, $D_4^{18} = 1.1990$, $R_{mol} = 86.7$ (ber.: 86.7); reagiert mit X_2 zu $(C_2H_5)_2R'SnX + C_2H_5R'_2SnX$ (X = Br, J)	81	[81]
37	$(C_2H_5)_2Sn(CH_2CH_2CH_2OCH_2CH\text{-}CH_2)_2$ └O┘	$(C_2H_5)_2SnH_2$ + $CH_2{=}CHCH_2OCH_2CH\text{-}CH_2$ └O┘	$t_s = 208$°C/1 Torr, $n_D^{20} = 1.5114$, $D_4^{20} = 1.2694$; polymerisiert in Gegenwart von H_2O	—	[82]
38*	$(C_2H_5)_2Sn(CH_2C_6H_5)_2$	$R'_2SnCl_2 + C_2H_5MgBr$	Diäthyläther; $t_s = 150$ bis 152°C/1 Torr	29.5	[83]
		$R'_2SnCl_2 + C_2H_5MgBr$	Diäthyläther; $t_s = 223$ bis 224°C/20 Torr	—	[84]
		$R'_2Sn(OOCCH_3)_2$ + $Al(C_2H_5)_3$	Benzol	—	[4]
39	$(C_2H_5)_2Sn(C_6H_4\text{-}\textit{o}\text{-}CH_3)_2$	—	^{119}Sn-NMR: $\delta = +63$ ppm in CCl_4	—	[22]
40	$(C_2H_5)_2Sn(C_6H_4\text{-}\textit{m}\text{-}CH_3)_2$	—	^{119}Sn-NMR: $\delta = +63$ ppm in CCl_4 IR: 1480, 1586 cm^{-1}	—	[22] [75]
41	$(C_2H_5)_2Sn(C_6H_4\text{-}\textit{p}\text{-}CH_3)_2$	—	^{119}Sn-NMR: $\delta = +63$ ppm in CCl_4 IR: 1492, 1585 cm^{-1} reagiert mit $Pb(OOCCH_3)_4$ zu $(C_2H_5)_2Sn(OOCCH_3)_2$ und $R'_2Pb(OOCCH_3)_2$	—	[22] [75] [77]

Tabelle 7 (Fortsetzung)

Nr.	Verbindung $(C_2H_5)_2SnR'_2$	Darstellung	Reaktionsbedingungen Eigenschaften	Ausbeute in %	Lit.
42	$(C_2H_5)_2Sn[CH_2CH(CH_3)$-$COOCH_2CH{=}CH_2]_2$	$(C_2H_5)_2Sn[CH_2CH(CH_3)$-$COOCH_3]_2$ + $HOCH_2CH{=}CH_2$	135 bis 140°C, $NaOCH_3$; $t_s = 113$°C/0.02 Torr, $n_D^{20} = 1.4903$, $D_4^{20} = 1.2043$, $R_{mol} = 103.58$ (ber.: 103.73)	74.7	[65]
		$(C_2H_5)_2SnH_2 + CH_2{=}C$-$(CH_3)COOCH_2CH{=}CH_2$	Bombenrohr, 1 h, 90 bis 100°C, N_2; $t_s = 121$°C/0.7 Torr, $n_D^{20} = 1.4908$, $D_4^{20} = 1.2049$, $R_{mol} = 103.62$	86.8	[65]
43	$(C_2H_5)_2Sn[CH_2CH_2C(C_2H_5)_2OH]_2$	$J_2Sn(CH_2CH_2COOR)_2$ + C_2H_5MgBr	Äther; $t_s = 152$ bis 157°C/0.001 Torr, $n_D^{20} = 1.5020$	60 bis 70	[87]
44*	$(C_2H_5)_2Sn(C{\equiv}CC_6H_5)_2$	$(C_2H_5)_2SnCl_2 + R'MgBr$	Diäthyläther, 2 h, 40°C; Öl, $n_D^{20} = 1.5919$	—	[68]
		$(C_2H_5)_2SnCl_2 + R'H$	Benzol, 5 h, 80°C; $t_s = 165$°/0.001 Torr	62	[78]
		$(C_2H_5)_2Sn(NR_2)_2 + R'H$	höhere Temperatur; $t_s = 180$ bis 182°C/0.1 Torr	70	[88]
45	$(C_2H_5)_2Sn(CH_2CH_2C_6H_5)_2$	$(C_2H_5)_2SnH_2$ + $CH_2{=}CHC_6H_5$	12 h, 70°C, AIBN, 1:3; $t_s = 142$ bis 146°C/0.001 Torr, $n_D^{20} = 1.5645$	85	[45]
		$(C_2H_5)_2SnH_2$ + $CH_2{=}CHC_6H_5$	70 bis 125°C, $(iso\text{-}C_4H_9)_2AlH$, 1:2; $t_s = 142$ bis 144°C/0.001 Torr	93	[89]
46	C_6H_9—$CH_2CH_2Sn(C_2H_5)_2CH_2CH_2$—$C_6H_9$ (Cyclohexenyl)	$(C_2H_5)_2SnH_2$ + $CH_2{=}CH$—C_6H_9 (Cyclohexenyl)	3.5 h, 70°C, $(iso\text{-}C_4H_9)_2AlH$; $t_s = 100$ bis 101°C/0.001 Torr	88	[89]
47	$(C_2H_5)_2Sn(C_8H_{17})_2$	$(C_2H_5)_2SnH_2$ + $CH_2{=}CHC_6H_{13}$	$t_s = 194$ bis 196°C/8 Torr; Stabilisator für PVC, Fungizid	—	[90]
48	$(C_2H_5)_2Sn[CH_2CH(CH_3)C(C_2H_5)_2OH]_2$	$J_2Sn[CH_2CH(CH_3)$-$COOR]_2 + C_2H_5MgBr$	Äther; $t_s = 156$ bis 165°C/0.001 Torr, $n_D^{20} = 1.5042$	60 bis 70	[87]
49	$(C_2H_5)_2Sn(C_6H_4\text{-}p\text{-}CH_2CH{=}CH_2)_2$	$(C_2H_5)_2SnJ_2 + R'MgBr$	Äther; $t_s = 183$ bis 186°C/5 Torr, $n_D^{20} = 1.5444$, $D_4^{20} = 1.3819$; $R_{mol} = 100.39$ (ber.: 100.39), $\sigma = 27.37$ dyn/cm, P = 680.3	63	[91]

Tabelle 7 (Fortsetzung)

Nr.	Verbindung $(C_2H_5)_2SnR'_2$	Darstellung	Reaktionsbedingungen Eigenschaften	Ausbeute in %	Lit.
50	$(C_2H_5)_2Sn(C_9H_{19})_2$	$(C_2H_5)_2SnJ_2 + R'MgBr$	Diäthyläther; $t_s = 195$ bis 200 °C/5 Torr, $n_D^{20} = 1.4690$, $D_4^{20} = 1.0023$, $\sigma = 38.39$ dyn/cm	—	[48]
51	C_2H_5 Sn C_2H_5	—	reagiert mit $Pb(OOCCH_3)_4$ zu $(C_2H_5)_2Sn(OOCCH_3)_2$ und $R'_2Pb(OOCCH_3)_2$	—	[77]
52	$(C_2H_5)_2Sn(C_{10}H_{21})_2$	$(C_2H_5)_2SnJ_2 + R'MgBr$	Äther; $t_s = 205$ bis 207 °C/5 Torr, $n_D^{20} = 1.4785$, $D_4^{20} = 1.0377$, $R_{mol} = 128.76$ (ber.: 128.76), $\sigma = 26.37$ dyn/cm, $P = 533.2$	67	[91]

$(C_2H_5)_2Sn[C(=N_2)COOC_2H_5]_2$ (Tabelle **7**, Nr. **14**). IR-Spektrum: $\nu N_2 = 2059\ cm^{-1}$, $\nu CO = 1673\ cm^{-1}$. ^1H-NMR-Spektrum: $\delta CH_3(C_2H_5Sn) = -1.24$ ppm, $J(^1HCC^{117}Sn) = 103.5$ Hz, $J(^1HCC^{119}Sn) = 108.0$ Hz, $\delta CH_3(OC_2H_5) = -1.01$ ppm, $\delta CH_2O = -4.02$ ppm, $J(^1HCC^1H) = 7.0$ Hz [56].

$(C_2H_5)_2Sn(C{\equiv}CC_3H_7)_2$ (Tabelle **7**, Nr. **21**). Die Verbindung reagiert mit Br_2 unter Bildung von $(C_2H_5)_2SnBr_2$, mit HCl unter Bildung von $(C_2H_5)_2SnCl_2$ neben $C_3H_7C{\equiv}CH$, mit H_2O unter Bildung von $[(C_2H_5)_2SnO]_n$ neben $C_3H_7C{\equiv}CH$, mit C_2H_5SH unter Bildung von $(C_2H_5)_2Sn(SC_2H_5)_2$ [68] und beim 11stündigen Erhitzen mit $Fe_3(CO)_{12}$ in Petroläther unter Rückfluß unter Bildung von $[(C_2H_5)_2Fe(CO)_4]_2$ [69].

$(C_2H_5)_2Sn(C_6H_4$-*p*-$F)_2$ (Tabelle **7**, Nr. **29**). Im IR-Spektrum erscheinen Banden bei 1490 und 1582 cm^{-1} [75]. ^1H-NMR-Spektrum: $\delta CH_3 = -76$ Hz, $J(^1HCC^{119}Sn) = 80$ Hz, $\delta C_6H_4 = -1$ und +21 Hz gegen Benzol. ^{19}F-NMR-Spektrum: $\delta F = +3072$ Hz gegen CF_3COOH bzw. -0.76 ppm gegen C_6H_5F. Kopplungskonstanten im Phenylring: $J_{3,5} = 9.19$ Hz, $J_{1,5} = 6.56$ Hz, $J_{2,3} = 8.26$ Hz, $J_{2,4} = 0.53$ Hz, $J_{1,2} = 2.62$ Hz, $J_{3,4} = 1.62$ Hz [76].

$(C_2H_5)_2Sn(C_6H_5$-*m*-$F)_2$ (Tabelle **7**, Nr. **30**). Im IR-Spektrum erscheinen Banden bei 1474 und 1572 cm^{-1} [75]. ^1H-NMR-Spektrum: $\delta CH_3 = -76$ Hz, $J(^1HCC^{119}Sn) = 80$ Hz. ^{19}F-NMR-Spektrum: $\delta F = +3109.7$ Hz gegen CF_3COOH bzw. -0.32 ppm gegen C_6H_5F [76].

$(C_2H_5)_2Sn(C{\equiv}CC_4H_9)_2$ (Tabelle **7**, Nr. **33**). Im IR-Spektrum erscheint eine Bande bei 2150 cm^{-1} [20]. Mössbauer-Spektrum: $\delta = -1.05$ mm/s gegen α-Sn, $\Delta = 1.37$ mm/s [79]. Die Verbindung reagiert mit Br_2 unter Bildung von $(C_2H_5)_2SnBr_2$, mit HCl unter Bildung von $(C_2H_5)_2SnCl_2$ neben $HC{\equiv}CC_4H_9$, mit H_2O unter Bildung von $[(C_2H_5)_2SnO]_n$ neben $HC{\equiv}CC_4H_9$, mit C_2H_5SH unter Bildung von $(C_2H_5)_2Sn(SC_2H_5)_2$ neben $HC{\equiv}CC_4H_9$ [68]. Bei der Reaktion mit $Fe_3(CO)_{12}$ in Petroläther entsteht nach 3 h bei 100°C und weiterem 8stündigem Rückflußkochen $[(C_2H_5)_2SnFe(CO)_4]_2$ [69].

$(C_2H_5)_2Sn(CH_2C_6H_5)_2$ (Tabelle **7**, Nr. **38**). Das IR-Spektrum der Verbindung ist in Tabelle 8 wiedergegeben [83]. Von der durch Extraktion mit Äthanol gereinigten Verbindung werden im ^1H-NMR-Spektrum für die Benzylgruppe folgende Kopplungskonstanten gefunden: $J(^1HC^{117}Sn) =$

Tabelle 8

IR-Spektrum von $(C_2H_5)_2Sn(CH_2C_6H_5)_2$

Zuordnung	ν in cm^{-1}	Zuordnung	ν in cm^{-1}
	1730 s	δRing (A_1)	1000 s
νCC (B_1)	1660 s		960 s
νCC (A_1)	1602 st		945 s
νCC (B_1)	1580 s	γCH (B_2)	898 s
νCC (A_1)	1492 st		840 s
	1465 s		815 s
νCC (B_1)	1452 m	γCH (A_2)	799 m
$\delta_{as}CH_3$	1422 s	γCH (B_2)	755 st
	1380 s		725 s
	1310 s	γCH (B_2)	696 st
	1235 s	$\rho CH_2(SnC_2H_5)$	660 s
νCCH_2	1209 m	αCCC (A_1)	620 s
$\delta_s CH_2(C_2H_5)$	1180 s		545 s
	1155 s	$\nu_{as}SnC_2(C_2H_5)$	510
$\delta_s CH_2(Sn)$	1095 m	$\nu_s SnC_2(C_2H_5)$	493
	1050 m	$\nu SnCH_2C_6H_5$	445
	1030 s		

55.5 Hz, $J(^1HC^{119}Sn) = 57.8$ Hz. Massenspektrum s. im Original [85]. ^{119}Sn-NMR-Spektrum: $\delta = +13$ ppm in Benzol [22]. Die Verbindung reagiert mit verdünntem H_2SO_4 unter Bildung von $[(C_2H_5)_2SnO]_n$ [84]. Sie findet Verwendung als Additiv beim elektrolytischen Vernickeln [86], als Stabilisator für Kunststoffe [4] und als Katalysator zur Polymerisation von Olefinen [4, 29].

$(C_2H_5)_2Sn(C{\equiv}CC_6H_5)_2$ (Tabelle **7**, Nr. **44**). Die $\nu C{\equiv}C$ erscheint im IR-Spektrum der hellgelben Flüssigkeit bei 2138 cm^{-1}. ^{1}H-NMR-Spektrum: $\delta CH_3 = -1.40$ ppm, $J(^1HCC^{117}Sn) = 100.0$ Hz, $J(^1HCC^{119}Sn) = 104.5$ Hz, $\delta C_6H_5 = -7.41$ und -7.24 ppm [88]. Die Verbindung reagiert mit $Fe_3(CO)_{12}$ nach 3 h bei 100°C und weiterem 8stündigem Rückflußkochen in Petroläther unter Bildung von $[(C_2H_5)_2SnFe(CO)_4]_2$ [69].

Literatur:

[1] C. R. Dillard, E. H. McNeill, D. E. Simmons, J. B. Yeldell (J. Am. Chem. Soc. **80** [1958] 3607/9). — [2] Y. Takami, T. Kimura, Japan. Bureau of Industrial Technics (Japan.P. 68-19533 [1965/68]; C.A. **70** [1969] Nr. 58030). — [3] Y. Takami (Japan.P. 68-18764 [1968]; C.A. **70** [1969] Nr. 68524). — [4] J. R. Mangham (U.S.P. 3095433 [1963]; C.A. **59** [1963] 644). — [5] Y. Takami, Japan. Bureau of Industrial Technology (Japan.P. 73-05571 [1973]; C.A. **78** [1973] Nr. 159873).

[6] R. Suzuki, T. Takubo, Y. Shiovama, K. Sakamoto, T. Tahara, Nitto Chemical Industrial Co., Ltd. (U.S.P. 3471539 [1967/69]; C.A. **72** [1970] Nr. 12878). — [7] K. Sisido, S. Kozima (J. Organometal. Chem. **11** [1968] 503/13). — [8] K. Sisido, S. Kozima, T. Isibasi (J. Organometal. Chem. **10** [1967] 439/45). — [9] V. A. Umilin, Yu. N. Tsinovoi (Tr. po Khim. i Khim. Tekhnol. **1969** Nr. 3, S. 150/7). — [10] G. G. Devyatykh, Yu. N. Tsinovoi, A. G. Panasenko, V. A. Umilin (Zh. Fiz. Khim. **43** [1969] 2978/9; Russ. J. Phys. Chem. **43** [1969] 1679).

[11] G. G. Devyatykh, V. A. Umilin, Yu. N. Tsinovoi (Izv. Akad. Nauk SSSR Ser. Khim. **1970** 541/6; Bull. Acad. Sci. USSR Div. Chem. Sci. **1970** 497/501). — [12] W. F. Lautsch, A. Tröber, H. Körner, K. Wagner, R. Kaden, S. Blase (Z. Chem. [Leipzig] **4** [1964] 441/54). — [13] W. F. Lautsch, A. Tröber, W. Zimmer, L. Mehner, W. Linck, H.-M. Lehmann, H. Brandenburger, H. Körner, H.-J. Metzschker, K. Wagner, R. Kaden (Z. Chem. [Leipzig] **3** [1963] 415/21). — [14] G. G. Devyatykh, V. A. Umilin, Yu. N. Tsinovoi (Tr. po Khim. i Khim. Tekhnol. **1968** Nr. 2, S. 82/5). — [15] V. A. Chernoplekova, K. I. Sakodynskii, V. M. Sakharov (Zh. Fiz. Khim. **46** [1972] 1502/4; Russ. J. Phys. Chem. **46** [1972] 860/1).

[16] M. Lesbre, R. Buisson, J. G. A. Luijten, G. J. M. van der Kerk (Rec. Trav. Chim. **74** [1955] 1056/61). — [17] R. H. Bullard, F. R. Holden (J. Am. Chem. Soc. **53** [1931] 3150/3). — [18] A. N. Nesmeyanov, K. A. Kocheshkov, V. P. Pusyreva (Zh. Obshch. Khim. **7** [1937] 118/20). — [19] K. A. Kocheshkov, A. N. Nesmeyanov, V. P. Puzyreva (Ber. Deut. Chem. Ges. **69** [1936] 1639/42). — [20] O. A. Zasyadko, R. G. Mirskov, N. P. Ivanova, Yu. L. Frolov (Zh. Prikl. Spektroskopii **15** [1971] 718/23).

[21] K. Sisido, T. Miyanisi, K. Nabika, S. Kozima (J. Organometal. Chem. **11** [1968] 281/90). — [22] W. McFarlane, J. C. Maire, M. Delmas (J. Chem. Soc. Dalton Trans. **1972** 1862/5). — [23] D. B. Chambers, F. Glockling, M. Weston (J. Chem. Soc. A **1967** 1759/69). — [24] D. B. Chambers, F. Glockling, J. R. C. Light, M. Weston (Chem. Commun. **1966** 281/3). — [25] G. A. Razuvaev, V. Fetyukova (Zh. Obshch. Khim. **21** [1951] 1010/5; J. Gen. Chem. USSR **21** [1951] 1107/12).

[26] A. N. Nesmeyanov, R. C. Freidlina (Ber. Deut. Chem. Ges. **67** [1934] 735/8). — [27] L. S. Melnichenko, M. N. Zemlyanskii, N. D. Kolosova, I. V. Karandi, K. A. Kocheshkov (Dokl. Akad. Nauk SSSR **198** [1971] 1094/5; Dokl. Chem. Proc. Acad. Sci. USSR **196/201** [1971] 500/1). — [28] R. B. King, F. G. A. Stone (J. Am. Chem. Soc. **82** [1960] 3833/5). — [29] Union Carbide Corp. (Belg.P. 562385 [1957/60]; C. **1961** 13736). — [30] D. Seyferth, G. Raab, K. A. Braendle (J. Org. Chem. **26** [1961] 2934/7).

[31] P. G. Harrison, S. E. Ulrich, J. J. Zuckerman (J. Am. Chem. Soc. **93** [1971] 5398/402). — [32] H. Jenkner, Kali-Chemie A.-G. (D.P. 1152106 [1959/63]; C.A. **60** [1964] 552). — [33] E. A. Gastilovich, D. N. Shigorin, K. V. Zukova, A. M. Sklyanova (Opt. i Spektroskopya **28** [1970] 889/93; Opt. Spectry. [USSR] **28** [1970] 481/3). — [34] V. F. Mironov, A. D. Petrov, N. G.

Maksimova (Izv. Akad. Nauk SSSR Otd. Khim. Nauk **1959** 1954/60 nach C.A. **1960** 9731). — [35] N. A. Chumaevskii (Dokl. Akad. Nauk SSSR **141** [1961] 168/71; Proc. Acad. Sci. USSR Phys. Chem. Sect. **136/141** [1961] 850/3).

[36] A. N. Egorochkin, N. S. Vyazankin, S. E. Skobeleva, S. Ya. Khorshev, V. F. Mironov, T. K. Gar (Zh. Obsch. Khim. **42** [1972] 643/6; J. Gen. Chem. USSR **42** [1972] 639/42). — [37] A. N. Egorochkin, A. I. Berov, V. F. Mironov, T. K. Gar, N. S. Vyazankin (Izv. Akad. Nauk SSSR Ser. Khim. Nauk **1969** 775/8; Bull. Acad. Sci. USSR Div. Chem. Sci. **1969** 703/5). — [38] P. J. Smith (Organometal. Chem. Rev. A **5** [1970] 373/402). — [39] V. I. Goldanskii, V. V. Khrapov, O. Yu. Okhlobystin, V. Ya. Rochev (in: V. I. Goldanskii, R. H. Herber, Chemical Application of Moessbauer-Spectroscopy, New York 1968, S. 336/76). — [40] A. Ya. Yakubovich, S. P. Makarov, G. I. Gavrilov (Zh. Obshch. Khim. **22** [1952] 1788/93).

[41] A. Ya. Yakubovich, S. P. Makarov, V. A. Ginsburg, G. I. Gavrilov, E. N. Merkulova (Dokl. Akad. Nauk SSSR [2] **72** [1950] 69/72). — [42] M. F. Shostakovskii, N. V. Komarov, V. K. Misyunas, A. M. Sklyanova (Dokl. Akad. Nauk SSSR **161** [1965] 370/2; Dokl. Chem. Proc. Acad. Sci. USSR **160/165** [1965] 280/2). — [43] M. F. Shostakovskii, N. I. Shergina, N. I. Golovanova, N. V. Komarov, E. I. Brodskaya, V. K. Misyunas (Zh. Obshch. Khim. **35** [1965] 1768/70; J. Gen. Chem. USSR **35** [1965] 1766/8). — [44] N. I. Shergina, N. I. Golovanova, N. V. Komarov (Primenenie Mol. Spektrosk. Khim. Sb. Dokl. 3-go Sibirsk. Soveshch., Krasnoyarsk 1964 [1966], S. 93/6). — [45] W. P. Neumann, H. Niermann, R. Sommer (Liebigs Ann. Chem. **659** [1962] 27/39).

[46] W. J. Jones, W. C. Davies, S. T. Bowden, C. Edwards, V. E. Davis, L. H. Thomas (J. Chem. Soc. **1947** 1446/51). — [47] W. T. Schwartz, H. W. Post (J. Organometal. Chem. **2** [1964] 357/60). — [48] K. S. Tillyaev, Z. M. Manulkin (Dokl. Akad. Nauk Uz.SSR **1960** Nr. 2, S. 31/4 nach C.A. **56** [1962] 10177). — [49] K. Kawakami, H. G. Kuivila (J. Org. Chem. **34** [1969] 1502/4). — [50] W. T. Schwartz, H. W. Post (J. Organometal. Chem. **2** [1964] 425/31).

[51] S. V. Ponomarev, Yu. I. Baukov, I. F. Lutsenko (Zh. Obshch. Khim. **34** [1964] 1938/40; J. Gen. Chem. USSR **34** [1964] 1951/2). — [52] D. K. Nguen, I. Yu. Belavin, G. S. Burlachenko, Yu. I. Baukov, I. F. Lutsenko (Zh. Obshch. Khim. **39** [1969] 2315/9; J. Gen. Chem. USSR **39** [1969] 2253/5). — [53] J. G. Noltes, F. Verbeek, H. M. J. C. Creemers (Organometal. Chem. Syn. **1** [1970/71] 57/68). — [54] F. H. Pollard, G. Nickless, P. C. Uden (J. Chromatog. **19** [1965] 28/56). — [55] M. Lefort, Rhône-Poulenc S. A. (F.P. 1 371 324 [1963/64]; C.A. **62** [1965] 4052).

[56] J. Lorberth (J. Organometal. Chem. **15** [1968] 251/3). — [57] G. Gruttner, E. Krause (Ber. Deut. Chem. Ges. **50** [1917] 1802/7). — [58] E. W. Johnson, J. M. Church, Metal & Thermit Corp. (U.S.P. 2 608 567 [1952]; C.A. **1953** 8089). — [59] R. Sayre (J. Chem. Eng. Data **6** [1961] 560/4). — [60] R. West, E. G. Rochow (J. Am. Chem. Soc. **74** [1952] 2490/1).

[61] A. I. Vogel, W. T. Cresswell, J. Leicester (J. Phys. Chem. **58** [1954] 174/7). — [62] M. Gielen, M. de Clercq, B. de Poorter (J. Organometal. Chem. **34** [1972] 305/13). — [63] M. Gielen, M. de Clercq (J. Organometal. Chem. **47** [1973] 351/7). — [64] V. F. Mironov, G. Ya. Perchurina, V. I. Grigos, A. F. Zhigach, V. V. Siryatskaya (Dokl. Akad. Nauk SSSR **202** [1972] 1345/8; Dokl. Chem. Proc. Acad. Sci. USSR **202/207** [1972] 181/4). — [65] G. M. Vinokurova, S. G. Fattakhov (Izv. Akad. Nauk SSSR Ser. Khim. **1969** 148/9; Bull. Acad. Sci. USSR Div. Chem. Sci. **1969** 136/7).

[66] H. P. Fritz, C. G. Kreiter (J. Organometal. Chem. **1** [1964] 323/7). — [67] T. Katsumura (Nippon Kagaku Zasshi **83** [1962] 727/9 nach C.A. **59** [1963] 5184). — [68] S. D. Ibekwe, M. J. Newlands (J. Chem. Soc. **1965** 4608/10). — [69] S. D. Ibekwe, J. M. Newlands (J. Chem. Soc. A **1967** 1783/6). — [70] G. J. M. van der Kerk, J. G. A. Luijten (J. Appl. Chem. [London] **6** [1956] 56/60).

[71] H. Zimmer, I. Hechenbleikner, O. A. Homberg, M. Danzik (J. Org. Chem. **29** [1964] 2632/6). — [72] K. Ziegler (B.P. 966 813 [1961/64]; C.A. **61** [1964] 14711). — [73] A. G. Massey, E. W. Randall, D. Shaw (Chem. Ind. [London] **1963** 1244/5). — [74] J. C. Maire, J. M. Angelelli (Bull. Soc. Chim. France **1969** 1311/7). — [75] J. M. Angelelli, R. T. C. Brownlee, A. R. Katritzky, R. D. Topsom, L. N. Yakhontov (J. Am. Chem. Soc. **91** [1969] 4500/4).

[76] J. M. Angelelli, J. C. Maire (Bull. Soc. Chim. France **1969** 1858/61). — [77] O. P. Syutkina, E. M. Panov, K. A. Kocheshkov (Zh. Obshch. Khim. **43** [1973] 1322/4; J. Gen. Chem. USSR **43** [1973] 1313/5). — [78] F. G. Kleiner, W. P. Neumann (Liebigs Ann. Chem. **716** [1968] 19/28). — [79] O. A. Zasyadko, V. Ya. Rochev, R. A. Stukan, R. G. Mirskov, Yu. L. Frolov (Teor. i Eksperim. Khim. **8** [1972] 836/40). — [80] J. A. Ursino (Diss. St. John's Univ. 1967, 99 S. nach Diss. Abstr. B **28** [1968] 3662).

[81] G. F. Rubinchik, Z. M. Manulkin (Zh. Obshch. Khim. **40** [1970] 136/40; J. Gen. Chem. USSR **40** [1970] 123/6). — [82] S. I. Sadykh-Zade, Z. M. Rzaev, Sh. K. Kyazimov, S. M. Mamedov (Vysokomol. Soedin. B **15** [1973] 853/6; C.A. **80** [1974] Nr. 60275). — [83] C. J. Cattanach, E. F. Mooney (Spectrochim. Acta A **24** [1968] 407/15). — [84] T. A. Smith, F. S. Kipping (J. Chem. Soc. **101** [1912] 2553/63). — [85] M. Gielen, M. R. Barthels, M. de Clercq, J. Nasielski (Bull. Soc. Chim. Belges **80** [1971] 189/95).

[86] L. L. Linick (Metal Finishing **39** [1941] 611/4). — [87] M. Nomura, S. Kashiwagi, S. Kikkawa, S. Matsuda (Kogyo Kagaku Zasshi **71** [1968] 1021/4 nach C.A. **70** [1969] Nr. 11785). — [88] J. Lorberth (J. Organometal. Chem. **16** [1969] 327/31). — [89] Studiengesellschaft Kohle m.b.H. (Belg.P. 629783 [1962/63]; C.A. **60** [1964] 14538). — [90] J. Yamazaki, S. Kidooka, M. Iida, Sankyo Chemical Industries Co., Ltd. (Japan. P. 67-4650 [1964/67]; C.A. **67** [1967] Nr. 32779).

[91] K. S. Tillyaev, Z. M. Manulkin (Dokl. Akad. Nauk Uz.SSR **1961** Nr. 3, S. 45/8 nach C.A. **60** [1964] 13263). — [92] I. Lengyel, M. J. Aaronson, J. P. Dillon (J. Organometal. Chem. **25** [1970] 403/20).

Dipropyl-diorganyl Tin

1.1.3.3 Dipropyldiorganylzinn $(C_3H_7)_2SnR'_2$

Darstellung und Eigenschaften der Verbindungen des Typs $(C_3H_7)_2SnR'_2$, wobei R' einen organischen Rest bedeutet, sind in Tabelle 9 auf S. 37/9 aufgeführt.

Weitere Angaben zu den in der Tabelle aufgeführten Verbindungen (laufende Nummern mit Stern):

$(C_3H_7)_2Sn(CH_2CH_2COOCH_3)_2$ (Tabelle **9**, Nr. **8**). ^{1}H-NMR-Spektrum: $\tau CH_3O = 6.38$, $\tau CH_2CO = 7.50$, $J(^1HCCSn) = 95$ Hz [4]. Die Verbindung reagiert mit Br_2 je nach dem Mengenverhältnis unter Bildung von $C_3H_7R'_2SnBr$ oder R'_2SnBr_2 [2, 20], mit NaOH unter Bildung von $(C_3H_7)_2Sn(CH_2CH_2COONa)_2$ [2, 5], mit $HOCH_2CH{=}CH_2$ bei 140°C in Gegenwart von $NaOCH_3$ unter Bildung von $(C_3H_7)_2Sn(CH_2CH_2COOCH_2CH{=}CH_2)_2$ [11].

$(C_3H_7)_2Sn(C_4H_9)_2$ (Tabelle **9**, Nr. **10**). Die Verbindung entsteht als Verunreinigung bei der Darstellung von $Sn(C_4H_9)_4$ aus $SnCl_4$ und C_4H_9MgBr [13] sowie bei der Komproportionierung von $Sn(C_3H_7)_4$ mit $Sn(C_4H_9)_4$, wie gaschromatographisch nachgewiesen wird [14, 15]. Die Temperaturabhängigkeit des Dampfdruckes folgt der Gleichung $\lg p = B - A/T$ mit $A = 2804$ und $B = 8.522$. Die Verdampfungsenthalpie beträgt $\Delta H_s = 12.83$ kcal/mol [16, 17].

$(C_3H_7)_2Sn(C{\equiv}CC_3H_7)_2$ (Tabelle **9**, Nr. **11**). Mössbauer-Spektrum: $\delta = 1.27$ mm/s gegen SnO_2, $\Delta = 1.60$ mm/s [19]. Die Verbindung reagiert mit Br_2 unter Bildung von $(C_3H_7)_2SnBr_2$, mit HCl unter Bildung von $(C_3H_7)_2SnCl_2$ neben $HC{\equiv}CC_3H_7$, mit H_2O unter Bildung von $[(C_3H_7)_2SnO]_n$ neben $HC{\equiv}CC_3H_7$, mit C_2H_5SH unter Bildung von $(C_3H_7)_2Sn(SC_2H_5)_2$ [18]. Mit $Fe_3(CO)_{12}$ entsteht nach 3 h bei 100°C und weiterem 8stündigem Rückflußkochen in Petroläther die Verbindung $[(C_3H_7)_2SnFe(CO)_4]_2$ [20].

$(C_3H_7)_2Sn(C_6H_5)_2$ (Tabelle **9**, Nr. **13**). Die Verbindung reagiert mit Br_2 in CCl_4 unter Bildung von $(C_3H_7)_2(C_6H_5)SnBr$ und mit J_2 in Diäthyläther unter Bildung der entsprechenden Jodverbindung [21]. Zur Kinetik der Reaktion mit $AgNO_3$ s. [22].

$(C_3H_7)_2Sn(C{\equiv}CC_4H_9)_2$ (Tabelle **9**, Nr. **14**). Die Verbindung reagiert mit Br_2 unter Bildung von $(C_3H_7)_2SnBr_2$, mit HCl unter Bildung von $(C_3H_7)_2SnCl_2$ neben $HC{\equiv}CC_4H_9$, mit H_2O unter Bildung von $[(C_3H_7)_2SnO]_n$ neben $HC{\equiv}CC_4H_9$, mit C_2H_5SH unter Bildung von $(C_3H_7)_2Sn(SC_2H_5)_2$ [18]. Mit $Fe_3(CO)_{12}$ entsteht nach 3 h bei 100°C und weiterem 8stündigem Rückflußkochen in Petroläther der Komplex $[(C_3H_7)_2SnFe(CO)_4]_2$ [20].

$(C_3H_7)_2Sn(\textit{cyclo}\text{-}C_6H_{11})_2$ (Tabelle **9**, Nr. **16**). Molrefraktion $R_{mol} = 97.14$ (ber.: 83.1, ohne Atomrefraktion von Sn), Oberflächenspannung $\sigma = 36.45$ dyn/cm bei 18°C, Parachor $P = 789.3$ [24]. Die Verbindung reagiert mit Br_2 oder J_2 und in $CHCl_3$ beim Rückflußkochen unter Bildung von $(C_3H_7)_2(\textit{cyclo}\text{-}C_6H_{11})SnX$ mit X = Br, J [25], mit $SnCl_4$ in Pentan beim Rückflußkochen unter Bildung von $C_3H_7(\textit{cyclo}\text{-}C_6H_{11})_2SnCl$ neben $C_3H_7SnCl_3$ [23].

Tabelle 9

Nr.	Verbindung $(C_3H_7)_2SnR'_2$	Darstellung	Reaktionsbedingungen Eigenschaften	Ausbeute in %	Lit.
1	$(C_3H_7)_2Sn(C{\equiv}CH)_2$	$[(C_3H_7)_2SnO]_n + R'MgBr$	THF, 5 h, Rückfluß; $t_s = 70\,°C/2$ Torr, $n_D^{20} = 1.4785$, $D_4^{20} = 1.1819$, $R_{mol} = 61.10$ (ber.: 61.48)	34.5	[1]
2	$(C_3H_7)_2Sn(CH_2CH_2CN)_2$	$(C_3H_7)_2SnH_2 + CH_2{=}CHCN$	6 h, 80 °C; $t_s = 113$ bis 117 °C/0.0004 Torr, NMR: $\tau CH_2CN = 7.41$, $J(^1HCCSn) = 48$ Hz	43	[2, 3, 4]
3	$(C_3H_7)_2Sn(CH_2CH_2COONa)_2$	$(C_3H_7)_2Sn(CH_2CH_2COOCH_3)_2 +$ NaOH	Äthanol, 3 d, 25 °C; amorphe, hygroskopische Substanz	—	[2, 5]
			Fungizid		[6]
4	$(C_3H_7)_2Sn(CH_2CH{=}CH_2)_2$	$(C_3H_7)_2SnJ_2 + R'MgBr$	Diäthyläther, 5 h, Rückfluß; $t_s = 95$ bis 97 °C/4.5 Torr, $n_D^{20} = 1.4880$, $D_4^{20} = 1.1362$, $R_{mol} = 72.69$ (ber.: 58.87), $\sigma = 28.84$ dyn/cm, P = 584.3	48	[7]
5	$(C_3H_7)_2Sn(CH_2COOCH_3)_2$	$(C_3H_7)_2SnH_2 + HgR'_2$	2 h, Rückfluß, N_2; $t_s = 121$ bis 122 °C/1.5 Torr, $n_D^{20} = 1.4909$, $D_4^{20} = 1.3088$	71	[8]
6	$(C_3H_7)_2Sn(\textit{iso}\text{-}C_3H_7)_2$	$(C_3H_7)_2SnJ_2 + R'MgBr$	Äther; $t_s = 96$ bis 97 °C/5 Torr, $n_D^{20} = 1.4815$, $D_4^{20} = 1.1327$, $R_{mol} = 72.823$ (ber.: 72.823), $\sigma = 28.65$ dyn/cm, P = 594	83	[9]
7	$(C_3H_7)_2Sn(C{\equiv}CCH{=}CH_2)_2$	$[(C_3H_7)_2SnC]_n + R'MgBr$	Äther; $t_s = 102\,°C/1$ Torr, $n_D^{20} = 1.5343$, $D_4^{20} = 1.1840$, $R_{mol} = 80.60$ (ber.: 79.06)	58	[1]
8*	$(C_3H_7)_2Sn(CH_2CH_2COOCH_3)_2$	$(C_3H_7)_2SnH_2 + CH_2{=}CHCOOCH_3$	6 h, 90 °C; $t_s = 119$ bis 121 °C/0.001 Torr	60	[1, 3]
		$(C_3H_7)_2SnH_2 + CH_2{=}CHCOOCH_3$	3 h, 90 °C	22	[1, 3]

Tabelle 9 (Fortsetzung)

Nr.	Verbindung $(C_3H_7)_2SnR'_2$	Darstellung	Reaktionsbedingungen Eigenschaften	Ausbeute in %	Lit.
9	$(C_3H_7)_2Sn(CH_2COOC_2H_5)_2$	$(C_3H_7)_2Sn(OC_2H_5)_2 + CH_2{=}CO$	Diäthyläther, 0 bis −5°C; $t_s = 135$ bis 137°C/1 Torr, $n_D^{20} = 1.4823$, $D_4^{20} = 1.2407$	71	[8]
10*	$(C_3H_7)_2Sn(C_4H_9)_2$	$[(C_3H_7)_2Sn]_n + R'Cl$	15 h, 160°C, Bombenrohr $t_s = 269.1$°C/Normaldruck	0.8	[12] [16]
11*	$(C_3H_7)_2Sn(C{\equiv}CC_3H_7)_2$	$(C_3H_7)_2SnCl_2 + R'MgBr$	Diäthyläther, 2 h, Rückfluß; $t_s = 96$°C/0.15 Torr, $n_D^{20} = 1.4881$, $D_4^{20} = 1.143$	66	[18]
12	$(C_3H_7)_2Sn[CH_2CH(CH_3)COOCH_3]_2$	—	bildet mit $HOCH_2CH{=}CH_2$ Verbindung Nr. 15	—	[11]
13*	$(C_3H_7)_2Sn(C_6H_5)_2$	$R'_2SnJ_2 + C_3H_7MgBr$	Diäthyläther; $t_s = 177$°C/5 Torr, $n_D^{18} = 1.5740$, $D_4^{18} = 1.3051$, $R_{mol} = 90.80$ (ber.: 90.80)	73	[21]
		$R'_2SnJ_2 + C_3H_7MgBr$	$t_s = 160$ bis 161°C/3 Torr	—	[22]
14*	$(C_3H_7)_2Sn(C{\equiv}CC_4H_9)_2$	$(C_3H_7)_2SnCl_2 + R'MgBr$	Diäthyläther, 2 h, Rückfluß; $t_s = 109$ bis 110°C/0.15 Torr, $n_D^{20} = 1.4899$, $D_4^{20} = 1.37$	65	[18]
15	$(C_3H_7)_2Sn(CH_2CH_2COOCH_2CH{=}CH_2)_2$	$(C_3H_7)_2Sn(CH_2CH_2COOCH_3)_2 + HOCH_2CH{=}CH_2$	140°C, $NaOCH_3$; $t_s = 139$°C/0.02 Torr, $n_D^{20} = 1.4920$, $D_4^{20} = 1.2054$, $R_{mol} = 103.76$ (ber.: 103.74)	74.2	[11]
16*	$(C_3H_7)_2Sn(cyclo\text{-}C_6H_{11})_2$	$(C_3H_7)_2SnCl_2 + R'MgCl$	Diäthyläther, Rückfluß; $t_s = 118$ bis 125°C/0.01 Torr, $n_D^{23} = 1.5145$	76	[23]
		$R'_2SnBr_2 + C_3H_7MgBr$	Diäthyläther, 2 h, 100°C; $t_s = 204$ bis 205°C/8 Torr, $n_D^{18} = 1.5170$, $D_4^{18} = 1.1540$	71.8	[24]

Tabelle 9 (Fortsetzung)

Nr.	Verbindung $(C_3H_7)_2SnR'_2$	Darstellung	Reaktionsbedingungen Eigenschaften	Ausbeute in %	Lit.
17	$(C_3H_7)_2Sn[CH_2CH_2CH_2C(CH_3)CH_2]_2$ (C(CH₃)–O–CH₂ ring)	$(C_3H_7)_2SnH_2$ + $CH_2{=}CHCH_2C(CH_3)CH_2$ (C(CH₃)–O–CH₂ ring)	$t_s = 190°C/0.5$ Torr, $n_D^{20} = 1.5185$, $D_4^{20} = 1.2584$; polymerisiert in Gegenwart von H_2O	—	[26]
18	$(C_3H_7)_2Sn(CH_2CH_2CH_2OCH_2CH{-}CH_2)_2$ (CH–O–CH₂ ring)	analog Nr. 17	$t_s = 225°C/1$ Torr, $n_D^{20} = 1.5146$, $D_4^{20} = 1.2515$; polymerisiert in Gegenwart von H_2O	—	[26]
19	$(C_3H_7)_2Sn[CH_2CH(CH_3)COOCH_2CH{=}CH_2]_2$	$(C_3H_7)_2Sn[CH_2CH(CH_3)$-$COOCH_3]_2 + HOCH_2CH{=}CH_2$	140°C, $NaOCH_3$; $t_s = 136°C/0.02$ Torr, $n_D^{20} = 1.4889$, $D_4^{20} = 1.1722$, $R_{mol} = 113.03$ (ber.: 112.97)	73.8	[11]
		$(C_3H_7)_2SnH_2$ + $CH_2{=}C(CH_3)CH_2CH{=}CH_2$	1 h, 100°C, Bombenrohr, N_2; $t_s = 128°C/0.004$ Torr, $n_D^{20} = 1.4889$, $D_4^{20} = 1.1708$, $R_{mol} = 113.16$	81.7	[11]
20	$(C_3H_7)_2Sn(C{\equiv}CC_6H_5)_2$	$(C_3H_7)_2SnCl_2 + R'MgBr$	Diäthyläther, 2 h, Rückfluß; Öl, $n_D^{20} = 1.5991$	—	[18]
		$[(C_3H_7)_2SnO]_n + R'MgBr$	$t_s = 135°C/9$ Torr; polymerisiert beim Destillieren	—	[1]
			reagiert mit $Fe_3(CO)_{12}$ zu $[(C_3H_7)_2SnFe(CO)_4]_2$		[20]
21	$(C_3H_7)_2Sn(CH_2CH_2C_6H_5)_2$	$(C_3H_7)_2SnH_2 + CH_2{=}CHC_6H_5$	4 h, 80°C; $t_s = 172°C/0.015$ Torr	82	[2, 3]
22	$(C_3H_7)_2Sn(C_6H_4$-p-$CH_2CH{=}CH_2)_2$	$(C_3H_7)_2SnJ_2 + R'MgBr$	Diäthyläther, 4 h, Rückfluß; $t_s = 191$ bis 193°C/4.5 Torr, $n_D^{20} = 1.5550$, $D_4^{20} = 1.3034$, $R_{mol} = 108.8$, $\sigma = 28.48$ dyn/cm, P = 777.8	61	[7]
23	$(C_3H_7)_2Sn(C_{10}H_{21})_2$	$(C_3H_7)_2SnJ_2 + R'MgBr$	Äther; $t_s = 218$ bis 220°C/5 Torr, $n_D^{20} = 1.4670$, $D_4^{20} = 1.0605$, $R_{mol} = 135.97$, $\sigma = 38.50$ dyn/cm; reagiert mit J_2 zu $C_3H_7R'_2SnJ$	49.7	[27]

Literatur:

[1] M. F. Shostakovskii, N. V. Komarov, V. K. Misyunas, A. M. Sklyanova (Dokl. Akad. Nauk SSSR **161** [1965] 370/2; Dokl. Chem. Proc. Acad. Sci. USSR **160/165** [1965] 280/2). — [2] J. G. Noltes, G. J. M. van der Kerk (Functionally Substituted Organotin Compounds, Tin Research Institute, Greenford, Middlesex, 1958, S. 1/128). — [3] G. J. M. van der Kerk, J. G. Noltes (J. Appl. Chem. [London] **9** [1959] 106/13). — [4] L. Verdonck, G. P. van der Kelen (J. Organometal. Chem. **11** [1968] 491/7). — [5] G. J. M. van der Kerk, J. G. Noltes (J. Appl. Chem. [London] **9** [1959] 113/20).

[6] J. G. Noltes, J. G. A. Luijten, G. J. M. van der Kerk (J. Appl. Chem. [London] **11** [1961] 38/40). — [7] K. S. Tillyaev, Z. M. Manulkin (Uzbeksk. Khim. Zh. **1961** Nr. 5, S. 73/8 nach C.A. **57** [1962] 8599). — [8] S. V. Ponomarev, Yu. I. Baukov, I. F. Lutsenko (Zh. Obshch. Khim. **34** [1964] 1938/40; J. Gen. Chem. USSR **34** [1964] 1951/2). — [9] K. S. Tillyaev, Z. M. Manulkin (Dokl. Akad. Nauk Uz.SSR **1961** Nr. 3, S. 45/8 nach C.A. **60** [1964] 13263). — [10] G. J. M. van der Kerk, J. G. Noltes (J. Appl. Chem. [London] **9** [1959] 179/85).

[11] G. M. Vinokurova, S. G. Fattakhov (Izv. Akad. Nauk SSSR Ser. Khim. **1969** 148/9; Bull. Acad. Sci. USSR Div. Chem. Sci. **1969** 136/7). — [12] K. Sisido, S. Kozima, T. Isibasi (J. Organometal. Chem. **10** [1967] 439/45). — [13] V. A. Umilin, Yu. N. Tsinovoi (Tr. po Khim. i Khim. Tekhnol. **1969** Nr. 3, S. 150/7). — [14] F. H. Pollard, G. Nickless, P. C. Uden (J. Chromatog. **19** [1965] 28/56). — [15] G. G. Devyatykh, V. A. Umilin, Yu. N. Tsinovoi (Tr. po Khim. i Khim. Tekhnol. **1968** Nr. 2, S. 82/5).

[16] G. G. Devyatykh, Yu. N. Tsinovoi, A. G. Panasenko, V. A. Umilin (Zh. Fiz. Khim. **43** [1969] 2978/9; Russ. J. Phys. Chem. **43** [1969] 1679). — [17] G. G. Devyatykh, V. A. Umilin, Yu. N. Tsinovoi (Izv. Akad. Nauk SSSR Ser. Khim. **1970** 541/6; Bull. Acad. Sci. USSR Div. Chem. Sci. **1970** 497/501). — [18] S. D. Ibekwe, M. J. Newlands (J. Chem. Soc. **1965** 4608/10). — [19] R. V. Parish, R. H. Platt (J. Chem. Soc. A **1969** 2145/50). — [20] S. D. Ibekwe, M. J. Newlands (J. Chem. Soc. A **1967** 1783/6).

[21] L. N. Snegur, Z. M. Manulkin (Zh. Obshch. Khim. **39** [1969] 1310/2; J. Gen. Chem. USSR **39** [1969] 1281/3). — [22] M. Lesbre, R. Buisson, J. G. A. Luijten, G. J. M. van der Kerk (Rec. Trav. Chim. **74** [1955] 1056/61). — [23] M. & T. International N. V. (F. Demande 2179552 [1972/73]; C.A. **80** [1974] Nr. 3 108671). — [24] G. F. Rubinchik, Z. M. Manulkin (Zh. Obshch. Khim. **36** [1966] 261/4; J. Gen. Chem. USSR **36** [1966] 271/3). — [25] G. F. Rubinchik, Z. M. Manulkin (Zh. Obshch. Khim. **38** [1968] 841/4; J. Gen. Chem. USSR **38** [1968] 804/6).

[26] S. I. Sadykh-Zade, Z. M. Rzaev, Sh. K. Kyazimov, S. M. Mamedov (Vysokomol. Soedin. B **15** [1973] 853/6 nach C.A. **80** [1974] Nr. 60275). — [27] K. S. Tillyaev, Z. M. Manulkin (Uzbeksk. Khim. Zh. **7** [1963] 47/51; C.A. **60** [1964] 539).

Diisopropyl-diorganyl Tin

1.1.3.4 Diisopropyldiorganylzinn $(iso\text{-}C_3H_7)_2SnR'_2$

Darstellung und Eigenschaften der Verbindungen des Typs $(iso\text{-}C_3H_7)_2SnR'_2$, wobei R' einen organischen Rest bedeutet, sind in Tabelle 10 aufgeführt.

Tabelle 10

Nr.	Verbindung $(iso\text{-}C_3H_7)_2SnR'_2$	Darstellung	Reaktionsbedingungen Eigenschaften	Ausbeute in %	Lit.
1	$(iso\text{-}C_3H_7)_2Sn\text{-}(C_4H_9)_2$	$R'_2SnCl_2 + iso\text{-}C_3H_7MgBr$	THF, 22 h, Rückfluß; $t_s = 102°C/2.9$ Torr, $n_D^{25} = 1.4756$, $D_4^{25} = 1.074$	88.1	[1]
2	$(iso\text{-}C_3H_7)_2Sn\text{-}(C_6H_5)_2$	$R'_2SnJ_2 + iso\text{-}C_3H_7MgBr$	Diäthyläther; $t_s = 178°C/4$ Torr, $n_D^{22} = 1.5816$, $D_4^{22} = 1.3071$, $R_{mol} = 91.75$ (ber.: 91.75); reagiert mit X_2 zu $(iso\text{-}C_3H_7)_2R'SnX$ (X = Br, J)	95.3	[2]

Tabelle 10 (Fortsetzung)

Nr.	Verbindung $(iso\text{-}C_3H_7)_2SnR'_2$	Darstellung	Reaktionsbedingungen Eigenschaften	Ausbeute in %	Lit.
3	$(iso\text{-}C_3H_7)_2Sn\text{-}(cyclo\text{-}C_6H_{11})_2$	$R'_2SnBr_2 + iso\text{-}C_3H_7MgBr$	Diäthyläther, 2 h, 100°C; t_s = 190°C/13 Torr, n_D^{18} = 1.5245, D_4^{18} = 1.1700, R_{mol} = 99.4 (ber.: 99.4), σ = 38.59 dyn/cm, P = 789.4	83.2	[3]
			reagiert mit X_2 zu $(iso\text{-}C_3H_7)_2R'SnX$ (X = Br, J)		[4]
4	$(iso\text{-}C_3H_7)_2Sn\text{-}(CH_2C_6H_5)_2$	—	NMR: $J(^1HC^{117/119}Sn)$ = 52.6/55.0 Hz, Massenspektrum	—	[5]

Literatur:

[1] D. Seyferth (J. Org. Chem. **22** [1957] 1599/603). — [2] L. N. Snegur, Z. M. Manulkin (Zh. Obshch. Khim. **39** [1969] 1310/2; J. Gen. Chem. USSR **39** [1969] 1281/3). — [3] G. F. Rubinchik, Z. M. Manulkin (Zh. Obshch. Khim. **36** [1966] 261/4; J. Gen. Chem. USSR **36** [1966] 271/3). — [4] G. F. Rubinchik, Z. M. Manulkin (Zh. Obshch. Khim. **38** [1968] 841/4; J. Gen. Chem. USSR **38** [1968] 804/6). — [5] M. Gielen, M. R. Barthels, M. de Clerq, J. Nasielski (Bull. Soc. Chim. Belges **80** [1971] 189/95).

1.1.3.5 Dibutyldiorganylzinn $(C_4H_9)_2SnR'_2$

Dibutyl-diorganyl Tin

$(C_4H_9)_2Sn(CH{=}CH_2)_2$

Dibutyldivinylzinn entsteht bei der Umsetzung von $(C_4H_9)_2SnCl_2$ mit $CH_2{=}CHMgBr$ in Diäthyläther in 80%iger Ausbeute [1]. Als Lösungsmittel ist auch THF geeignet [2]. In diesem Fall werden 74 bis 91% [3], nach 20stündigem Rückflußkochen 85% [4] und nach 4stündigem Rückflußkochen in Pentan-THF 89% Ausbeute erhalten [5, 6]. Die Verbindung entsteht auch aus $[(C_4H_9)_2SnO]_n$ und $CH_2{=}CHMgCl$ in THF in 58%iger Ausbeute [7], aus $[(C_4H_9)_2SnS]_3$ und $CH_2{=}CHMgCl$ in THF in 90%iger Ausbeute [8] sowie aus $CH_2{=}CH(C_4H_9)_2SnCl$ und NaOH in Diäthyläther nach 1 h bei 30°C in 79%iger Ausbeute [9]. Zur Reinigung und Analyse der Verbindung mit Hilfe der Gaschromatographie s. [10, 11].

Siedepunkt 54 bis 55°C/0.35 Torr [4], 60°C/0.4 Torr [3], 76 bis 80°C/1.2 Torr [1], 78 bis 80°C/2 Torr [5], 102 bis 105°C/5 Torr [15], 114 bis 116°C/16 Torr [8]. Dichte D_4^{23} = 1.13 [1], D_4^{25} = 1.122 [4], 1.127 g/cm³ [5]. Brechungsindex n_D^{20} = 1.4830 [15], 1.4844 [16], n_D^{23} = 1.482 [1], n_D^{25} = 1.4797 [3, 4], 1.4820 [8], 1.4824 [5]. Molrefraktion R_{mol} = 72.60 (ber.: 72.98) [4], 72.658 (ber.: 73.090) [16]. Im IR-Spektrum (Abbildung des Spektrums zwischen 4000 und 650 cm^{-1} s. [13]) wird die $\nu C{=}C$ bei 1580 cm^{-1} gefunden [14]. ^{119}Sn-NMR-Spektrum: δ = +86.4 ppm [12]. Im Massenspektrum werden folgende Fragmente gefunden: $(C_4H_9)_2SnCH{=}CH_2^+$, $(C_4H_9)(CH_2{=}CH)SnH^+$, $(CH_2{=}CH)SnH_2^+$ und $(CH_2{=}CH)_2SnH^+$ [17].

$(C_4H_9)_2Sn(CH{=}CH_2)_2$ reagiert mit Br_2 unter Bildung von $CH_2{=}CHBr$, $(C_4H_9)_2SnBr_2$ und $CH_2{=}CH(C_4H_9)_2SnBr$ [18], mit J_2 entsteht dagegen in Diäthyläther $CH_2{=}CH(C_4H_9)_2SnJ$ neben $CH_2{=}CH_2$ [19, 20]. HX (X = Cl, Br) spaltet die Verbindung unter Bildung von $CH_2{=}CH(C_4H_9)_2SnX$ [19, 20], mit BF_3 entsteht nach 1 h bei 100°C $CH_2{=}CHBF_2$ [21], mit $AsCl_3$ wird nach 3 h bei 100°C $CH_2{=}CH(C_4H_9)_2SnCl$ neben $(CH_2{=}CH)_2AsCl$ und $CH_2{=}CHAsCl_2$ gebildet, mit $AsBr_3$ werden analog nach 6 h bei 100°C die Verbindungen $(CH_2{=}CH)_2AsBr$ und $CH_2{=}CHAsBr_2$ erhalten [22]. Mit $m\text{-}ClC_6H_4COOOH$ bildet sich in Benzol nach 48 h bei Zimmertemperatur eine Mischung aus $(C_4H_9)_2Sn(OOCC_6H_4\text{-}m\text{-}Cl)_2$ und $CH_2{=}CH(C_4H_9)_2Sn\underbrace{CH\text{-}CH_2}_{O}$ [23]. CuCl reagiert mit $(C_4H_9)_2Sn(CH{=}CH_2)_2$ unter Komplexbildung mit der olefinischen Doppelbindung, wobei $(C_4H_9)_2Sn(CH{=}CH_2)_2 \cdot 2\,CuCl$ erhalten wird [14]. $HgCl_2$ spaltet die Verbindung unter Bildung von

$CH_2{=}CHHgCl$, $CH_2{=}CH(C_4H_9)_2SnCl$ und $(C_4H_9)_2SnCl_2$ [24], $Fe(CO)_5$ spaltet nach 20stündigem Rückflußkochen in Äthylcyclohexan beide Vinylgruppen ab unter Bildung von $[(C_4H_9)_2SnFe(CO)_4]_2$ [25].

Die Verbindung wird als Stabilisator für PVC [15] und als Hilfsmittel im Korrosionsschutz verwendet [26].

$(C_4H_9)_2Sn(C_6H_5)_2$

Dibutyldiphenylzinn entsteht bei der Grignard-Synthese aus $(C_4H_9)_2SnCl_2$ und C_6H_5MgCl in Tetrahydrofuran in 77%iger Ausbeute [27] oder aus $[(C_4H_9)_2SnCl]_2$ und C_6H_5MgBr in Diäthyläther in 74%iger Ausbeute [28]. Weitere Möglichkeiten sind die Reaktion zwischen $(C_4H_9)_2Sn(OOCCH_3)_2$ und LiC_6H_5 in Diäthyläther-Benzol [29] und die Komproportionierung zwischen $Sn(C_4H_9)_4$ und $Sn(C_6H_5)_4$ oder $(C_4H_9)_3SnC_6H_5$ und $(C_6H_5)_3SnC_4H_9$, jeweils in Gegenwart von $AlCl_3$ bei 190 bis 200°C im Einschlußrohr [30, 31]. Auch bei der Reaktion zwischen $[(C_6H_5)_2Sn]_n$ und CH_3J und nachfolgender Umsetzung mit C_4H_9MgJ kann $(C_4H_9)_2Sn(C_6H_5)_2$ gewonnen werden [32]. Zur Analyse der Verbindung s. [33].

Siedepunkt 137°C/0.2 Torr [28, 29], 143 bis 149°C/0.38 Torr [28], 164°C/2 Torr [27]. Brechungsindex $n_D^{23} = 1.5605$ [28]. UV-Spektrum (in nm): 246 ($\varepsilon = 400$), 253 ($\varepsilon = 500$), 259 ($\varepsilon = 600$), 265 ($\varepsilon = 500$) [34]. ^{119}Sn-NMR-Spektrum: $\delta = +65.9$ ppm [12].

ESR-spektroskopisch wird nachgewiesen, daß bei der Photolyse der Verbindung Phenylradikale gebildet werden [35]. Br_2 spaltet die Verbindung in CCl_4 bei 0°C unter Bildung von $(C_4H_9)_2(C_6H_5)SnBr$ [36]. $(C_4H_9)_2Sn(C_6H_5)_2$ reagiert mit $Pb(OOCCH_3)_4$ unter Bildung von $(C_6H_5)_2Pb(OOCCH_3)_2$ neben $(C_4H_9)_2Sn(OOCCH_3)_2$, mit $Pb[OOCCH(CH_3)_2]_4$ bei 6stündigem Rückflußkochen unter Bildung von $(C_6H_5)_2Pb[OOCCH(CH_3)_2]_2$ [37]. Mit $Fe(CO)_5$ wird in Methylcyclohexan unter N_2 bei 10stündigem Rückflußkochen der zweikernige Komplex $[(C_4H_9)_2SnFe(CO)_4]_2$ erhalten [25].

$(C_4H_9)_2Sn(C_6H_5)_2$ dient als Katatysator bei der Synthese von Polyestern [38] oder Polyurethanen [39]. Außerdem wird es als Stabilisator für chlorierte Paraffine [40], für chlorierte Biphenyle [41], für chlorierte Fettsäureester [42] und für Polyvinylchlorid verwendet [43, 44, 45].

$(C_4H_9)_2SnR'_2$

Darstellung und Eigenschaften weiterer Verbindungen des Typs $(C_4H_9)_2SnR'_2$, wobei R' einen organischen Rest darstellt, sind in Tabelle 11 auf S. 43/53 aufgeführt.

Weitere Angaben für die in der Tabelle aufgeführten Verbindungen (laufende Nummern mit Stern):

$(C_4H_9)_2Sn(CF{=}CF_2)_2$ (Tabelle **11**, Nr. **1**). Im IR-Spektrum werden folgende Banden (in cm^{-1}) gefunden: 1712, 1288, 1275, 1113, 1005 [46], 1727, 1290, 1278, 1155, 1128, 1115, 1005 [48, 49]. Die Verbindung reagiert mit J_2 unter Bildung von $(C_4H_9)_2SnJ_2$, mit HBr in CCl_4 bei 0°C unter Bildung von $(C_4H_9)_2SnBr_2$, mit Äthanol beim Rückflußkochen unter Bildung von $(C_4H_9)_2Sn(OC_2H_5)_2$, mit KF in wäßrigem Äthanol unter Bildung von $[(C_4H_9)_2SnO]_n$ und $[(C_4H_9)_2SnF]_2O$ [46], mit $(C_2H_5)_3SnCl$ unter Bildung von $(C_2H_5)_3SnCF{=}CF_2$ [50].

$(C_4H_9)_2Sn(CH_2CH{=}CH_2)_2$ (Tabelle **11**, Nr. **10**). Brechungsindex $n_D^{20} = 1.5006$, Molrefraktion $R_{mol} = 84.053$ (ber.: 82.384) [16]. IR-Spektrum (in cm^{-1}): 3060 s, 2950 st, 2900 st, 2840 st, 1620 st, 1460 m, 1420 m, 1375 m, 1338 s, 1290 s, 1250 s, 1188 m, 1150 s, 1080 m, 1025 m, 985 m, 960 s, 930 m, 880 st, 840 s, 810 s, 733 m [64]. Die Verbindung reagiert mit Br_2 in $CHCl_3$ bei −50°C unter Bildung von $CH_2{=}CHCH_2(C_4H_9)_2SnBr$ [36], mit H_2S_x in Benzol bei Zimmertemperatur unter Bildung von $[(C_4H_9)_2SnS_{1.6}]_3$ [65], mit Organozinnhydriden wie *iso*-$C_4H_9SnH_3$, (*iso*-$C_4H_9)_2SnH_2$, $C_8H_{17}SnH_3$ oder $(C_2H_5)_2SnH(CH_2)_6SnH(C_2H_5)_2$ in Gegenwart von Aluminiumalkylen unter Bildung von Polymeren wie beispielsweise $[(CH_2)_3Sn(C_4H_9)_2(CH_2)_3Sn($*iso*-$C_4H_9)_2]_n$ [66, 67].

$(C_4H_9)_2Sn(CH_2CH_2CH_2OH)_2$ (Tabelle **11**, Nr. **14**). Die Verbindung zerfällt beim Destillieren bei 160°C/0.0075 Torr unter Bildung von Propanol und 1,1-Dibutyl-1-stanna-2-oxo-cyclopentan. Mit Acetanhydrid entsteht der Ester $(C_4H_9)_2Sn(CH_2CH_2CH_2OOCCH_3)_2$ [73].

Tabelle 11

Nr.	Verbindung $(C_4H_9)_2SnR'_2$	Darstellung	Reaktionsbedingungen Eigenschaften	Ausbeute in %	Lit.
1*	$(C_4H_9)_2Sn(CF{=}CF_2)_2$	$(C_4H_9)_2SnCl_2 + R'MgBr$	THF, −20°C; 16 h, Rückfluß; $t_s = 53°C/0.2$ Torr, $D_4^{25} = 1.404$, $n_D^{25} = 1.4283$	56	[46, 47]
		$(C_4H_9)_2SnCl_2 + R'MgBr$	THF, 15 h, 50°C, N_2; $t_s = 60$ bis 63°C/0.4 Torr	72	[48, 49]
2	$(C_4H_9)_2Sn(C_2F_5)_2$	$(C_4H_9)_2SnCl_2 + R'MgJ$	THF, 15 h, 50°C; $t_s = 42°C/1$ Torr; reagiert mit CF_3COOH zu C_4H_{10}	16	[51]
3	$(C_4H_9)_2Sn(C{\equiv}CH)_2$	$(C_4H_9)_2SnCl_2 + R'MgBr$	THF, 3 h, Rückfluß	—	[52]
		$(C_4H_9)_2SnCl_2 + R'Na$	Diäthyläther; $t_s = 45°C/0.06$ Torr, 65°C/0.1 Torr, $D_4^{20} = 1.1727$, $n_D^{20} = 1.4840$, IR: 3280, 2010 cm^{-1}; reagiert mit $(C_4H_9)_3SnH$ zu $(C_4H_9)_2Sn[CH{=}CHSn(C_4H_9)_3]_2$	70	[53]
4	$(C_4H_9)_2Sn(CF_2CHF_2)_2$	$(C_4H_9)_2SnH_2 + CF_2{=}CF_2$	4 h, 90°C, Autoklav; $t_s = 46$ bis 47°C/0.2 Torr	28	[54, 55]
5	$(C_4H_9)_2Sn(CH{=}CH_2)_2 \cdot 2\,CuCl$	$(C_4H_9)_2Sn(CH{=}CH_2)_2 + CuCl$	$t_f = 118°C$, IR: $\nu C{=}C = 1490$ cm^{-1}, ^1H-NMR: $\delta = -4.78$, -8.75 ppm (Multiplett)	92	[14]
6	$(C_4H_9)_2Sn(CH_2OCH_3)_2$	$(C_4H_9)_2SnCl_2 + R'MgCl$	THF, $HgCl_2$; $t_s = 146.7$ bis 147.6°C/20.5 Torr, $D_4^{20} = 1.1881$, $n_D^{20} = 1.4775$	—	[57]
7	$(C_4H_9)_2Sn(CH_2C{\equiv}CH)_2$	—	IR-, UV-Spektrum	—	[58]
8	$(C_4H_9)_2Sn(C{\equiv}CCH_3)_2$	$[(C_4H_9)_2SnC]_n + R'Li$	THF, 7 h, Rückfluß	47	[59]
		$[(C_4H_9)_2SnS]_3 + R'Li$	THF, 3 h, Rückfluß; $t_s = 103°C/3$ Torr, $n_D^{27} = 1.4920$	71	[59]

Tabelle 11 (Fortsetzung)

Nr.	Verbindung $(C_4H_9)_2SnR'_2$	Darstellung	Reaktionsbedingungen Eigenschaften	Ausbeute in %	Lit.
9	$(C_4H_9)_2Sn(CH_2CH_2CN)_2$	$(C_4H_9)_2SnH_2 + CH_2{=}CHCN$	5 h, 50°C, AIBN; $t_s = 175$ bis 183°C/0.03 Torr, IR: $\nu CN = 2220\ cm^{-1}$, ^1H-NMR: $\delta = -2.56$ (Triplett, J = 8 Hz), −1.20, −0.8 bis −1.6 ppm (Multiplett), Massenspektrum	74	[60]
10*	$(C_4H_9)_2Sn(CH_2CH{=}CH_2)_2$	$(C_4H_9)_2SnCl_2 + R'MgCl$	Diäthyläther; $t_s = 93$°C/0.1 Torr, $n_D^{25} = 1.4986$, $D_4^{25} = 1.0999$	52	[36]
		$(C_4H_9)_2SnCl_2 + R'MgBr$	Diäthyläther; $t_s = 144$ bis 145°C/15 Torr, $n_D^{20} = 1.5023$	39.2	[64]
		$(C_4H_9)_2SnCl_2 + R'MgBr$	Diäthyläther; $t_s = 145$ bis 146°C/17 Torr	—	[63]
11	$(C_4H_9)_2Sn(cyclo\text{-}C_3H_5)_2$	$(C_4H_9)_2SnCl_2 + R'MgBr$	THF, 22 h, Rückfluß; $t_s = 79$°C/0.4 Torr, $n_D^{25} = 1.4912$	71	[68, 69]
12	$(C_4H_9)_2Sn(CH_2COOCH_3)_2$	$[(C_4H_9)_2SnS]_3 + HgR'_2$	Toluol, 1.5 h, 110°C; $t_s = 143$ bis 144°C/1.5 Torr, $D_4^{20} = 1.2810$, $n_D^{20} = 1.4980$, $R_{mol} = 86.68$ (ber.: 86.73), NMR: $\delta CH_3 = -1.92$ ppm, $J(^1H^{117/119}Sn) = 58.8$ Hz, IR-Spektrum	92	[70]
13	$(C_4H_9)_2Sn(CH_2CH_2CONH_2)_2$	$(C_4H_9)_2SnH_2 + CH_2{=}CHCONH_2$	Benzol, 20 h, 50°C, AIBN; $t_f = 88$ bis 89.5°C; reagiert mit HBr zu $(C_4H_9)_2R'SnBr$	—	[71]

Tabelle 11 (Fortsetzung)

Nr.	Verbindung $(C_4H_9)_2SnR'_2$	Darstellung	Reaktionsbedingungen Eigenschaften	Ausbeute in %	Lit.
14*	$(C_4H_9)_2Sn[(CH_2)_3OH]_2$	$(C_4H_9)_2Sn(CH_2CH_2COOCH_3)_2 + LiAlH_4$	Diäthyläther, 1 h, Rückfluß; $n_D^{24} = 1.5005$	83	[73]
		$(C_4H_9)_2SnH_2 + CH_2{=}CHCH_2OH$	γ-Strahlung; $t_s = 190$ bis 193°C/3 Torr	85.6	[72]
15*	$(C_4H_9)_2Sn[CH_2SiH(CH_3)_2]_2$	$(C_4H_9)_2SnCl_2 + R'MgCl$	Diäthyläther; $t_s = 130$°C/5 Torr, $D_4^{25} = 1.043$, $n_D^{25} = 1.4810$, $R_{mol} = 27.17$ (ber.: 27.27)	66.6	[74, 75, 76]
16	$(C_4H_9)_2Sn[C(CF_3){=}CHCF_3]_2$	$[(C_4H_9)_3Sn]_2 + CF_3C{\equiv}CCF_3$	5 d, UV; IR: 850, 1143, 1255, 1295, 1330 cm^{-1}	—	[77, 78]
		$(C_4H_9)_2SnH_2 + CF_3C{\equiv}CCF_3$	1 d, 20°C; $t_s = 61$ bis 63°C/ 0.001 Torr, NMR: $\delta CH = -6.64$ ppm, $J(^1HCC^{19}F) = 7.0$ Hz, $J(^1HCCC^{19}F) = 1.5$ Hz	—	[77, 78]
17	$(C_4H_9)_2Sn(C{\equiv}CCH{=}CH_2)_2$	$[(C_4H_9)_2SnO]_n + R'MgBr$	Äther; $t_s = 108$°C/1 Torr, $D_4^{20} = 1.1352$, $n_D^{20} = 1.5188$, $R_{mol} = 89.50$ (ber.: 88.20)	65	[79]
18	$(C_4H_9)_2Sn[CH(CN)COOCH_3]_2$	$(C_4H_9)_2SnCl_2 + R'H$	Toluol, $NaOCH_3$; Stabilisator	—	[61, 62, 80]
		$(C_4H_9)_2Sn(OCH_3)_2 + R'H$	—	—	[81, 82, 83]
19	$(C_4H_9)_2Sn[C({=}N_2)COOC_2H_5]_2$	$(C_4H_9)_2Sn[N(CH_3)_2]_2 + R'H$	Diäthyläther, 25°C; $t_s = 145$ bis 150°C/0.1 Torr, IR: $\nu N_2 = 2065$, $\nu CO = 1685$ cm^{-1}, NMR: $\delta(C_2H_5) = -1.01$, -4.02 ppm, $J = 7.0$ Hz	30 bis 35	[84]

Tabelle 11 (Fortsetzung)

Nr.	Verbindung $(C_4H_9)_2SnR'_2$	Darstellung	Reaktionsbedingungen Eigenschaften	Ausbeute in %	Lit.
20	$(C_4H_9)_2Sn(CH_2CH_2CH{=}CH_2)_2$	$(C_4H_9)_2SnCl_2 + R'MgBr$	Diäthyläther; $t_s = 119\,°C/0.7$ Torr, IR: $\nu C{=}C = 1640\ cm^{-1}$, $n_D^{25} = 1.4878$, ^1H-NMR: $\tau = 7.70$, 3.9 bis 4.5, 4.8 bis 5.4	83	[23]
21	$(C_4H_9)_2Sn(CH{=}CHC_2H_5)_2$	$(C_4H_9)_2SnCl_2 + CH{\equiv}CC_2H_5$	THF, 2 h, Rückfluß, $LiAlH_4$; $t_s = 100$ bis $105\,°C/1$ Torr, IR: 1380, 1640, 1820 cm^{-1}	27	[85]
22*	$(C_4H_9)_2Sn[CH_2C(CH_3){=}CH_2]_2$	$(C_4H_9)_2SnCl_2 + R'MgBr$	Diäthyläther; $t_s = 142$ bis $143\,°C/7$ Torr, $n_D^{20} = 1.4986$	83.2	[64]
23	$(C_4H_9)_2Sn[CH_2CH(CH_3)COOH]_2$	$[CH_2CH(CH_3)COOCH_2$-$CH_2OOCCH(CH_3)CH_2Sn(C_4H_9)_2]_n$ + NaOH	$t_f = 108$ bis $110\,°C$	—	[86]
24	$(C_4H_9)_2Sn(CH_2CH_2COOCH_3)_2$	$(C_4H_9)_2SnH_2 + CH_2{=}CHCOOCH_3$	1 h, Rückfluß, AIBN; $t_s = 126°C/0.075$ Torr, $n_D^{24} = 1.4808$; reagiert mit $LiAlH_4$ zu $(C_4H_9)_2Sn[(CH_2)_3OH]_2$	92	[73]
			reagiert mit $HOCH_2CH{=}CH_2$ zu $(C_4H_9)_2Sn$-$(CH_2CH_2COOCH_2CH{=}CH_2)_2$		[87]
25	$(C_4H_9)_2Sn(iso\text{-}C_4H_9)_2$	$(C_4H_9)_2SnCl_2 + AlR'_3$	Isooctan, 13 h, Rückfluß, N_2	—	[89]
		$(C_4H_9)_3Al + R'_2SnH_2$	Cyclohexan, 70 °C	—	[88]
26	$(C_4H_9)_2Sn(sec\text{-}C_4H_9)_2$	$(C_4H_9)_3Al + R'_2SnH_2$	Cyclohexan, 70 °C	—	[88]
		$SnCl_4 + C_4H_9MgBr$	als Verunreinigung	—	[90]

Tabelle 11 (Fortsetzung)

Nr.	Verbindung $(C_4H_9)_2SnR'_2$	Darstellung	Reaktionsbedingungen Eigenschaften	Ausbeute in %	Lit.
27*	$(C_4H_9)_2Sn(\textit{tert}\text{-}C_4H_9)_2$	$(C_4H_9)_2SnCl_2 + R'MgCl$	Diäthyläther, 1 h, Rückfluß; $t_s = 123$ bis 125°C/40 Torr, $D_4^{25} = 1.0527$, $n_D^{25} = 1.4809$	—	[91]
		$R'_2SnCl_2 + C_4H_9Li$	Diäthyläther-Pentan, 1 h, Rückfluß; $t_s = 102$ bis 104°C/5 Torr	88	[92, 93]
		$(C_4H_9)_2R'SnCl + R'Li$	wie oben; $n_D^{13} = 1.4892$	92.3	[92, 93]
		$R'_2SnH_2 + Al(C_4H_9)_3$	Cyclohexan, 70°C	—	[88]
28*	$(C_4H_9)_2Sn[CH_2Si(CH_3)_3]_2$	$(C_4H_9)_2SnCl_2 + R'MgCl$	THF, 20 h, Rückfluß; $t_s = 98$°C/0.45 Torr, $D_4^{25} = 1.027$, $n_D^{25} = 1.4777$	91	[95]
29	$(C_4H_9)_2Sn(C_5H_5)_2$ (C_5H_5 = 2,4-Cyclopentadien-1-yl)	$(C_4H_9)_2SnCl_2 + R'Na$	Benzol, 2 d, 25°C, N_2; $t_s = 105$°C/0.001 Torr, NMR: $\delta C_5H_5 = -356.7$ Hz, $J(^1HC^{117/119}Sn) = 21.8/20.9$ Hz	67	[96]
30*	$(C_4H_9)_2Sn(C{\equiv}CC_3H_7)_2$	$(C_4H_9)_2SnCl_2 + R'MgBr$	Diäthyläther, 2 h, Rückfluß; $t_s = 99$°C/0.1 Torr, $D_4^{20} = 1.249$, $n_D^{20} = 1.4884$	68	[97]
31	$(C_4H_9)_2Sn[CH(COCH_3)_2]_2$	$(C_4H_9)_2Sn(OCH_3)_2 + R'H$	$t_s = 130$ bis 132°C/1.6 Torr; Stabilisator	—	[80 bis 83, 99]
32	$(C_4H_9)_2Sn[(CH_2)_3CH{=}CH_2]_2$	$(C_4H_9)_2SnCl_2 + R'MgBr$	THF, Rückfluß; $t_s = 117$ bis 118°C/0.5 Torr, $D_4^{25} = 1.050$, $n_D^{25} = 1.4842$, IR: $\nu C{=}C = 1641\ cm^{-1}$; reagiert mit C_4H_9Li und $(C_2H_5)_3SiBr$ zu $(C_4H_9)_3SiC_2H_5$	66	[100]

Tabelle 11 (Fortsetzung)

Nr.	Verbindung $(C_4H_9)_2SnR'_2$	Darstellung	Reaktionsbedingungen Eigenschaften	Ausbeute in %	Lit.
33	$(C_4H_9)_2Sn(\textit{cyclo}\text{-}C_5H_9)_2$	$(C_4H_9)_2SnCl_2 + R'MgBr$	THF, 22 h, Rückfluß, 0.148:0.4; $t_s = 128/0.3$ Torr, $D_4^{25} = 1.127$, $n_D^{25} = 1.5067$; reagiert mit J_2 zu $(C_4H_9)_2R'SnJ + C_4H_9R'_2SnJ$	83.5	[101]
34	$(C_4H_9)_2Sn[(CH_2)_3OOCCH_3]_2$	$(C_4H_9)_2Sn[(CH_2)_3OH]_2 + (CH_3CO)_2O$	CH_3COONa; $n_D^{29} = 1.4748$	—	[73]
		$(C_4H_9)_2SnH_2 + CH_2{=}CHCH_2OOCCH_3$	—	—	[102]
35	$(C_4H_9)_2Sn[CH_2CH(CH_3)COOCH_3]_2$	—	reagiert mit $HOCH_2CH{=}CH_2$ zu $(C_4H_9)_2Sn\text{-}[CH_2CH(CH_3)COOCH_2CH{=}CH_2]_2$	—	[87]
36	$(C_4H_9)_2Sn(C_5H_{11})_2$	$(C_4H_9)_4Sn + (C_5H_{11})_4Sn$	190 bis 200°C/2.5 Torr, $AlCl_3$	—	[31]
37	$(C_4H_9)_2Sn[CH_2C(CH_3)_3]_2$	$(C_4H_9)_2SnCl_2 + R'MgCl$	Diäthyläther-Benzol, 2 h, Rückfluß; $t_s = 88$°C/0.1 Torr, $D_4^{27} = 1.0303$, $n_D^{25} = 1.4739$	98	[103]
			reagiert mit Br_2 zu $C_4H_9R'_2SnBr + R'_2SnBr_2$	—	[103, 104]
38	$(C_4H_9)_2Sn[C(CH_3)_2C_2H_5]_2$	$(C_4H_9)_2SnCl_2 + R'MgCl$	Diäthyläther, 1 h, Rückfluß; wachsartiges Produkt	—	[91]
39	$(C_4H_9)_2Sn[CH_2Si(CH_3)_2OC_2H_5]_2$	$(C_4H_9)_2Sn[CH_2SiH(CH_3)_2]_2 + Na$	Äthanol, 4 h; $t_s = 186$°C/15 Torr, $D_4^{25} = 1.056$, $n_D^{25} = 1.4655$, $R_{mol} = 26.20$ (ber.: 26.25)	83	[74, 75, 76]

Tabelle 11 (Fortsetzung)

Nr.	Verbindung $(C_4H_9)_2SnR'_2$	Darstellung	Reaktionsbedingungen Eigenschaften	Ausbeute in %	Lit.
40	$(C_4H_9)_2Sn(C_6F_5)_2$	$(C_4H_9)_2SnCl_2 + R'MgBr$	Diäthyläther, Rückfluß; $t_s = 128$ bis 131°C/0.5 Torr, 139 bis 141°C/2.0 Torr, $n_D^{20} = 1.4914$, IR: $\nu C{=}C = 1630$, $\nu CF = 1078$, 963 cm^{-1}; reagiert mit BBr_3 zu $R'BBr_2$	76	[105]
			Massenspektrum		[106]
41	$(C_4H_9)_2Sn(C_6Cl_5)_2$	$(C_4H_9)_2SnCl_2 + R'Li$	Diäthyläther-Petroläther, 3 h, −10°C; $t_f = 161$ bis 162°C, Mössbauer: $\delta = -0.77$ mm/s (α-Sn), $\Delta = 1.23$ mm/s, Massenspektrum	—	[107]
42*	$(C_4H_9)_2Sn(C{\equiv}CC_4H_9)_2$	$(C_4H_9)_2SnCl_2 + R'MgBr$	Diäthyläther, 2 h, Rückfluß; $t_s = 114$°C/0.15 Torr, $D_4^{20} = 1.063$, $n_D^{20} = 1.4827$	72	[97]
43	$(C_4H_9)_2Sn(CH_2CH_2COOCH_2CH{=}CH_2)_2$	$(C_4H_9)_2Sn(CH_2CH_2COOCH_3)_2 +$ $HOCH_2CH{=}CH_2$	135 bis 140°C, $NaOCH_3$; $t_s = 152$ bis 153°C/0.025 Torr, $D_4^{20} = 1.1702$, $n_D^{20} = 1.4896$, $R_{mol} = 113.35$ (ber.: 112.97)	79.4	[87]
44	$(C_4H_9)_2Sn(CH{=}CHCH_2OCH_2CH\text{-}CH_2)_2$ └O┘	$(C_4H_9)_2SnH_2 +$ $HC{\equiv}CCH_2OCH_2CH\text{-}CH_2$ └O┘	$t_s = 205$°C/0.5 Torr, $D_4^{20} = 1.2501$, $n_D^{20} = 1.5105$; polymerisiert in Gegenwart von H_2O	—	[108]
45	$(C_4H_9)_2Sn[CH(COCH_3)COC_2H_5]_2$	$(C_4H_9)_2SnCl_2 + R'H$	Toluol, $NaOCH_3$; Stabilisator	—	[61, 62]
46	$(C_4H_9)_2Sn[CH(COCH_3)COOC_2H_5]_2$	$(C_4H_9)_2SnCl_2 + R'Na$	Stabilisator	—	[80]

Tabelle 11 (Fortsetzung)

Nr.	Verbindung $(C_4H_9)_2SnR'_2$	Darstellung	Reaktionsbedingungen Eigenschaften	Ausbeute in %	Lit.
47*	$(C_4H_9)_2Sn(cyclo\text{-}C_6H_{11})_2$	$(C_4H_9)_2SnCl_2 + R'MgBr$	THF, 22 h, Rückfluß, 0.148:0.4; $t_s = 143°C/0.45$ Torr, $D_4^{25} = 1.119$, $n_D^{25} = 1.5126$	71.5	[101]
		$(C_4H_9)_2SnCl_2 + R'MgCl$	Benzol, Rückfluß; $t_s = 165$ bis 185°C/0.9 bis 1.5 Torr	82	[109, 110]
		$R'_2SnBr_2 + C_4H_9MgBr$	Diäthyläther, 2 h, 100°C; $t_s = 214$ bis 215°C/7 Torr, $D_4^{18} = 1.1310$, $n_D^{18} = 1.5132$	91.5	[111]
48	$(C_4H_9)_2Sn[CH_2C(CH_3){=}C(CH_3)_2]_2$	$(C_4H_9)_2SnH_2 +$ $CH_2{=}C(CH_3)C(CH_3){=}CH_2$	60 bis 70°C, AIBN; neben Nr. 49; $t_s = 181$ bis 185°C/12 Torr, $n_D^{20} = 1.5065$	96	[112]
49	$(C_4H_9)_2Sn[CH_2CH(CH_3)C(CH_3){=}CH_2]_2$	wie Nr. 48	wie Nr. 48; neben Nr. 48	96	[112]
50	$(C_4H_9)_2Sn[(CH_2)_3OCH_2\underbrace{CH\text{-}CH_2}_{O}]_2$	$(C_4H_9)_2SnH_2 +$ $CH_2{=}CHCH_2OCH_2\underbrace{CH\text{-}CH_2}_{O}$	$t_s = 136°C/1$ Torr, $D_4^{20} = 1.2437$, $n_D^{20} = 1.5196$, IR: 510, 595, 855, 965, 1115, 1255, 3055 cm^{-1}; polymerisiert in Gegenwart von H_2O	—	[108]
51	$(C_4H_9)_2Sn(C_6H_{13})_2$	—	Fungizid	—	[113, 114]
52	$(C_4H_9)_2Sn(C_6H_4\text{-}m\text{-}CF_3)_2$	—	NMR: $\delta^{119}Sn = +68 \pm 2$ ppm	—	[115]
53	$(C_4H_9)_2Sn(CH_2SC_6H_5)_2$	$(C_4H_9)_2SnCl_2 + R'Li$	$(CH_3)_2NCH_2CH_2N(CH_3)_2$, 3.5 h, Rückfluß; $t_s = 141$ bis 147°C/0.02 Torr	28	[116]
54	$(C_4H_9)_2Sn[CH_2CH(CH_3)COOCH_2CH{=}CH_2]_2$	$(C_4H_9)_2Sn[CH_2CH(CH_3)COOCH_3]_2$ $+ HOCH_2CH{=}CH_2$	135 bis 140°C, $NaOCH_3$; $t_s = 143°C/0.015$ Torr, $D_4^{20} = 1.1502$, $n_D^{20} = 1.4470$, $R_{mol} = 121.84$ (ber.: 122.21)	75.5	[87]

Tabelle 11 (Fortsetzung)

Nr.	Verbindung $(C_4H_9)_2SnR'_2$	Darstellung	Reaktionsbedingungen Eigenschaften	Ausbeute in %	Lit.
55	$(C_4H_9)_2Sn[CH(COOC_2H_5)_2]_2$	$(C_4H_9)_2SnCl_2 + R'H + NaOCH_3$	Toluol, 0°C; $D_4^{20} = 1.161$, $n_D^{20} = 1.4665$; Stabilisator	—	[61, 62, 80]
56	$(C_4H_9)_2Sn(C{\equiv}CC_6H_5)_2$	$(C_4H_9)_2SnCl_2 + R'MgBr$	Diäthyläther, 2 h, Rückfluß; gelbes Öl, $n_D^{20} = 1.5878$	—	[97]
		$(C_4H_9)_2Sn[N(C_2H_5)_2]_2 + R'H$	$t_s = 150$ bis 155°C/0.01 Torr, IR: $\nu C{\equiv}C = 2138\ cm^{-1}$, NMR: $\delta C_4H_9 = -0.93$, $\delta C_6H_5 = -7.05, -7.47$ ppm	50 bis 60	[117]
		$(C_4H_9)_2SnCl_2 + R'Li$	Diäthyläther-Benzol, N_2; $t_f = 14$°C, $n_D^{21} = 1.588$, IR: $\nu C{\equiv}C = 2160\ cm^{-1}$	90	[118]
		$[(C_4H_9)_2SnO]_n + R'H$	Dioxan, 177 h, Rückfluß; $t_s = 170$°C/0.008 Torr, $n_D^{20} = 1.5881$	31	[119]
57	$(C_4H_9)_2Sn[C(COCH_3)_2COC_2H_5]_2$	$(C_4H_9)_2SnCl_2 + R'H$	Toluol, $NaOCH_3$; Stabilisator	—	[61, 62]
58	$(C_4H_9)_2Sn[C(COCH_3)_2COOC_2H_5]_2$	$(C_4H_9)_2SnCl_2 + R'Na$	Stabilisator	—	[80]
59	$(C_4H_9)_2Sn[CH(COCH_3)COC_4H_9]_2$	$(C_4H_9)_2SnCl_2 + R'H$	Toluol, $NaOCH_3$; Stabilisator	—	[61, 62]
60	$(C_4H_9)_2Sn[CH(COCH_3)COOC_4H_9]_2$	$(C_4H_9)_2SnCl_2 + R'Na$	Stabilisator für PVC	—	[80, 99]
61	$(C_4H_9)_2Sn[(CH_2)_6CH{=}CH_2]_2$	$(C_4H_9)_2SnH_2 + CH_2{=}CH(CH_2)_4CH{=}CH_2$	1:8.2; 15 h, 95°C, AlR_3; $t_s = 135$°C/0.001 Torr	73	[120, 121]
62	$(C_4H_9)_2Sn(1,2\text{-}B_{10}C_2H_{10}\text{-}C_6H_5)_2$	$(C_4H_9)_2SnCl_2 + R'Li$	Benzol; $t_f = 149$ bis 150°C, Mössbauer: $\delta = 1.70$ mm/s (SnO_2), $\Delta = 1.20$ mm/s; reagiert mit KOH zu $[(C_4H_9)_2SnO]_n$	65	[122, 123, 124]

Tabelle 11 (Fortsetzung)

Nr.	Verbindung $(C_4H_9)_2SnR'_2$	Darstellung	Reaktionsbedingungen Eigenschaften	Ausbeute in %	Lit.
63	$(C_4H_9)_2Sn(C_8H_{17})_2$	$(C_4H_9)_2SnCl_2 + AlR'_3$ $R'_2SnCl_2 + Al(C_4H_9)_3$	Isooctan, 13 h, Rückfluß Cyclohexan, 70°C, 1:2; Kinetik	— —	[89] [88]
64	$(C_4H_9)_2Sn[CH_2CH(C_2H_5)C_4H_9]_2$	$(C_4H_9)_2Sn(OOCCH_3)_2 + AlR'_3$	2,2,4-Trimethylpentan; Stabilisator	—	[125]
65	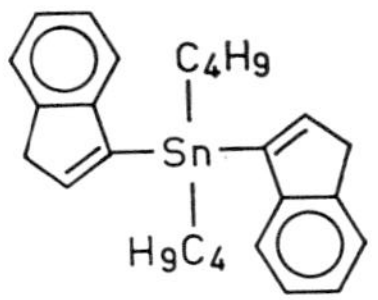 C_4H_9 Sn H_9C_4	$(C_4H_9)_2Sn(OCH_3)_2 + R'H$	Stabilisator	—	[81 bis 83]
66	$(C_4H_9)_2Sn[CH(COCH_3)SO_2C_6H_5]_2$	$(C_4H_9)_2SnCl_2 + R'Na$	$t_f = 85$ bis 87°C; Stabilisator für PVC	—	[80, 99]
67	$(C_4H_9)_2Sn[C_6H_4$-*p*-$Si(CH_3)_3]_2$	$(C_4H_9)_2SnCl_2 + R'MgCl$	THF, 4 h, Rückfluß; $t_s = 204$ bis 205°C/2 Torr, $n_D^{20} = 1.5385$; reagiert mit C_4H_9Li und HCl zu $Sn(C_4H_9)_4$, $(C_4H_9)_3SnR'$ und R'H	70	[126]
68	$(C_4H_9)_2Sn[C(C_3H_7)(COCH_3)COOC_2H_5]_2$	$(C_4H_9)_2SnCl_2 + R'Na$	Stabilisator	—	[80]
69	$(C_4H_9)_2Sn(C{\equiv}CCH_2CH_2C_6H_5)_2$	$[(C_4H_9)_2SnS]_3 + R'Li$	THF, 22 h; 4 h, Rückfluß; $t_s = 145$°C/0.2 Torr, $n_D^{25} = 1.5444$	60	[59]
70	$(C_4H_9)_2Sn[CH(COCH_3)COC_6H_5]_2$	$(C_4H_9)_2SnCl_2 + R'H$ $(C_4H_9)_2SnCl_2 + R'Na$	Toluol, $NaOCH_3$; Stabilisator —	— —	[61, 62] [80]
71	$(C_4H_9)_2Sn[C(C_4H_9)(COCH_3)COC_2H_5]_2$	$(C_4H_9)_2SnCl_2 + R'H$	Toluol, $NaOCH_3$; Stabilisator	—	[61, 62]

Tabelle 11 (Fortsetzung)

Nr.	Verbindung $(C_4H_9)_2SnR'_2$	Darstellung	Reaktionsbedingungen Eigenschaften	Ausbeute in %	Lit.
72	$(C_4H_9)_2Sn[CH(COOC_2H_5)COC_6H_5]_2$	$(C_4H_9)_2SnCl_2 + R'Na$	Stabilisator	—	[80]
73	$(C_4H_9)_2Sn[CH(COOC_4H_9)_2]_2$	$(C_4H_9)_2SnCl_2 + R'H$	Toluol, $NaOCH_3$; $D_4^{20} = 1.1055$, $n_D^{20} = 1.4544$; Stabilisator	—	[61, 62, 80, 83]
		$(C_4H_9)_2Sn(OCH_3)_2 + R'H$	Stabilisator	—	[81, 82]
74	$(C_4H_9)_2Sn[C(COCH_3)_2COC_6H_5]_2$	$(C_4H_9)_2Sn(OCH_3)_2 + R'H$	Stabilisator	—	[81 bis 83]
75	$(C_4H_9)_2Sn[C(COCH_3)_2CH_2C_6H_5]_2$	$(C_4H_9)_2SnCl_2 + R'H$	Xylol, Na; Stabilisator	—	[61, 62]
76	$(C_4H_9)_2Sn(CH(OCCH_3)COCH_2CH(C_2H_5)C_4H_9)_2$	$(C_4H_9)_2SnCl_2 + R'Na$	flüssiger Stabilisator	—	[80]
77	$(C_4H_9)_2Sn[CH(COOC_4H_9)COOC_6H_5]_2$	$(C_4H_9)_2Sn(OCH_3)_2 + R'H$	Stabilisator	—	[81 bis 83]
78	$(C_4H_9)_2Sn[C_5H_5FeC_5H_3CH_2N(CH_3)_2]_2$	$(C_4H_9)_2SnBr_2 + R'Li$	Diäthyläther, 21 h, Rückfluß; bildet mit CH_3J die Verbindung Nr. 81	8	[56]
79	$(C_4H_9)_2Sn[C(COCH_3)_2CH_2CH(C_2H_5)C_4H_9]_2$	$(C_4H_9)_2SnCl_2 + R'H$	Xylol, Na; Stabilisator	—	[61, 62]
80	$(C_4H_9)_2Sn[C(COOC_2H_5)_2CH_2C_6H_5]_2$	$(C_4H_9)_2SnCl_2 + R'H$	Toluol, $NaOCH_3$; Stabilisator	—	[61, 62, 80]
81	$(C_4H_9)_2Sn[C_5H_5FeC_5H_3CH_2N(CH_3)_3]_2J_2$	Nr. 78 + CH_3J	NMR: $\delta = -0.8$ bis -1.8, -2.93, -3.65 (J = 13.2 Hz), -3.95, -4.82, -4.12 ppm	—	[56]
82	$(C_4H_9)_2Sn\{CH[COOCH_2CH(C_2H_5)C_4H_9]_2\}_2$	$(C_4H_9)_2SnCl_2 + R'Na$	$D_4^{20} = 1.0164$, $n_D^{20} = 1.4557$; Stabilisator	—	[80]

$(C_4H_9)_2Sn[CH_2SiH(CH_3)_2]_2$ (Tabelle **11**, Nr. **15**). Die Verbindung reagiert mit wäßriger NaOH-Lösung unter Bildung von 1,1,3,3-Tetramethyl-5,5-dibutyl-1,3-disila-2-oxa-5-stanna-cyclohexan, mit absolutem Alkohol unter Bildung von $(C_4H_9)_2Sn[CH_2Si(CH_3)_2OC_2H_5]_2$. Sie dient als Bakterizid und Fungizid [74, 75, 76].

$(C_4H_9)_2Sn[CH_2C(CH_3)=CH_2]_2$ (Tabelle **11**, Nr. **22**). IR-Spektrum (in cm^{-1}): 3060 s, 2960 st, 2920 st, 2860 st, 1625 st, 1450 m, 1420 s, 1375 m, 1340 s, 1278 st, 1260 Sch, 1180 s, 1150 s, 1100 m, 1073 m, 1023 s, 995 s, 975 s, 963 s, 860 st, 825 s, 750 s, 705 m [64]. Die Verbindung reagiert mit H_2S_x in Benzol bei Raumtemperatur unter Bildung von $[(C_4H_9)_2SnS_{1.4}]_3$ [65].

$(C_4H_9)_2Sn(\textit{tert}\text{-}C_4H_9)_2$ (Tabelle **11**, Nr. **27**). Die Dichte des farblosen Öles beträgt D_4^{25} = 1.0527 g/cm³, der Brechungsindex n_D^{20} = 1.4829 bzw. n_D^{25} = 1.4809 [16]. Molrefraktion R_{mol} = 93.82 (berechnet: 92.88) [94] bzw. 93.834 (berechnet: 93.224) [16]. ^{1}H-NMR: δ(*tert*-C_4H_9) = −1.18 ppm (Singulett). Für die Protonen der Butylgruppe wird ein komplexes Multiplett gefunden [92, 93]. Die Verbindung reagiert mit J_2 in $CHCl_3$ bei 12stündigem Rückflußkochen bei Lichtausschluß unter Bildung von $(C_4H_9)_2$(*tert*-C_4H_9)SnJ [92, 93].

$(C_4H_9)_2Sn[CH_2Si(CH_3)_3]_2$ (Tabelle **11**, Nr. **28**). Die Verbindung reagiert mit Br_2 in CCl_4 innerhalb von 4 h bei Zimmertemperatur unter Bildung eines destillativ nicht trennbaren äquimolaren Gemisches aus $[(CH_3)_3SiCH_2]_2(C_4H_9)SnBr$ und $(CH_3)_3SiCH_2(C_4H_9)_2SnBr$, mit J_2 innerhalb von 15.5 h in wenig Xylol bei 135°C unter Bildung von 93.5% an $[(CH_3)_3SiCH_2]_2(C_4H_9)SnJ$, mit HBr bei −78°C bis Zimmertemperatur in $CHCl_3$ unter Bildung von $(CH_3)_3SiCH_2(C_4H_9)_2SnBr$ und mit CF_3COOH innerhalb von 5.5 h bei Temperaturen zwischen 25 und 80°C unter Bildung von $(CH_3)_3SiCH_2(C_4H_9)_2SnOOCCF_3$ [95].

$(C_4H_9)_2Sn(C{\equiv}CC_3H_7)_2$ (Tabelle **11**, Nr. **30**). Die Verbindung reagiert mit Br_2 unter Bildung von $(C_4H_9)_2SnBr_2$, mit HCl unter Bildung von $(C_4H_9)_2SnCl_2$ neben $HC{\equiv}CC_3H_7$, mit H_2O unter Bildung von $[(C_4H_9)_2SnO]_n$ neben $HC{\equiv}CC_3H_7$, mit C_2H_5SH unter Bildung von $(C_4H_9)_2Sn(SC_2H_5)_2$ [97], mit $Fe_3(CO)_{12}$ in Petroläther bei 100°C unter Bildung von $[(C_4H_9)_2SnFe(CO)_4]_2$ [98].

$(C_4H_9)_2Sn(C{\equiv}CC_4H_9)_2$ (Tabelle **11**, Nr. **42**). Die Verbindung reagiert mit Br_2 unter Bildung von $(C_4H_9)_2SnBr_2$, mit HCl unter Bildung von $(C_4H_9)_2SnCl_2$ neben $HC{\equiv}CC_4H_9$, mit H_2O unter Bildung von $[(C_4H_9)_2SnO]_n$ neben $HC{\equiv}CC_4H_9$, mit C_2H_5SH unter Bildung von $(C_4H_9)_2Sn(SC_2H_5)_2$ [97], mit $Fe_3(CO)_{12}$ in Petroläther bei 100°C unter Bildung von $[(C_4H_9)_2SnFe(CO)_4]_2$ [98].

$(C_4H_9)_2Sn(\textit{cyclo}\text{-}C_6H_{11})_2$ (Tabelle **11**, Nr. **47**). Für die Molrefraktion wird ein Wert von R_{mol} = 106 gefunden, für den Parachor P = 870 und für die Oberflächenspannung bei 18°C σ = 37.1 dyn/cm [111]. Die Verbindung reagiert mit J_2 in Benzol beim Rückflußkochen unter Bildung von $(C_4H_9)_2$(*cyclo*-C_6H_{11})SnJ neben C_4H_9(*cyclo*-C_6H_{11})$_2$SnJ [101] und mit $SnCl_4$ unter Bildung von C_4H_9(*cyclo*-C_6H_{11})$_2$SnCl [109, 110].

Literatur:

[1] M. E. Evieux, Société des Usines Chimiques Rhône-Poulenc (F.P. 1153234 [1956/58]). — [2] H. E. Ramsden, Metal & Thermit Corp. (B.P. 832338 [1960]; C.A. **1961** 3521). — [3] D. Seyferth (Org. Syn. **39** [1959] 10/2). — [4] D. Seyferth, F. G. A. Stone (J. Am. Chem. Soc. **79** [1957] 515/7). — [5] S. D. Rosenberg, A. J. Gibbons, H. E. Ramsden (J. Am. Chem. Soc. **79** [1957] 2137/8).

[6] H. E. Ramsden, Metal & Thermit Corp. (U.S.P. 2965661 [1960]; C.A. **1961** 6377). — [7] S. D. Rosenberg, A. J. Gibbons, Metal & Thermit Corp. (B.P. 813479 [1959]; C.A. **1959** 19881). — [8] S. B. Damle, W. J. Considine (J. Organometal. Chem. **19** [1969] 207/9). — [9] W. Considine, J. J. Ventura, B. G. Kushlevsky, A. Ross (J. Organometal. Chem. **1** [1964] 299/300). — [10] R. C. Putnam, H. Pu (J. Gas Chromatog. **3** [1965] 160/4).

[11] A. Wowk, S. Digiovanni (Anal. Chem. **38** [1966] 742/4). — [12] B. K. Hunter, L. W. Reeves (Can. J. Chem. **46** [1968] 1399/414). — [13] R. A. Cummins, P. Dunn (Australia Commonwealth Dept. Supply, Defence Std. Lab. Rept. Nr. 266 [1963] 106). — [14] J. W. Fitch, D. P. Flores, J. E. George (J. Organometal. Chem. **29** [1971] 263/8). — [15] K. S. Minsker, G. T.

Fedoseeva, T. B. Zavarova, E. O. Krats (Vysokomol. Soedin. A **13** [1971] 2265/78; Polymer Sci. [USSR] A **13** [1971] 2544/60).

[16] R. Sayre (J. Chem. Eng. Data **6** [1961] 560/4). — [17] J. L. Occolowitz (Tetrahedron Letters **1966** 5291/7). — [18] S. D. Rosenberg, A. J. Gibbons (J. Am. Chem. Soc. **79** [1957] 2138/40). — [19] D. Seyferth (Naturwissenschaften **44** [1957] 34/5). — [20] D. Seyferth (J. Am. Chem. Soc. **79** [1957] 2133/6).

[21] F. E. Brinckman, F. G. A. Stone (J. Am. Chem. Soc. **82** [1960] 6218/23). — [22] L. Maier, D. Seyferth, F. G. A. Stone, E. G. Rochow (J. Am. Chem. Soc. **79** [1957] 5884/9). — [23] G. Ayrey, J. R. Parsonage, R. C. Poller (J. Organometal. Chem. **56** [1973] 193/8). — [24] D. Seyferth (J. Org. Chem. **22** [1957] 478). — [25] R. B. King, F. G. A. Stone (J. Am. Chem. Soc. **82** [1960] 3833/5).

[26] R. Waack, Dow Chemical Co. (U.S.P. 3305388 [1963/67]; C.A. **66** [1967] Nr. 97827). — [27] H. E. Ramsden, Metal & Thermit Corp. (B.P. 825039 [1959]; C.A. **1960** 18438). — [28] O. H. Johnson, H. E. Fritz (J. Org. Chem. **19** [1954] 74/6). — [29] B. R. LaLiberte, H. F. Reiff, W. E. Davidsohn (Org. Prep. Proced. **2** [1970] 325/8). — [30] E. W. Johnson, J. M. Church, Metal & Thermit Corp. (U.S.P. 2599557 [1952]; C.A. **1953** 1728).

[31] E. W. Johnson, J. M. Church, Metal & Thermit Corp. (U.S.P. 2608567 [1952]; C.A. **1953** 8089). — [32] K. Sisido, T. Miyanisi, K. Nabika, S. Kozima (J. Organometal. Chem. **11** [1968] 281/90). — [33] M. Farnsworth, J. Pekola (Anal. Chem. **31** [1959] 410/4). — [34] O. A. Zasyadko, R. G. Mirskov, N. P. Ivanova, Yu. L. Frolov (Zh. Prikl. Spektroskopii **15** [1971] 718/23). — [35] E. G. Janzen, B. J. Blackburn (J. Am. Chem. Soc. **91** [1969] 4481/90).

[36] S. D. Rosenberg, E. Debreczeni, E. L. Weinberg (J. Am. Chem. Soc. **81** [1959] 972/5). — [37] O. P. Syutkina, E. M. Panov, K. A. Kocheshkov (Zh. Obshch. Khim. **43** [1973] 1322/4; J. Gen. Chem. USSR **43** [1973] 1313/5). — [38] J. R. Caldwell, Eastman Kodak Co. (U.S.P. 2720507 [1955]; C.A. **1956** 2205). — [39] J. R. Caldwell, Eastman Kodak Co. (U.S.P. 2801231 [1957]; C.A. **1957** 18704). — [40] J. M. Church, E. W. Johnson, Metal & Thermit Corp. (U.S.P. 2580730 [1952]; C.A. **1952** 9575).

[41] R. L. Jenkins, Monsanto Chemical Co. (U.S.P. 2578359 [1951]; C.A. **1952** 6143). — [42] E. W. Johnson, Metal & Thermit Corp. (U.S.P. 2524528 [1950]; C.A. **1951** 2498/9). — [43] Billiton-M en T Chemische Industrie N. V. (Neth. Appl. 6907753 [1968/69]; C.A. **72** [1970] Nr. 101435). — [44] R. I. Leininger, Monsanto Chemical Co. (U.S.P. 2476422 [1949]; C.A. **1949** 8739). — [45] J. W. Churchill, Mathieson Chemical Corp. (F.P. 991331 [1949/51]; C. **1953** 3647).

[46] D. Seyferth, G. Raab, K. A. Braendle (J. Org. Chem. **26** [1961] 2934/7). — [47] D. Seyferth, K. Braendle, G. Raab (Angew. Chem. **72** [1960] 77/8). — [48] S. L. Stafford (Diss. Univ. Harvard 1961, 101 S. nach Diss. Abstr. **22** [1961] 1401). — [49] H. D. Kaesz, S. L. Stafford, F. G. A. Stone (J. Am. Chem. Soc. **82** [1960] 6232/5). — [50] D. Seyferth, D. E. Welch, G. Raab (J. Am. Chem. Soc. **84** [1962] 4266/9).

[51] F. G. A. Stone, P. M. Treichel (Chem. Ind. [London] **1960** 837/8). — [52] V. V. Korshak, A. M. Sladkov, L. K. Luneva (Izv. Akad. Nauk SSSR Otd. Khim. Nauk **1962** 2251/3; Bull. Acad. Sci. USSR Div. Chem. Sci. **1962** 2153/5). — [53] A. N. Nesmeyanov, A. E. Borisov, G. N. Shvedova (Izv. Akad. Nauk SSSR Ser. Khim. **1970** 1445; Bull. Acad. Sci. USSR Div. Chem. Sci. **1970** 1371). — [54] C. G. Krespan, V. A. Engelhardt (J. Org. Chem. **23** [1958] 1565). — [55] C. Barnetson, H. C. Clark, J. T. Kwon (Chem. Ind. [London] **1964** 458/9).

[56] D. R. Morris, B. W. Rocket (J. Organometal. Chem. **35** [1972] 179/84). — [57] M. Lefort, Rhône-Poulenc S.A. (F.P. 1371324 [1963/64]; C.A. **62** [1965] 4052). — [58] G. N. Gorshkova, M. A. Chubarova, A. M. Sladkov, L. K. Luneva, V. I. Kasatochkin (Zh. Fiz. Khim. **40** [1966] 1433/4; Russ. J. Phys. Chem. **40** [1966] 779/80). — [59] H. F. Reiff, B. R. LaLiberte, W. E. Davidsohn, M. C. Henry (J. Organometal. Chem. **15** [1968] 247/50). — [60] G. Ahlgren, B. Åkermark, M. Nilsson (J. Organometal. Chem. **30** [1971] 303/13).

[61] G. P. Mack, E. Parker, Advance Solvents & Chemical Corp. (D.P. 939028 [1965]; C.A. **1958** 11119). — [62] G. P. Mack, E. Parker, Advance Solvents & Chemical Corp. (U.S.P. 2604483 [1952]; C.A. **1953** 4358). — [63] W. J. Jones, W. C. Davies, S. T. Bowden, C. Edwards, V. E. Davis, L. H. Thomas (J. Chem. Soc. **1947** 1446/51). — [64] W. T. Schwartz, H. W. Post (J. Organometal. Chem. **2** [1964] 357/60). — [65] W. T. Schwartz, H. W. Post (J. Organometal. Chem. **2** [1964] 425/31).

[66] W. P. Neumann (Angew. Chem. **76** [1964] 849/59). — [67] W. P. Neumann, B. Schneider (Liebigs Ann. Chem. **707** [1967] 20/5). — [68] D. Seyferth, H. M. Cohen (Inorg. Chem. **1** [1962] 913/6). — [69] D. Seyferth, Dow Chemical Co. (U.S.P. 3347888 [1963/67]; C.A. **68** [1968] Nr. 59726). — [70] D. K. Nguen, I. Yu. Belavin, G. S. Burlachenko, Yu. I. Baukov, I. F. Lutsenko (Zh. Obshch. Khim. **39** [1969] 2315/9; J. Gen. Chem. USSR **39** [1969] 2253/5).

[71] T. Hayashi, S. Kikkawa, S. Matsuda (Kogyo Kagaku Zasshi **70** [1967] 1389/93). — [72] V. S. Lopatina, N. I. Sheverdina, V. A. Chernoplekova, K. A. Kocheshkov (Dokl. Akad. Nauk SSSR **213** [1973] 846/7; Dokl. Chem. Proc. Acad. Sci. USSR **208/213** [1973] 900/1). — [73] B. R. LaLiberte, W. Davidsohn, M. C. Henry (J. Organometal. Chem. **5** [1966] 526/31). — [74] R. L. Merker, M. J. Scott (J. Am. Chem. Soc. **81** [1959] 975/8). — [75] Midland Silicones (B.P. 891087 [1958/62]; C.A. **59** [1963] 11560).

[76] R. L. Merker, Dow Corning Corp. (U.S.P. 3043858 [1959/62]; C.A. **58** [1963] 1489). — [77] W. R. Cullen, G. E. Styan (J. Organometal. Chem. **6** [1966] 117/25). — [78] W. R. Cullen, D. S. Dawson, G. E. Styan (J. Organometal. Chem. **3** [1965] 406/13). — [79] M. F. Shostakovskii, N. V. Komarov, V. K. Misyunas, A. M. Sklyanova (Dokl. Akad. Nauk SSSR **161** [1965] 370/2; Dokl. Chem. Proc. Acad. Sci. USSR **160/165** [1965] 280/2). — [80] G. P. Mack, E. Parker, Advance Solvents & Chemical Corp. (B.P. 735030 [1955]; C.A. **1956** 8736).

[81] G. P. Mack, E. Parker, Carlisle Chemical Works, Inc. (B.P. 766875 [1957]; C.A. **1957** 8788). — [82] G. P. Mack, E. Parker, Carlisle Chemical Works, Inc. (D.P. 953079 [1956]; C.A. **1959** 5197). — [83] G. P. Mack, E. Parker, Advance Solvents & Chemical Corp. (U.S.P. 2727917 [1955]; C.A. **1956** 10761). — [84] J. Lorberth (J. Organometal. Chem. **15** [1968] 251/3). — [85] E. C. Juenge, S. J. Hawkes, T. E. Snider (J. Organometal. Chem. **51** [1973] 189/95).

[86] N. A. Adrova, M. M. Koton, V. A. Klages (Vysokomol. Soedin. **5** [1963] 1817/8; Polymer Sci. [USSR] **5** [1963] 946/8). — [87] G. M. Vinokurova, S. G. Fattakhov (Izv. Akad. Nauk SSSR Ser. Khim. **1969** 148/9; Bull. Acad. Sci. USSR Div. Chem. Sci. **1969** 136/7). — [88] B. Schneider, W. P. Neumann (Liebigs Ann. Chem. **707** [1967] 7/14). — [89] W. K. Johnson, Monsanto Chemical Co. (U.S.P. 3036103 [1959/62]; C.A. **57** [1962] 13802). — [90] V. A. Umilin, Yu. N. Tsinovoi (Tr. po Khim. i Khim. Tekhnol **1969** Nr. 3, S. 150/7).

[91] R. West, M. H. Webster, G. Wilkinson (J. Am. Chem. Soc. **74** [1952] 5794/5). — [92] S. A. Kandil, A. L. Allred (J. Chem. Soc. A **1970** 2987/92). — [93] C. E. Holloway, S. A. Kandil (Proc. 14th Intern. Conf. Coord. Chem., Toronto 1972, S. 139/41). — [94] A. I. Vogel, W. T. Cresswell, J. Leicester (J. Phys. Chem. **58** [1954] 174/7). — [95] D. Seyferth (J. Am. Chem. Soc. **79** [1957] 5881/4).

[96] H. P. Fritz, C. G. Kreiter (J. Organometal. Chem. **1** [1964] 323/7). — [97] S. D. Ibekwe, M. J. Newlands (J. Chem. Soc. **1965** 4608/10). — [98] S. D. Ibekwe, M. J. Newlands (J. Chem. Soc. A **1967** 1783/6). — [99] G. P. Mack, E. Parker, Carlisle Chemical Works, Inc. (U.S.P. 2745819 [1956]; C.A. **1957** 9214). — [100] D. Seyferth, M. A. Weiner (J. Am. Chem. Soc. **84** [1962] 361/4).

[101] D. Seyferth (J. Org. Chem. **22** [1957] 1599/603). — [102] K. Ziegler (B.P. 966813 [1961/64]; C.A. **61** [1964] 14711). — [103] H. Zimmer, I. Hechenbleikner, O. A. Homberg, M. Danzik (J. Org. Chem. **29** [1964] 2632/6). — [104] H. Zimmer, O. A. Homberg, M. Jaywant (J. Org. Chem. **31** [1966] 3857/60). — [105] J. L. W. Pohlmann, F. E. Brinckmann, G. Tesi, R. E. Donadio (Z. Naturforsch. **20 b** [1965] 1/4).

[106] T. Chivers, G. F. Lanthier, J. M. Miller (J. Chem. Soc. A **1971** 2556/63). — [107] M. Cordey-Hayes, R. D. W. Kemmitt, R. D. Peacock, R. D. Rimmer (J. Inorg. Nucl. Chem. **31** [1969] 1515/6). — [108] S. I. Sadykh-Zade, Z. M. Rzaev, Sh. K. Kyazimov, S. M. Mamedov (Vysokomol. Soedin. B **15** [1973] 853/6; C.A. **80** [1974] Nr. 60275). — [109] G. H. Reifenberg, H. M. Gitlitz, M. and T. Chemicals, Inc. (S. Afrikan. P. 7202018 [1972/73]; C.A. **79** [1973] Nr. 18853). — [110] M. and T. International N.V. (F. Demande 2179552 [1972/73]; C.A. **80** [1974] Nr. 108671).

[111] G. F. Rubinchik, Z. M. Manulkin (Zh. Obshch. Khim. **36** [1966] 261/4; J. Gen. Chem. USSR **36** [1966] 271/3). — [112] W. P. Neumann, R. Schick, R. Koester (Angew. Chem. **76** [1964] 380). — [113] H. Brückner, K. Härtel, Farbwerke Hoechst A.-G. (D.P. 1025198 [1958]; C.A. **1960** 12468). — [114] Farbwerke Hoechst A.-G. (B.P. 797073 [1953]; C.A. **1959** 22714). — [115] P. J. Smith, L. Smith (Inorg. Chim. Acta Rev. **7** [1973] 11/33).

[116] R. D. Brasington, R. C. Poller (J. Organometal. Chem. **40** [1972] 115/20). — [117] J. Lorberth (J. Organometal. Chem. **16** [1969] 327/31). — [118] H. Hartmann, B. Karbstein,

P. Schaper, W. Reiss (Naturwissenschaften **50** [1963] 373/4). — [119] F. G. Kleiner, W. P. Neumann (Liebigs Ann. Chem. **716** [1968] 19/28). — [120] W. P. Neumann, H. Niermann, B. Schneider (Angew. Chem. **75** [1963] 790).

[121] W. P. Neumann, H. Niermann, B. Schneider (Liebigs Ann. Chem. **707** [1967] 15/9). — [122] V. I. Bregadze, O. Yu. Okhlobystin (Izv. Akad. Nauk SSSR Ser. Khim. **1967** 2084/6; Bull. Acad. Sci. USSR Div. Chem. Sci. **1967** 2002/4). — [123] A. Yu. Aleksandrov, V. I. Bregadze, V. I. Goldanskii, P. I. Zakharkin, O. Yu. Okhlobystin, V. V. Khrapov (Applications of the Mössbauer Effect in Chemistry and Solid State Physics (Tech. Rept. Ser. Intern. At. Energy Agency Nr. 50 [1966] 168/73). — [124] A. Yu. Aleksandrov, V. I. Bregadze, V. I. Goldanskii, L. I. Zakharkin, O. Yu. Okhlobystin, V. V. Khrapov (Dokl. Akad. Nauk SSSR **165** [1965] 593/6; Dokl. Phys. Chem. Proc. Acad. Sci. USSR **160/165** [1965] 804/6). — [125] I. R. Manghan (U.S.P. 3095433 [1963]; C.A. **59** [1963] 6440).

[126] L. F. Rybakova, A. A. Makhina, E. M. Panov, K. A. Kocheshkov, I. V. Karandi (Zh. Obshch. Khim. **42** [1972] 639/42; J. Gen. Chem. USSR **42** [1972] 636/8).

1.1.3.6 Diphenyldiorganylzinn $(C_6H_5)_2SnR'_2$

Diphenyl-diorganyl Tin

$(C_6H_5)_2Sn(CH{=}CH_2)_2$

Die Verbindung entsteht bei der Umsetzung von $(C_6H_5)_2SnCl_2$ mit $CH_2{=}CHMgCl$ in Petroläther-Tetrahydrofuran in Ausbeuten zwischen 52 und 73% [1 bis 4]. Bei Verwendung von $CH_2{=}CHMgBr$ und 20stündigem Rückflußkochen in Tetrahydrofuran können 68% Ausbeute erzielt werden [5, 6].

Siedepunkt 121.5°C/0.4 Torr [5], 139°C/1.2 Torr [2, 3, 4], 153 bis 154°C/5 Torr [1], 167 bis 170°C/7 Torr [6]. Dichte D_4^{25} = 1.3195 [1], 1.3280 [6], 1.334 g/cm³ [5]. Brechungsindex n_D^{20} = 1.5969 [8], n_D^{25} = 1.5929 [5], 1.5947 [6], 1.5949 [1]. Molrefraktion R_{mol} = 84.197 (berechnet: 84.620) [8]. Zum IR-Spektrum zwischen 4000 und 650 cm^{-1} s. [7].

Die Verbindung zerfällt bei 250°C unter Bildung von Sn und $Sn(C_6H_5)_4$ [6]. Mit J_2 entstehen in Diäthyläther bei 8stündigem Rückflußkochen C_6H_5J, $(C_6H_5)_3SnJ$ und $(CH_2{=}CH)_3SnJ$ [5, 9]. Mit HCl wird in $CHCl_3$ zwischen 60 und 70°C $(C_6H_5)_3SnCl$ gebildet [5], mit HBr entsteht bei −78°C Benzol neben $(C_6H_5)_3SnBr$ und $(CH_2{=}CH)_3SnBr$ [5, 9]. Mit $(C_6H_5)_3SnH$ reagiert die Verbindung bei 90°C unter Bildung von $(C_6H_5)_3SnCH_2CH_2Sn(C_6H_5)_3$ [10]. Mit $NCC(CH_3)_2N{=}NC(CH_3)_2CN$ wird bei 100°C Sn neben einem Gas erhalten [6].

Die Verbindung dient als Stabilisator für Polyvinylverbindungen [2, 3, 4] und als Korrosionsschutzmittel [11].

$(C_6H_5)_2Sn(CH_2CH{=}CH_2)_2$

Die Verbindung entsteht aus $(C_6H_5)_2SnCl_2$, gelöst in Heptan, und $CH_2{=}CHCH_2MgCl$, gelöst in Tetrahydrofuran, beim 6stündigen Rückflußkochen in 60%iger Ausbeute [12] sowie aus $(C_6H_5)_2SnCl_2$ und $CH_2{=}CHCH_2MgBr$ in Diäthyläther beim Rückflußkochen in 48 [13] bzw. 70.3%iger Ausbeute [14]. Zur Analyse über die Dünnschichtchromatographie s. [15].

Siedepunkt 120 bis 124°C/0.005 Torr [12], 170 bis 173°C/5 Torr [13], 173 bis 174°C/5.5 Torr [14]. Dichte D_4^{25} = 1.2688 g/cm³ [12]. Brechungsindex n_D^{20} = 1.6008 [13], 1.6025 [14], 1.6033 [8], n_D^{25} = 1.6013 [12]. Molrefraktion R_{mol} = 95.902 (berechnet: 93.914) [8]. Zum IR-Spektrum zwischen 4000 und 650 cm^{-1} s. [7]. ^1H-NMR-Spektrum: τCH_2Sn = 7.72 und 7.85, $J(^1HCSn)$ = 68.3 und 68.6 Hz [16].

Die Verbindung zerfällt bei 160°C langsam unter Bildung von $Sn(C_6H_5)_4$ [13]. Bei der Reaktion mit Br_2 entsteht in $CHCl_3$ bei −50°C $CH_2{=}CHCH_2(C_6H_5)_2SnBr$ [12], mit HCl wird in Äthanol Propylen neben Benzol und $[(C_6H_5)_2SnO]_n$ gebildet, mit Ameisensäure entsteht nach 3 h bei 50°C neben Propylen und Benzol $(HO)_3SnOOCH$ [13].

Die Verbindung katalysiert die Polymerisation von Methylmethacrylat und von Vinylacetat [13]. Sie soll aber die radikalische Polymerisation von Vinylverbindungen verhindern [17].

$(C_6H_5)_2Sn(C_6F_5)_2$

Die Verbindung wird bei der Umsetzung von Diphenylzinndihalogeniden mit C_6F_5MgBr erhalten [18]. Aus $(C_6H_5)_2SnCl_2$ entsteht so in Diäthyläther unter Rückflußkochen eine Ausbeute von 71% [19]. Bei Verwendung von $(C_6H_5)_2SnBr_2$ werden beim 48stündigen Rückflußkochen in Diäthyläther 54% Ausbeute erzielt [20].

Schmelzpunkt 78°C [18], 84 bis 86°C [19], 85°C (aus Äthanol) [20]. Siedepunkt 180 bis 182°C/0.45 Torr [19]. Im UV-Spektrum der in Cyclohexan gelösten Verbindung erscheinen 2 Banden bei 260 nm (ε = 2130) und 164.5 nm (ε = 2300). In Methanol werden die Banden verschoben und aufgespalten: 259 nm (ε = 2630), 264 nm (ε = 2740), 268 nm (ε = 2400) [20]. IR-Spektrum (in cm^{-1}): 3052 m, 3025 s, 1633 st, 1505 st, 1462 st, 1444 st, 1425 st, 1369 st, 1266 m, 1190 s, 1153 s, 1130 s, 1076 st, 1064 st, 1019 m, 994 m, 959 st, 787 m, 727 st, 691 st, 605 m [20]. Die Bande bei 1637 cm^{-1} wird der $\nu C{=}C$-Schwingung zugeordnet, die Banden bei 963 und 1077 cm^{-1} CF-Valenzschwingungen der C_6F_5-Gruppen [19]. ^1H-NMR-Spektrum: $\delta C_6H_5 = -7.48$ ppm [21]. ^{19}F-NMR-Spektrum: $\delta F_o = 119.4$ ppm, $\delta F_m = 159.3$ ppm, $\delta F_p = 149.6$ ppm gegen CCl_3F, Kopplungskonstanten: $J_{2,4}$ = 3.0 Hz, $J_{3,4}$ = 19.2 Hz, $J_{2,3}$ = 24.7 Hz, $J_{2,5}$ = 10.3 Hz, $J_{3,5}$ = 0 Hz, $J_{2,6}$ = 6.8 Hz [22]. Geringfügig abweichende Werte: $\delta F_o = 119.7$ ppm, $\delta F_m = 159.5$ ppm, $\delta F_p = 150.2$ ppm [20], $\delta F_p = 149.66$ ppm, $J_{2,4}$ = 3.0 Hz [23], $\delta F_o = -42.2$ ppm, $\delta F_m = -3.3$ ppm, $\delta F_p = -12.6$ ppm gegen C_6F_6 [21]. Über NMR-spektroskopische Untersuchungen zur sterischen Hinderung in Pentafluorphenylverbindungen s. [24], über Vergleiche der Linienbreiten der Signale in verschiedenen metallorganischen Pentafluorphenylverbindungen s. [25]. Die Isomerieverschiebung im Mössbauer-Spektrum beträgt δ = 1.22 mm/s gegen SnO_2, die Quadrupolaufspaltung Δ = 1.11 mm/s [26, 27]. Zur Berechnung der Elektronendichte in den Orbitalen am Zinn s. [28, 29]. Zum Massenspektrum s. [30].

Die Verbindung reagiert mit HCl unter Bildung von Benzol. Bei der Reaktion mit NaOH in Äthanol wird $[(C_6H_5)_2SnO]_n$ erhalten [20].

$(C_6H_5)_2SnR'_2$

Darstellung und Eigenschaften weiterer Verbindungen des Typs $(C_6H_5)_2SnR'_2$, wobei R' einen organischen Rest darstellt, sind in Tabelle 12 auf S. 59/65 aufgeführt.

Weitere Angaben für die in der Tabelle aufgeführten Verbindungen (laufende Nummern mit Stern):

$(C_6H_5)_2Sn(CF{=}CF_2)_2$ (Tabelle **12**, Nr. **1**). Im IR-Spektrum werden folgende Banden (in cm^{-1}) gefunden: 1008, 1117, 1131, 1185, 1277, 1287 und 1719 [31, 32]. ^{19}F-NMR: $\delta F_{gem} = 193.2$ ppm, $\delta F_{cis} = 118.6$ ppm, $\delta F_{trans} = 84.3$ ppm gegen CCl_3F, J_{gem} = 68 Hz, J_{cis} = 34 Hz, J_{trans} = 118 Hz [33]. Zur Kinetik der Spaltung mit HCl s. [31, 32].

$(C_6H_5)_2Sn(CH_2CH_2CF_3)_2$ (Tabelle **12**, Nr. **2**). ^1H-NMR-Spektrum: $\tau H_\alpha = 8.82$, $J(^1HC^{119}Sn)$ = 56.6 Hz, $J(^1HCC^1H)$ = 9.0 Hz, $\tau H_\beta = 7.97$, $J(^1HCC^{119}Sn) = -39.9$ Hz, $J(^1HCC^{19}F)$ = 10.3 Hz; $\delta^{19}F = 69.1$ ppm gegen CCl_3F, $J(^{19}FCCC^{119}Sn)$ = 1.5 Hz [34]. Mössbauer-Spektrum: $\delta = -0.21 \pm 0.01$ mm/s gegen Pd_3Sn, Δ = 0 mm/s [35].

$(C_6H_5)_2Sn(\textit{cyclo}\text{-}C_6H_{11})_2$ (Tabelle **12**, Nr. **22**). NMR: $\delta^{119}Sn = +106.5$ ppm [62]. Die Verbindung reagiert mit Br_2 in $CHCl_3$ unter Bildung von $C_6H_5(\textit{cyclo}\text{-}C_6H_{11})_2SnBr$ [61], mit J_2 im gleichen Lösungsmittel und in Benzol unter Bildung von C_6H_5J neben $C_6H_5(\textit{cyclo}\text{-}C_6H_{11})_2SnJ$ [48, 61], mit HCl unter Bildung von Benzol neben $(\textit{cyclo}\text{-}C_6H_{11})_2SnCl_2$ [39] und mit KNH_2 in flüssigem NH_3 unter Bildung von $K[(\textit{cyclo}\text{-}C_6H_{11})_2Sn(NH_2)_3]$, das bei Zimmertemperatur zu $K_2\{[(\textit{cyclo}\text{-}C_6H_{11})_2Sn(NH)]_2NH\}$ zerfällt [63].

$(C_6H_5)_2Sn(CH_2C_6H_5)_2$ (Tabelle **12**, Nr. **24**). Die Verbindung wird als gelbliche, ölige Flüssigkeit gewonnen, die sich nicht destillieren läßt [65]. ^1H-NMR-Spektrum: $\delta CH_2 = -2.62$ ppm, $J(^1HC^{117/119}Sn)$ = 62.4/65.0 Hz [66]. Die Verbindung zerfällt beim Erhitzen unter Bildung von Sn, $Sn(C_6H_5)_4$ und $C_6H_5CH_2CH_2C_6H_5$. Unter UV-Bestrahlung in CH_3OH entsteht $C_6H_5CH_2CH_2C_6H_5$ neben $Sn(OCH_3)_2$, Benzol und Formaldehyd, in $CHCl_3$ nach 100 h bei Zimmertemperatur $(C_6H_5CH_2)_2SnCl_2$ neben Benzol, C_2Cl_6 und $C_2H_2Cl_4$ und in CCl_4 nach 60 h bei Zimmertemperatur neben den gleichen Produkten C_6H_5Cl. Bei der Reaktion mit HCl in Alkohol wird $(C_6H_5CH_2)_2SnCl_2$

Tabelle 12

Nr.	Verbindung $(C_6H_5)_2SnR'_2$	Darstellung	Reaktionsbedingungen Eigenschaften	Ausbeute in %	Lit.
1*	$(C_6H_5)_2Sn(CF{=}CF_2)_2$	$(C_6H_5)_2SnCl_2 + R'MgBr$	THF, 15 h, 50°C, N_2; $t_s = 75$ bis 80°C/0.02 Torr	67	[31, 32]
2*	$(C_6H_5)_2Sn(CH_2CH_2CF_3)_2$	—	—	—	[34, 35]
3	$(C_6H_5)_2Sn(CH_2CH_2CN)_2$	$(C_6H_5)_2SnH_2 + CH_2{=}CHCN$	6 h, 70°C, Hydrochinon; reagiert mit Br_2 zu R'_2SnBr_2	—	[36, 37]
4	$(C_6H_5)_2Sn(1,7\text{-}B_{10}C_2H_{10}\text{-}CH_3)_2$	$(C_6H_5)_2SnCl_2 + R'Li$	Diäthyläther, 10 h; $t_f = 114.2$ bis 115°C	—	[38]
5	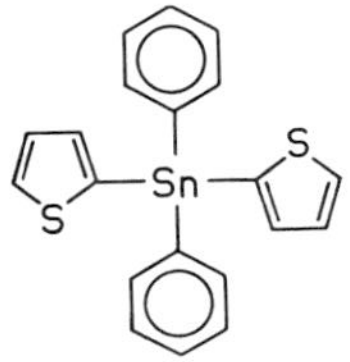	$R'_2SnCl_2 + C_5H_5Li$	Diäthyläther; $t_f = 202$ bis 210°C; reagiert mit HCl unter Abspaltung von C_6H_5 und R'	30	[39]
6	$(C_6H_5)_2Sn(CH_2CH_2CH{=}CH_2)_2$	—	reagiert mit *m*-ClC_6H_4COOOH zu $(C_6H_5)_2R'SnCH_2CH_2\underbrace{CH\text{-}CH_2}_{O}$	—	[40]
7	$(C_6H_5)_2Sn(iso\text{-}C_4H_9)_2$	—	Dünnschichtchromatographie	—	[15]
8	$(C_6H_5)_2Sn(tert\text{-}C_4H_9)_2$	$(C_6H_5)_2R'SnBr + R'Li$	Pentan-Heptan, 12 h, 25°C; Öl, $n_D^{26} = 1.6725$, NMR: $\delta C(CH_3)_3 = -1.35$ ppm, $\delta C_6H_5 = -7.56$ ppm	88	[92, 93]
9	$(C_6H_5)_2Sn(CH_2CH_2COOCH_3)_2$	$(C_6H_5)_2SnH_2 + CH_2{=}CHCOOCH_3$	5 h, 80°C; $t_s = 191$ bis 194°C/0.003 Torr	34	[41, 42]

Tabelle 12 (Fortsetzung)

Nr.	Verbindung $(C_6H_5)_2SnR'_2$	Darstellung	Reaktionsbedingungen Eigenschaften	Ausbeute in %	Lit.
10	$(C_6H_5)_2Sn[CH_2Si(CH_3)_3]_2$	$(C_6H_5)_2SnCl_2 + R'MgCl$	THF, 3 h, Rückfluß; $t_s = 138$ bis 140°C/1.5 Torr, $D_4^{25} = 1.1404$, $n_D^{25} = 1.5425$	57	[43]
		$(C_6H_5)_2SnCl_2 + R'MgCl$	THF, 20 h, Rückfluß; $t_s = 130$ bis 132°C/0.2 Torr, 137°C/0.35 Torr; reagiert mit J_2 zu R'_2SnJ_2, mit HBr zu R'_2SnBr_2	88.4	[44]
11	$(C_6H_5)_2Sn(C_5H_5)_2$ (C_5H_5 = 2,4-Cyclopentadien-1-yl)	$(C_6H_5)_2SnCl_2 + R'MgBr$	Diäthyläther-Benzol, 48 h, Rückfluß	70	[45]
		$(C_6H_5)_2SnCl_2 + R'Na$	Xylol, 6 h, 60°C, N_2; $t_f = 105$ bis 106°C	—	[45, 46]
			NMR: $\delta C_5H_5 = -362.0$ Hz, $J(^1HC^{117/119}Sn) = 25.4/26.35$ Hz, $\delta C_6H_5 = -434.0$ Hz		[47]
12	$(C_6H_5)_2Sn[(CH_2)_3CH{=}CH_2]_2$	$(C_6H_5)_2SnCl_2 + R'Li$	Diäthyläther, 1 h, Rückfluß; $t_s = 173$ bis 176°C/1.5 Torr, $n_D^{20} = 1.5598$	57.2	[14]
13	$(C_6H_5)_2Sn(cyclo\text{-}C_5H_9)_2$	$(C_6H_5)_2SnCl_2 + R'MgBr$	THF, 22 h, Rückfluß; $t_f = 49$ bis 50.2°C; reagiert mit J_2 unter Abspaltung von C_6H_5	81.7	[48]
14	$(C_6H_5)_2Sn[CH_2CH(CH_3)COOCH_3]_2$	$(C_6H_5)_2SnH_2 + CH_2{=}C(CH_3)COOCH_3$	4 h, 40 bis 50°C, AIBN; $t_s = 180$ bis 184°C/0.01 Torr, $n_D^{20} = 1.5621$	95	[49, 50]
15	$(C_6H_5)_2Sn(C_6Cl_5)_2$	$(C_6H_5)_2SnCl_2 + R'MgCl$	THF, 15 h, Rückfluß; $t_f = 237$ bis 240°C, UV: 219 nm ($\varepsilon = 116900$)	39.2	[51]
			Mössbauer: $\delta = 1.35$ mm/s (SnO_2), $\Delta = 1.23$ mm/s		[52]
			$\delta = -0.60$ mm/s (α-Sn), $\Delta = 1.05$ mm/s		[53]

Tabelle 12 (Fortsetzung)

Nr.	Verbindung $(C_6H_5)_2SnR'_2$	Darstellung	Reaktionsbedingungen Eigenschaften	Ausbeute in %	Lit.
16	$(C_6H_5)_2Sn(C_6H_4\text{-}p\text{-}F)_2$	$(C_6H_5)_2SnCl_2 + R'MgCl$	Diäthyläther; $t_f = 126$ bis 127 °C, NMR: $\delta^{19}F = -1.8$ ppm gegen C_6H_5F in $CHCl_3$ oder C_5H_5N	—	[54]
17	$(C_6H_5)_2Sn(C_6H_4\text{-}p\text{-}OLi)_2$	$[(C_6H_5)_2SnO]_n + R'Li$	—	—	[55]
18	$(C_6H_5)_2Sn(C_6H_4\text{-}o\text{-}OH)_2$	$(C_6H_5)_2SnCl_2 + R'Br + C_4H_9Li$	Diäthyläther, 1 h; $t_f = 136$ bis 138 °C (Zersetzung)	68	[56, 57]
19	$(C_6H_5)_2Sn(C_6H_4\text{-}m\text{-}OH)_2$	analog Nr. 18	Diäthyläther, 15 h, Rückfluß; $t_f = 201$ bis 203 °C; unlöslich in H_2O	42.7	[58]
20	$(C_6H_5)_2Sn(C_6H_4\text{-}p\text{-}OH)_2$	$(C_6H_5)_2SnCl_2 + R'Li$	THF-Hexan; farblose Kristalle, $t_f = 150$ bis 151 °C	80	[55]
21	$(C_6H_5)_2Sn(C{\equiv}CC_4H_9)_2$	$(C_6H_5)_2SnCl_2 + R'MgBr$	Diäthyläther, 2 h, Rückfluß; Öl, $n_D^{20} = 1.6048$	—	[59]
			bildet mit $Fe_3(CO)_{12}$ kein kristallines Produkt		[60]
22*	$(C_6H_5)_2Sn(cyclo\text{-}C_6H_{11})_2$	$(C_6H_5)_2SnCl_2 + R'MgBr$	Diäthyläther	50.1	[39]
		$(C_6H_5)_2SnCl_2 + R'MgBr$	THF, 22 h, Rückfluß; $t_f = 119$ bis 120 °C	82	[39, 48]
		$R'_2SnBr_2 + C_6H_5MgBr$	Diäthyläther; $t_f = 118$ bis 119 °C	81	[61]
23	$(C_6H_5)_2Sn[(CH_2)_3OCH_2CH\text{-}CH_2]_2$ └O┘	$(C_6H_5)_2SnH_2 +$ $CH_2{=}CHCH_2OCH_2CH\text{-}CH_2$ └O┘	20 h, 120 °C; Stabilisator	65	[64]
24*	$(C_6H_5)_2Sn(CH_2C_6H_5)_2$	$(C_6H_5)_2SnCl_2 + R'MgCl$	Diäthyläther, 1 h, 100 °C	92	[65]
25	$(C_6H_5)_2Sn(C_6H_4\text{-}p\text{-}CH_3)_2$	$SnCl_4 + C_6H_5MgCl + R'MgCl$	THF-Toluol, 7 h, Rückfluß; $t_f = 133$ bis 135 °C	90	[68]

Tabelle 12 (Fortsetzung)

Nr.	Verbindung $(C_6H_5)_2SnR'_2$	Darstellung	Reaktionsbedingungen Eigenschaften	Ausbeute in %	Lit.
26	$(C_6H_5)_2Sn(C_6H_4\text{-}p\text{-}OCH_3)_2$	$(C_6H_5)_2SnCl_2 + R'MgBr$	Diäthyläther; $t_f = 125$ bis $126\,^\circ C$; reagiert mit HCl zu $(C_6H_5)_2SnCl_2$	88.5	[39]
27	$(C_6H_5)_2Sn(C_7H_{15})_2$	$(C_6H_5)_2SnJ_2 + R'MgBr$	Diäthyläther, 2 h, Rückfluß, 2 h, 110 °C; $t_s = 251$ bis 252 °C/6 Torr, $D_4^{20} = 1.078$, $n_D^{20} = 1.5354$	—	[69]
28*	$(C_6H_5)_2Sn(C{\equiv}CC_6H_5)_2$	$(C_6H_5)_2SnCl_2 + R'MgBr$	Diäthyläther, 2 h, Rückfluß; $t_f = 71$ bis 72 °C	71	[59]
		$(C_6H_5)_2SnCl_2 + R'H$	Benzol, Dicyclohexylamin, 5 h, Rückfluß; $t_f = 82\,^\circ C$	65	[70]
		$(C_6H_5)_2SnCl_2 + R'Li$	Diäthyläther-Benzol, N_2; $t_f = 82\,^\circ C$	88	[71]
		$(C_6H_5)_2Sn(NR_2)_2 + R'H$	Temperaturerhöhung; $t_f = 40$ bis 45 °C	60 bis 70	[72]
29	$(C_6H_5)_2Sn(C_6H_4\text{-}p\text{-}CH{=}CH_2)_2$	$(C_6H_5)_2SnCl_2 + R'MgCl$	THF, 2 h, Rückfluß; $t_f = 108$ bis 109 °C	65	[76]
			reagiert mit $(C_6H_5)_3SnH$ zu $(C_6H_5)_2Sn$-$[C_6H_4\text{-}p\text{-}CH_2CH_2Sn(C_6H_5)_3]_2$, bildet mit $(C_6H_5)_2SnH_2$ ein Polymeres	—	[77]
30	$(C_6H_5)_2Sn[C_6H_4\text{-}p\text{-}N(CH_3)_2]_2$	$(C_6H_5)_2SnCl_2 + R'Li$	bildet mit CH_3J die Verbindung Nr. 35, bildet mit $(CH_3O)_2SO_2$ die Verbindung Nr. 42	—	[78]
31	$(C_6H_5)_2Sn(C_8H_{17})_2$	$(C_6H_5)_2SnJ_2 + R'MgBr$	Diäthyläther, 2 h, Rückfluß, 2 h, 110 °C; $t_s = 252$ °C/4 Torr, $D_4^{20} = 1.0670$, $n_D^{20} = 1.5258$	68.2	[69]

Tabelle 12 (Fortsetzung)

Nr.	Verbindung $(C_6H_5)_2SnR'_2$	Darstellung	Reaktionsbedingungen Eigenschaften	Ausbeute in %	Lit.
32		$(C_6H_5)_2SnCl_2 + R'MgBr$	Diäthyläther, 24 h, Rückfluß; $t_f = 108$ bis 110°C	42	[45]
		$(C_6H_5)_2SnCl_2 + R'Li$	Diäthyläther; t_f=116 bis 117°C; reagiert mit Alkohol zu $[(C_6H_5)_2SnO]_n$	40	[79]
33	$(C_6H_5)_2Sn(C_6H_4\text{-}p\text{-}CH_2CH{=}CH_2)_2$	$(C_6H_5)_2SnCl_2 + R'MgBr$	Äther; $t_f = 210$°C; reagiert mit Br_2 zu $(C_6H_5)_2R'SnBr$, mit HCl zu $(C_6H_5)_2SnCl_2$	43	[80]
34		$(C_6H_5)_2SnCl_2 + R'MgBr$	Diäthyläther, 12 h, 1:8; $t_f = 158$°C UV-Spektrum	46	[81] [82]
35	$(C_6H_5)_2Sn[C_6H_4\text{-}p\text{-}N(CH_3)_3]_2J_2$	$(C_6H_5)_2Sn[C_6H_4\text{-}p\text{-}N(CH_3)_2]_2 + CH_3J$	3 h, Zimmertemperatur; $t_f = 164$ bis 168°C	98	[78, 83]
36	$(C_6H_5)_2Sn[C_6H_4\text{-}p\text{-}Si(CH_3)_3]_2$	$(C_6H_5)_2SnCl_2 + R'MgBr$	Diäthyläther, Rückfluß; $t_f = 95$ bis 96°C	23.5	[43]
37	$(C_6H_5)_2Sn(C_9H_{19})_2$	$(C_6H_5)_2SnJ_2 + R'MgBr$	Diäthyläther, 2 h, Rückfluß, 2 h, 110°C; $t_s = 241$ bis 242°C/2 Torr, $D_4^{60} = 1.032$, $n_D^{60} = 1.5160$	84.9	[69]

Tabelle 12 (Fortsetzung)

Nr.	Verbindung $(C_6H_5)_2SnR'_2$	Darstellung	Reaktionsbedingungen Eigenschaften	Ausbeute in %	Lit.
38	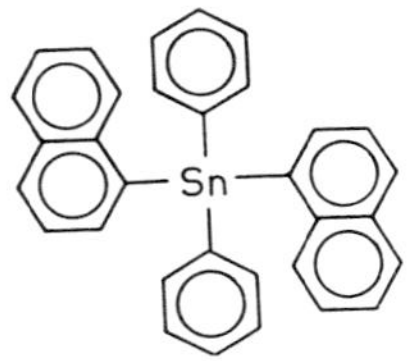	$R'_2SnCl_2 + C_6H_5MgBr$	Diäthyläther; $t_f = 209$ bis 210°C; reagiert mit HCl zu $(C_6H_5)_2SnCl_2$	88	[39]
39	$(C_6H_5)_2Sn(C_5H_4FeC_5H_5)_2$	$R'_2SnCl_2 + C_6H_5Li$	—	43	[84]
		$(C_6H_5)_2SnCl_2 + R'Li$	THF, Zimmertemperatur; $t_f = 188$ bis 189°C	60	[84]
40	$(C_6H_5)_2Sn[CH(COCH_3)COC_6H_5]_2$	$(C_6H_5)_2SnCl_2 + R'Tl$	Benzol; $t_f = 181$°C, UV: 308 nm ($\varepsilon = 44200$), IR: 1374, 1520, 1550, 1570 cm^{-1}	100	[85]
41	$(C_6H_5)_2Sn[C_6H_4\text{-}p\text{-}C(CH_3)_3]_2$	$(C_6H_5)_2SnCl_2 + R'Br + CH_3MgJ$	Diäthyläther-Benzol, 5 h, Rückfluß; $t_f = 156$°C	36	[86]
42	$(C_6H_5)_2Sn[C_6H_4\text{-}p\text{-}N(CH_3)_3]_2(CH_3OSO_3)_2$	$(C_6H_5)_2Sn[C_6H_4\text{-}p\text{-}N(CH_3)_2]_2 + (CH_3O)_2SO_2$	Methanol, 2 h, Rückfluß; nicht rein isolierbar	—	[78]
43	$(C_6H_5)_2Sn(C_{10}H_{21})_2$	$(C_6H_5)_2SnJ_2 + R'MgBr$	Diäthyläther, 2 h, Rückfluß, 2 h, 110°C; $t_f = 270$ bis 275°C, $D_4^{20} = 1.0330$, $n_D^{20} = 1.5108$	75	[69]
44	$(C_6H_5)_2Sn(C_6H_4\text{-}o\text{-}C_6H_5)_2$	$(C_6H_5)_2SnCl_2 + R'Li$	Diäthyläther, 1 h, Rückfluß; $t_f = 149.5$°C	68.8	[87]
45	$(C_6H_5)_2Sn(C_6H_4\text{-}p\text{-}OC_6H_5)_2$	—	Hochtemperaturschmiermittel	—	[88]
46	$(C_6H_5)_2Sn(C_6H_4\text{-}p\text{-}cyclo\text{-}C_6H_{11})_2$	$(C_6H_5)_2SnCl_2 + R'MgBr$	Äther; $t_f = 166$°C; reagiert mit HCl zu $(C_6H_5)_2SnCl_2$	66.6	[89]

Tabelle 12 (Fortsetzung)

Nr.	Verbindung $(C_6H_5)_2SnR'_2$	Darstellung	Reaktionsbedingungen Eigenschaften	Ausbeute in %	Lit.
47	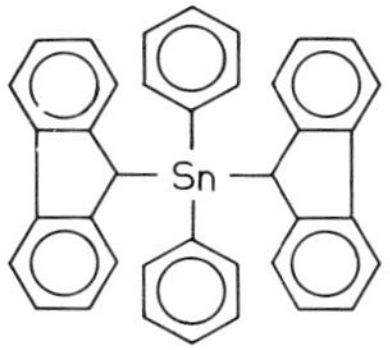 Sn	$(C_6H_5)_2SnCl_2 + R'Li$	Diäthyläther; $t_f = 179\,°C$; reagiert mit HCl zu $C_6H_5R'_2SnCl$, reagiert mit ROH zu $[(C_6H_5)_2SnO]_n$	60	[79]
48*	$(C_6H_5)_2Sn[CH(C_6H_5)_2]_2$	$(C_6H_5)_2SnCl_2 + R'K$	Diäthyläther, 1 h, 25 °C, 2 h, Rückfluß; $t_f = 175$ bis 177 °C	58	[90]
49	$(C_6H_5)_2Sn(C_6H_4\text{-}p\text{-}OCH_2C_6H_5)_2$	$(C_6H_5)_2SnCl_2 + R'MgBr$	THF (exotherm); $t_f = 123$ bis 124 °C	53	[55]
50	$(C_6H_5)_2Sn[C_6H_4\text{-}p\text{-}C(C_6H_5)_2OH]_2$	$Cl_2Sn(C_6H_4\text{-}p\text{-}COOC_2H_5)_2 + C_6H_5MgBr$	Diäthyläther; $t_f = 265$ bis 266 °C	72	[91]
51	$(C_6H_5)_2Sn[CH_2CH_2C_6H_4\text{-}p\text{-}Ge(C_6H_5)_3]_2$	$(C_6H_5)_2SnH_2 + (C_6H_5)_3GeC_6H_4\text{-}p\text{-}CH{=}CH_2$	Hexan, 2 h, Rückfluß, N_2; $t_f = 168$ bis 169 °C	79	[77]
52	$(C_6H_5)_2Sn[CH_2CH_2C_6H_4\text{-}p\text{-}Pb(C_6H_5)_3]_2$	analog Nr. 51	Hexan, 2 h, Rückfluß, N_2; $t_f = 70\,°C$	81	[77]

neben Benzol gebildet. Mit Succinimid entsteht bei 170°C eine Mischung aus Benzol und Toluol neben einem Rückstand, der mit HCl in Alkohol $(C_6H_5)_2SnCl_2$ neben $(C_6H_5CH_2)_2SnCl_2$ liefert. Mit N-Bromsuccinimid entsteht dagegen nach 1stündigem Rückflußkochen in $CHCl_3$ neben Brombenzol das nicht rein isolierte Dibenzylstannyldisuccinimid [65]. Die Verbindung wird als Katalysator zur Synthese von Polyestern technisch verwendet [67].

$(C_6H_5)_2Sn(C{\equiv}CC_6H_5)_2$ (Tabelle **12**, Nr. **28**). UV-Spektrum (in nm): 240 (ε = 33000), 250 (ε = 56000), 262 (ε = 56000), 281 (ε = 1500) [73]. Im IR-Spektrum erscheinen Banden für die Schwingungen der Phenylgruppe bei 2148 und 1597 cm^{-1} [73], für die $\nu C{\equiv}C$-Schwingung bei 2138 [72] bzw. 2145 cm^{-1} [71]. Mössbauer-Spektrum: $\delta = -1.02$ mm/s gegen α-Sn, $\Delta = 1.11$ mm/s [74]. Die gelben Kristalle reagieren mit Br_2 unter Bildung von $(C_6H_5)_2SnBr_2$ [59]. Bei Anwendung von überschüssigem Br_2 kann auch $C_6H_5CBr{=}CBr_2$ isoliert werden [75]. Mit HCl entsteht $(C_6H_5)_2SnCl_2$ neben Phenylacetylen, mit H_2O $[(C_6H_5)_2SnO]_n$ neben Phenylacetylen, mit C_2H_5SH wird $(C_6H_5)_2Sn(SC_2H_5)_2$ gebildet [59]. Mit $Fe_3(CO)_{12}$ kann bei der Reaktion in Petroläther kein kristallines Produkt erhalten werden [60].

$(C_6H_5)_2Sn[CH(C_6H_5)_2]_2$ (Tabelle **12**, Nr. **48**). IR-Spektrum (KBr-Preßling, in cm^{-1}): 1450 st, 1430 m, 1073 st, 1035 st, 850 m, 810 st, 757 st, 747 st, 735 m, 705 bis 700 st, 680. Die Verbindung reagiert mit HCl unter Bildung von $[(C_6H_5)_2CH]_2SnCl_2$ [90].

Literatur:

[1] S. D. Rosenberg, A. J. Gibbons, H. E. Ramsden (J. Am. Chem. Soc. **79** [1957] 2137/8). — [2] H. E. Ramsden, Metal & Thermit Corp. (B.P. 832338 [1960]; C.A. **1961** 3521). — [3] H. E. Ramsden, Metal & Thermit Corp. (U.S.P. 2873287 [1959]; C.A. **1959** 13108). — [4] H. E. Ramsden, Metal & Thermit Corp. (U.S.P. 2965661 [1960]; C.A. **1961** 6377). — [5] D. Seyferth (J. Am. Chem. Soc. **79** [1957] 2133/6).

[6] M. M. Koton, T. M. Kiseleva, N. P. Zapevalova (Zh. Obshch. Khim. **30** [1960] 186/90 nach C.A. **1960** 22436). — [7] M. C. Henry, J. C. Noltes (J. Am. Chem. Soc. **82** [1960] 555/8). — [8] R. Sayre (J. Chem. Eng. Data **6** [1961] 560/4). — [9] D. Seyferth (Naturwissenschaften **44** [1957] 34/5). — [10] M. C. Henry, J. G. Noltes (J. Am. Chem. Soc. **82** [1960] 558/61).

[11] R. Waack, Dow Chemical Co. (U.S.P. 3305388 [1963/67]; C.A. **66** [1967] Nr. 97827). — [12] S. D. Rosenberg, E. Debreczeni, E. L. Weinberg (J. Am. Chem. Soc. **81** [1959] 972/5). — [13] M. M. Koton, T. M. Kiseleva (Zh. Obshch. Khim. **27** [1957] 2553/8; J. Gen. Chem. USSR **27** [1957] 2611/4). — [14] H. Gilman, J. Eisch (J. Org. Chem. **20** [1955] 763/9). — [15] D. Braun, H. T. Heimes (Z. Anal. Chem. **239** [1968] 6/14).

[16] K. Kawakami, H. G. Kuivila (J. Org. Chem. **34** [1969] 1502/4). — [17] M. M. Koton, T. M. Kiseleva, F. S. Florinskii (Mezhdunar. Simp. po Makromol. Khim. Dokl., Moskva 1960, Bd. 1, S. 167/75 nach C.A. **1961** 7272/3). — [18] J. M. Holmes, R. D. Peacock, J. C. Tatlow (J. Chem. Soc. A **1966** 150/3). — [19] J. L. W. Pohlmann, F. E. Brinckmann, G. Tesi, R. E. Donadio (Z. Naturforsch. **20b** [1965] 1/4). — [20] R. D. Chambers, T. Chivers (J. Chem. Soc. **1964** 4782/90).

[21] K. W. Jolley, L. H. Sutcliffe (Spectrochim. Acta A **24** [1968] 1191/203). — [22] M. G. Hogben, W. A. G. Graham (J. Am. Chem. Soc. **91** [1969] 283/91). — [23] M. G. Hogben, R. S. Gay, A. J. Oliver, J. A. J. Thompson, W. A. G. Graham (J. Am. Chem. Soc. **91** [1969] 291/6). — [24] D. E. Fenton, A. G. Massey, K. W. Jolley, L. H. Sutcliffe (Chem. Commun. **1967** 1097/8). — [25] L. H. Sutcliffe, G. J. T. Tiddy (Spectrochim. Acta A **26** [1970] 282/3).

[26] H. A. Stöckler, H. Sano (Trans. Faraday Soc. **64** [1968] 577/81). — [27] M. G. Clark, A. G. Maddock, R. H. Platt (J. Chem. Soc. Dalton Trans. **1972** 281/90). — [28] D. E. Williams, C. W. Kocher (J. Chem. Phys. **55** [1971] 1491/2). — [29] R. Gupta, B. Majee (J. Organometal. Chem. **49** [1973] 203/11). — [30] T. Chivers, G. F. Lanthier, J. M. Miller (J. Chem. Soc. A **1971** 2556/63).

[31] H. D. Kaesz, S. L. Stafford, F. G. A. Stone (J. Am. Chem. Soc. **82** [1960] 6232/5). — [32] S. L. Stafford (Diss. Univ. Harvard 1961, 101 S. nach Diss. Abstr. **22** [1961] 1401). — [33] T. D. Coyle, S. L. Stafford, F. G. A. Stone (Spectrochim. Acta **17** [1961] 968/76). — [34] D. E. Williams, L. H. Toporcer, G. M. Ronk (J. Phys. Chem. **74** [1970] 2139/42). — [35] D. E. Williams, C. W. Kocher (J. Chem. Phys. **52** [1970] 1480/8).

[36] M and T Chemicals, Inc. (B.P. 1123153 [1966/68]; C.A. **69** [1968] Nr. 87185). — [37] G. H. Reifenberg, W. J. Considine (J. Organometal. Chem. **9** [1967] 505/9). — [38] S. Bresadola, F. Rossetto, I. Tagliavini (Ann. Chim. [Rome] **58** [1968] 597/602). — [39] Ch. S. Bobashinskaya, K. A. Kocheshkov (Zh. Obshch. Khim. **8** [1938] 1850/6). — [40] G. Ayrey, J. R. Parsonage, R. C. Poller (J. Organometal. Chem. **56** [1973] 193/8).

[41] J. G. Noltes, G. J. M. van der Kerk (Functionally Substituted Organotin Compounds, Tin Research Institute, Greenford, Middlesex, 1958, S. 1/128). — [42] G. J. M. van der Kerk, J. G. Noltes (J. Appl. Chem. [London] **9** [1959] 106/13). — [43] S. Papetti, H. W. Post (J. Org. Chem. **22** [1957] 526/8). — [44] D. Seyferth (J. Am. Chem. Soc. **79** [1959] 5881/4). — [45] H. Gilman, L. A. Gist (J. Org. Chem. **22** [1957] 250/4).

[46] T. Katsumura, R. Suzuki (Japan.P. 13374 (63) [1960/63]; C.A. **60** [1964] 550). — [47] H. P. Fritz, C. G. Kreiter (J. Organometal. Chem. **1** [1964] 323/7). — [48] D. Seyferth (J. Org. Chem. **22** [1957] 1599/603). — [49] W. P. Neumann, H. Niermann, R. Sommer (Liebigs Ann. Chem. **659** [1962] 27/39). — [50] K. Ziegler (B.P. 966813 [1961/64]; C.A. **61** [1964] 14711).

[51] H. Gilman, S. Y. Sim (J. Organometal. Chem. **7** [1967] 249/58). — [52] R. V. Parish, R. H. Platt (J. Chem. Soc. A **1969** 2145/50). — [53] M. Cordey-Hayes, R. D. W. Kemmitt, R. D. Peacock, R. D. Rimmer (J. Inorg. Nucl. Chem. **31** [1969] 1515/6). — [54] A. N. Nesmeyanov, D. N. Kravtsov, B. A. Kvasov, E. I. Fedin, T. S. Khazanova (Dokl. Akad. Nauk SSSR **199** [1971] 1078/81; Dokl. Chem. Proc. Acad. Sci. USSR **196/201** [1971] 687/90). — [55] W. Davidsohn, B. R. LaLiberte, C. M. Goddard, M. C. Henry (J. Organometal. Chem. **36** [1972] 283/91).

[56] H. Gilman, C. E. Arntzen (J. Org. Chem. **15** [1950] 994/1003). — [57] C. E. Arntzen (Iowa State Coll. J. Sci. **18** [1943] 6/9). — [58] H. Gilman, L. A. Gist (J. Org. Chem. **22** [1957] 368/71). — [59] S. D. Ibekwe, M. J. Newlands (J. Chem. Soc. **1965** 4608/10). — [60] S. D. Ibekwe, M. J. Newlands (J. Chem. Soc. A **1967** 1783/6).

[61] G. F. Rubinchik, Z. M. Manulkin (Zh. Obshch. Khim. **40** [1970] 136/40; J. Gen. Chem. USSR **40** [1970] 123/6). — [62] B. K. Hunter, L. W. Reeves (Can. J. Chem. **46** [1968] 1399/414). — [63] O. Schmitz-DuMont, H. J. Götze, H. Götze (Z. Anorg. Allgem. Chem. **366** [1969] 180/90). — [64] R. Becker, A. Wende, Deutsche Akademie der Wissenschaften zu Berlin (D.P. 1158974 [1960/63]; C.A. **60** [1964] 9311). — [65] G. Razuvaev, V. Fetyukova (Zh. Obshch. Khim. **21** [1951] 1010/5; J. Gen. Chem. USSR **21** [1951] 1107/12).

[66] M. Gielen, M. de Clercq, B. de Poorter (J. Organometal. Chem. **34** [1972] 305/13). — [67] J. R. Caldwell, Eastman Kodak Co. (U.S.P. 2720507 [1955] C.A. **1956** 2205). — [68] H. E. Ramsden, Metal & Thermit Corp. (B.P. 825039 [1959]; C.A. **1960** 18438). — [69] L. N. Snegur, Z. M. Manulkin (Uzbeksk. Khim. Zh. **1961** Nr. 1, S. 49/54; C.A. **1961** 20922). — [70] F. G. Kleiner, W. P. Neumann (Liebigs Ann. Chem. **716** [1968] 19/28).

[71] H. Hartmann, B. Karbstein, P. Schaper, W. Reiss (Naturwissenschaften **50** [1963] 373/4). — [72] J. Lorberth (J. Organometal. Chem. **16** [1969] 327/31). — [73] O. A. Zasyadko, R. G. Mirskov, N. P. Ivanova, Yu. L. Frolov (Zh. Prikl. Spektroskopii **15** [1971] 718/23). — [74] O. A. Zasyadko, V. Ya. Rochev, R. A. Stukan, R. G. Mirskov, Yu. L. Frolov (Teor. i Eksperim. Khim. **8** [1972] 836/40). — [75] H. Hartmann (Liebigs Ann. Chem. **714** [1968] 1/7).

[76] J. G. Noltes, H. A. Budding, G. J. M. van der Kerk (Rec. Trav. Chim. **79** [1960] 408/12). — [77] J. G. Noltes, G. J. M. van der Kerk (Rec. Trav. Chim. **80** [1961] 623/31). — [78] H. Gilman, T. C. Wu (J. Am. Chem. Soc. **77** [1955] 3228/31). — [79] H. Zimmer, H. W. Sparmann (Chem. Ber. **87** [1954] 645/51). — [80] E. A. Puchinyan, M. Z. Manulkin (Dokl. Akad. Nauk Uz.SSR **19** Nr. 3 [1962] 47/51 nach C.A. **57** [1962] 13788).

[81] I. I. Lapkin, V. A. Dumler (Zh. Obshch. Khim. **34** [1964] 3690/3; J. Gen. Chem. USSR **34** [1964] 3739/42). — [82] I. I. Lapkin, V. A. Dumler (Uch. Zap. Permsk. Gos. Univ. Nr. 111 [1964] 185/9 nach C.A. **64** [1966] 12045). — [83] H. Gilman, T. N. Goreau (J. Org. Chem. **17** [1952] 1470/5). — [84] H. Rosenberg, United States Dept. of the Air Force (U.S.P. 3426053 [1966/69]; C.A. **70** [1969] Nr. 78551). — [85] W. H. Nelson, W. J. Randall, D. F. Martin (Inorg. Syn. **9** [1967] 52/5).

[86] R. G. Neville (Can. J. Chem. **41** [1963] 814/6). — [87] R. Gelius (Chem. Ber. **93** [1960] 1759/68). — [88] J. O. Smith (U.S. Dept. Com. Office Tech. Serv. AD 281831 [1962] 124 S. nach C.A. **60** [1964] 9075). — [89] E. A. Puchinyan, Z. M. Manulkin (Dokl. Akad. Nauk Uz.SSR

18 Nr. 12 [1961] 51/5 nach C.A. **58** [1963] 543). — [90] K. Sisido, Y. Takeda, H. Nozaki (J. Org. Chem. **27** [1962] 2411/4).

[91] I. T. Eskin, A. N. Nesmeyanov, K. A. Kocheshkov (Zh. Obshch. Khim. **8** [1938] 35/41; C.A. **1938** 5386). — [92] S. A. Kandil, A. L. Allred (J. Chem. Soc. A **1970** 2987/92).

Other Compounds of the $R_2SnR'_2$ Type

1.1.3.7 Weitere Verbindungen des Typs $R_2SnR'_2$

Darstellung und Eigenschaften weiterer Verbindungen des Typs $R_2SnR'_2$, wobei R und R' organische Reste bedeuten, sind in Tabelle 13 auf S. 69/74 aufgeführt.

Weitere Angaben zu den Verbindungen Nr. 11 und 16:

($tert$-$C_4H_9)_2Sn(CH_2C_6H_5)_2$ (Tabelle **13**, Nr. **11**). Die als farbloses Öl anfallende Verbindung kann auch aus *tert*-$C_4H_9(C_6H_5CH_2)_2SnBr$ und *tert*-C_4H_9Li in Pentan-Heptan bei −78°C und anschließendem 12stündigem Stehen bei 25°C in 90%iger Ausbeute gewonnen werden [8, 9]. ^1H-NMR-Spektrum: $\delta C(CH_3)_3 = -1.05$ ppm, $\delta CH_2 = -2.26$ ppm (jeweils als Singulett), $\delta C_6H_5 = -6.96$ ppm (Dublett) [8, 9], $\delta C(CH_3)_3 = -1.10$ ppm, $J(^1HCC^{117/119}Sn) = 61.3/64.0$ Hz, $\delta CH_2 = -2.30$ ppm, $J(^1HC^{117/119}Sn) = 50.4/52.5$ Hz [10]. Die Verbindung reagiert mit Br_2 in $CHCl_3$ bei 0°C unter Bildung von $C_6H_5CH_2(tert\text{-}C_4H_9)_2SnBr$ [8, 9].

($cyclo$-$C_6H_{11})_2Sn(C_6H_{13})_2$ (Tabelle **13**, Nr. **16**). Molrefraktion $R_{mol} = 124.5$ (berechnet: 110.8). IR-Spektrum: 1378, 1422, 1448 und 1464 cm^{-1} [13]. Die Verbindung reagiert mit J_2 in $CHCl_3$ unter Bildung von *cyclo*-$C_6H_{11}(C_6H_{13})_2SnJ$ [13], mit $SnCl_4$ in Pentan beim Rückflußkochen unter Bildung von $C_6H_{13}(cyclo\text{-}C_6H_{11})_2SnCl$ neben $C_6H_{13}SnCl_3$ [12].

Literatur:

[1] A. Yu. Yakubovich, S. P. Makarov, G. I. Gavrilov (Zh. Obshch. Khim. **22** [1952] 1788/93). — [2] A. Yu. Yakubovich, S. P. Makarov, V. A. Ginsburg, G. I. Gavrilov, Yu. N. Merkulova (Dokl. Akad. Nauk SSSR [2] **72** [1950] 69/72). — [3] W. P. Neumann, H. Niermann, R. Sommer (Liebigs Ann. Chem. **659** [1962] 27/39). — [4] K. S. Tillyaev, Z. M. Manulkin (Dokl. Akad. Nauk Uz.SSR **22** Nr. 2 [1965] 45/7 nach C.A. **63** [1965] 5668). — [5] G. F. Rubinchik, Z. M. Manulkin (Zh. Obshch. Khim. **36** [1966] 261/4; J. Gen. Chem. USSR **36** [1966] 271/3).

[6] W. P. Neumann, H. Niermann, B. Schneider (Liebigs Ann. Chem. **707** [1967] 15/9). — [7] W. P. Neumann, B. Schneider (Liebigs Ann. Chem. **707** [1967] 20/5). — [8] S. A. Kandil, A. L. Allred (J. Chem. Soc. A **1970** 2987/92). — [9] C. E. Holloway, S. A. Kandil (Proc. 14th Intern. Conf. Coord. Chem., Toronto 1972, S. 139/41). — [10] M. Gielen, M. de Clercq, B. de Poorter (J. Organometal. Chem. **34** [1972] 305/13).

[11] H. Zimmer, O. A. Homberg, M. Jaywant (J. Org. Chem. **31** [1966] 3857/60). — [12] M. and T. International N. V. (F. Demande 2179552 [1972/73]; C.A. **80** [1974] Nr. 108671). — [13] G. F. Rubinchik, Z. M. Manulkin (Zh. Obshch. Khim. **36** [1966] 748/50; J. Gen. Chem. USSR **36** [1966] 760/1). — [14] G. F. Rubinchik, Z. M. Manulkin (Zh. Obshch. Khim. **40** [1970] 136/40; J. Gen. Chem. USSR **40** [1970] 123/6). — [15] M. Gielen, M. R. Barthels, M. de Clercq, C. Dehouck, G. Mayence (J. Organometal. Chem. **34** [1972] 315/20).

[16] R. Gelius (Chem. Ber. **93** [1960] 1759/68). — [17] S. L. Stafford (Diss. Univ. Harvard 1961, 101 S. nach Diss. Abstr. **22** [1961] 1401). — [18] H. D. Kaesz, S. L. Stafford, F. G. A. Stone (J. Am. Chem. Soc. **82** [1960] 6232/5). — [19] D. Seyferth (J. Am. Chem. Soc. **79** [1957] 5881/4). — [20] H. E. Ramsden, Metal & Thermit Corp. (U.S.P. 2965661 [1960]; C.A. **1961** 6377).

[21] H. E. Ramsden, Metal & Thermit Corp. (U.S.P. 2873287 [1959]; C.A. **1959** 13108). — [22] J. L. W. Pohlmann, F. E. Brinckmann, G. Tesi, R. E. Donadio (Z. Naturforsch. **20b** [1965] 1/4). — [23] T. Chivers, G. F. Lanthier, J. M. Miller (J. Chem. Soc. A **1971** 2556/63). — [24] K. Kawakami, H. G. Kuivila (J. Org. Chem. **34** [1969] 1502/4). — [25] H. Hartmann, H. Wagner, B. Karbstein, M. K. El A'ssar, W. Reiss (Naturwissenschaften **51** [1964] 215).

[26] J. M. Holmes, R. D. Peacock, J. C. Tatlow (J. Chem. Soc. A **1966** 150/3). — [27] I. I. Lapkin, V. A. Dumler (Zh. Obshch. Khim. **34** [1964] 3690/3; J. Gen. Chem. USSR **34** [1964] 3739/42). — [28] I. I. Lapkin, V. A. Dumler (Uch. Zap. Permsk. Gos. Univ. Nr. 111 [1964] 185/9 nach C.A. **64** [1966] 12045). — [29] R. D. Chambers, T. Chivers (J. Chem. Soc. **1964** 4782/90). — [30] H. A. Stöckler, H. Sano (Trans. Faraday Soc. **64** [1968] 577/81).

[31] R. Gupta, B. Majee (J. Organometal. Chem. **49** [1973] 203/11). — [32] Ch. S. Bobashinskaya, K. A. Kocheshkov (Zh. Obshch. Khim. **8** [1938] 1850/6).

Tabelle 13

Nr.	Verbindung $R_2SnR'_2$	Darstellung	Reaktionsbedingungen Eigenschaften	Ausbeute in %	Lit.
1	$(CH_2Cl)_2Sn(CHClCH_3)_2$	$(CH_2Cl)_2SnCl_2 + CH_3CH{=}N_2$	Benzol, 12°C; $t_s = 141$ bis 142°C/5 Torr, $D_4^{20} = 1.675$, $n_D^{20} = 1.5478$	—	[1, 2]
2	$(iso\text{-}C_4H_9)_2Sn(CH_2CH_2CN)_2$	$R_2SnH_2 + CH_2{=}CHCN$	1 h, 110°C, AIBN; $t_s = 146$ bis 150°C/0.001 Torr, $n_D^{20} = 1.5012$	96	[3]
3	$(iso\text{-}C_4H_9)_2Sn(CH_2CH{=}CH_2)_2$	$R_2SnJ_2 + R'MgBr$	Äther; $t_f = 245$ bis 246°C	43.7	[4]
4	$(iso\text{-}C_4H_9)_2Sn(CH_2CH_2COOCH_3)_2$	$R_2SnH_2 + CH_2{=}CHCOOCH_3$	1 h, 110°C, AIBN; $t_s = 117$ bis 120°C/0.001 Torr, $n_D^{20} = 1.4829$	93	[3]
5	$(iso\text{-}C_4H_9)_2Sn[CH_2CH(CH_3)COOCH_3]_2$	$R_2SnH_2 +$ $CH_2{=}C(CH_3)COOCH_3$	1 h, 110°C, AIBN, 1:2.5; $t_s = 102$ bis 103°C/0.001 Torr, $n_D^{20} = 1.4812$	89	[3]
6	$(iso\text{-}C_4H_9)_2Sn(cyclo\text{-}C_6H_{11})_2$	$R'_2SnBr_2 + RMgBr$	Diäthyläther; $t_f = 82$°C	83.2	[5]
7	$(iso\text{-}C_4H_9)_2Sn(CH_2CH_2C_6H_5)_2$	$R_2SnH_2 + CH_2{=}CHC_6H_5$	3 h, 110°C, AIBN, 1:2.5; $t_s = 185$ bis 189°C/0.001 Torr, $n_D^{20} = 1.5481$	83	[3]
8	$(iso\text{-}C_4H_9)_2Sn[(CH_2)_6CH{=}CH_2]_2$	$R_2SnH_2 +$ $CH_2{=}CH(CH_2)_4CH{=}CH_2$	32 h, 90°C, R_2AlH, 1:10; $t_s = 135$°C/0.001 Torr, $D_4^{20} = 1.003$, $n_D^{20} = 1.4829$	62	[6]
			bildet mit $(C_4H_9)_2SnH_2$ ein Polymeres		[7]
9	$(iso\text{-}C_4H_9)_2Sn(C_6H_4\text{-}p\text{-}CH_2CH{=}CH_2)_2$	$R_2SnJ_2 + R'MgBr$	Äther	33	[4]
10	$(tert\text{-}C_4H_9)_2Sn(C_6H_4\text{-}p\text{-}Br)_2$	$R_2SnCl_2 + R'Li$	Diäthyläther, 25°C; $t_f = 92$ bis 93°C, NMR: $\delta C_4H_9 = -1.30$ ppm, $\delta C_6H_4 = -7.22$ ppm	64.8	[8]
11*	$(tert\text{-}C_4H_9)_2Sn(CH_2C_6H_5)_2$	$R_2SnCl_2 + R'MgCl$	Diäthyläther, 3 h, Rückfluß; $t_s = 144$ bis 146°C/4 Torr, $n_D^{30} = 1.5712$	94	[8, 9]
12	$(C_5H_{11})_2Sn[CH_2C(CH_3)_3]_2$	$R_2SnCl_2 + R'MgCl$	Diäthyläther; $t_s = 135$°C/1.6 Torr, $D_4^{27} = 1.0118$, $n_D^{25} = 1.4742$; reagiert mit Br_2 zu R'_2SnBr_2	62.8	[11]

Tabelle 13 (Fortsetzung)

Nr.	Verbindung $R_2SnR'_2$	Darstellung	Reaktionsbedingungen Eigenschaften	Ausbeute in %	Lit.
13	$(C_5H_{11})_2Sn(\textit{cyclo}\text{-}C_6H_{11})_2$	$R'_2SnBr_2 + RMgBr$	Diäthyläther; $t_s = 227$ bis 228°C/7 Torr, $D_4^{18} = 1.1100$, $n_D^{18} = 1.5090$, $R_{mol} = 114.8$, $\sigma(18°C) = 38$ dyn/cm, P = 954.5; reagiert mit J_2 zu $R_2R'SnJ$	91.5	[5]
14	$(\textit{iso}\text{-}C_5H_{11})_2Sn(\textit{cyclo}\text{-}C_6H_{11})_2$	$R'_2SnBr_2 + RMgBr$	Diäthyläther; $t_f = 45°C$; reagiert mit J_2 zu $R_2R'SnJ$	81.6	[5]
15	$(\textit{cyclo}\text{-}C_6H_{11})_2Sn(CH_2CH{=}CH_2)_2$	$R_2SnBr_2 + R'MgBr$	Diäthyläther; $t_f = 274$ bis 275°C, nach Molmassenbestimmung dimer	43	[14]
16*	$(\textit{cyclo}\text{-}C_6H_{11})_2Sn(C_6H_{13})_2$	$R'_2SnCl_2 + RMgCl$	Diäthyläther, Rückfluß; $t_s = 176$ bis 180°C/0.01 Torr, $n_D^{23} = 1.5016$	82	[12]
		$R_2SnBr_2 + R'MgBr$	Diäthyläther, 2 h, Rückfluß; $t_s = 234$ bis 235°C/5 Torr, $D_4^{18} = 1.0870$, $n_D^{18} = 1.5070$	89.3	[13]
17	$(\textit{cyclo}\text{-}C_6H_{11})_2Sn(C_6H_4\text{-}\textit{p}\text{-}Br)_2$	$R_2SnBr_2 + R'MgBr$	Diäthyläther; IR: 842, 1450, 1480, 1562, 2850, 2920 cm^{-1}	32	[14]
18	$(\textit{cyclo}\text{-}C_6H_{11})_2Sn(C_6H_4\text{-}\textit{p}\text{-}CH_3)_2$	$R_2SnBr_2 + R'MgBr$	Diäthyläther; $t_s = 259$ bis 260°C/13 Torr, $n_D^{27} = 1.5850$	61	[14]
19	$(\textit{cyclo}\text{-}C_6H_{11})_2Sn(CH_2C_6H_5)_2$	—	NMR: $\delta CH_2Sn = -2.21$ ppm, $J(^1HC^{117/119}Sn) = 52.7/54.7$ Hz	—	[10]
20	$(\textit{cyclo}\text{-}C_6H_{11})_2Sn(C_6H_4\text{-}\textit{p}\text{-}OCH_3)_2$	$R_2SnBr_2 + R'MgBr$	Diäthyläther; $t_s = 162°C/4$ Torr	70.5	[14]
21	$(\textit{cyclo}\text{-}C_6H_{11})_2Sn(C_7H_{15})_2$	$R_2SnBr_2 + R'MgBr$	Diäthyläther, 2 h, Rückfluß; $t_s = 253$ bis 254°C/9 Torr, $D_4^{18} = 1.0640$, $n_D^{18} = 1.5040$, $R_{mol} = 134$ (ber.: 120); reagiert mit J_2 zu RR'_2SnJ	90	[13]
22	$(\textit{cyclo}\text{-}C_6H_{11})_2Sn(C_6H_4\text{-}\textit{p}\text{-}OC_2H_5)_2$	$R_2SnBr_2 + R'MgBr$	Diäthyläther; $t_f = 170$ bis 171°C, $t_s = 169$ bis 170°C/2.5 Torr	65.3	[14]

Tabelle 13 (Fortsetzung)

Nr.	Verbindung $R_2SnR'_2$	Darstellung	Reaktionsbedingungen Eigenschaften	Ausbeute in %	Lit.
23	(*cyclo*-$C_6H_{11})_2Sn(C_8H_{17})_2$	$R_2SnBr_2 + R'MgBr$	Diäthyläther, 2 h, Rückfluß; $t_s = 255°C$/3 Torr, $D_4^{18} = 1.0530$, $n_D^{18} = 1.5020$, $R_{mol} = 143.1$ (ber.: 129.3); reagiert mit J_2 zu RR'_2SnJ	90	[13]
24	(*cyclo*-$C_6H_{11})_2Sn(C_6H_4$-*p*-$CH_2CH{=}CH_2)_2$	$R_2SnBr_2 + R'MgBr$	Diäthyläther; $t_s = 245$ bis 246°C/5 Torr, $D_4^{18} = 1.2010$, $n_D^{18} = 1.5760$, $R_{mol} = 142.9$, IR: 845, 915, 1492, 1560, 1640, 2850, 2920 cm^{-1}	44.1	[14]
25	(*cyclo*-$C_6H_{11})_2Sn(C_9H_{19})_2$	$R_2SnBr_2 + R'MgBr$	Diäthyläther, 2 h, Rückfluß; $t_s = 262$ bis 263°C/3 Torr, $D_4^{18} = 1.0230$, $n_D^{18} = 1.4985$, $R_{mol} = 154.5$; reagiert mit J_2 zu RR'_2SnJ	60	[13]
26	(*cyclo*-$C_6H_{11})_2Sn(C_{10}H_{21})_2$	$R_2SnBr_2 + R'MgBr$	Diäthyläther, 2 h, Rückfluß; $t_s = 282$ bis 283°C/3 Torr, $D_4^{18} = 1.0180$, $n_D^{18} = 1.4942$, $R_{mol} = 162.1$; reagiert mit Br_2 zu RR'_2SnBr	68	[13]
27	$(C_6H_5CH_2)_2Sn[CH(CH_3)C_6H_5]_2$	—	nach NMR-Spektrum diastereomere Nichtäquivalenz	—	[15]
28	$(C_6H_5CH_2)_2Sn(C_6H_4$-*o*-$C_6H_5)_2$	$R'_2SnBr_2 + RMgBr$	Diäthyläther-Benzol; $t_f = 142$ bis 143°C	59.7	[16]
29	$(CH_2{=}CH)_2Sn(CF{=}CF_2)_2$	$R_2SnCl_2 + R'Br + Mg$	THF, 15 h, 50°C, N_2; $t_s = 51$ bis 53°C/10 Torr, IR: 1722, 1297, 1285, 1160, 1140, 1125, 1008 cm^{-1}; Kinetik der Spaltung mit HCl	46	[17, 18]
30	$(CH_2{=}CH)_2Sn[CH_2Si(CH_3)_3]_2$	$R'_2SnBr_2 + RMgBr$	THF, 20 h, Rückfluß, 8.3:35; $t_s = 93$ bis 94°C/3.4 Torr, $D_4^{25} = 1.078$, $n_D^{25} = 1.4826$	79.5	[19]

Tabelle 13 (Fortsetzung)

Nr.	Verbindung $R_2SnR'_2$	Darstellung	Reaktionsbedingungen Eigenschaften	Ausbeute in %	Lit.
31	$(CH_2{=}CH)_2Sn[CH_2CH(CH_3)CH{=}CH_2]_2$	$R'_2SnCl_2 + RMgCl$	C_7H_{16}-Dihydropyran; Stabilisator	—	[20, 21]
32	$(CH_2{=}CH)_2Sn(C_6F_5)_2$	$R_2SnCl_2 + R'MgBr$	Diäthyläther, 1 h, Rückfluß, 2 h, 145°C; $t_s = 107$ bis 109°C/0.3 Torr, $n_D^{20} = 1.5014$, IR: 961, 1077, 1635 cm^{-1}	75	[22]
			$t_s = 124$ bis 127°C/1.3 Torr, Massenspektrum		[22, 23]
33	$(CH_2{=}CHCH_2)_2Sn(C_2F_5)_2$	$R_2SnBr_2 + R'Li$	Diäthyläther, Rückfluß; $t_s = 48$°C/3.1 Torr, IR: 1631, 909, 500 cm^{-1}, NMR: $\tau SnCH_2 =$ 7.47 und 7.60, $J(^1HCSn) = 75.7$ und 77.5 Hz	—	[24]
34	$(CH_2{=}CHCH_2)_2Sn(C{\equiv}CC_6H_5)_2$	$R_2SnBr_2 + R'Li$	Diäthyläther-Benzol, N_2; Öl, $n_D^{23} = 1.6073$, IR: $\nu C{\equiv}C = 2125$ cm^{-1}	89.4	[25]
35	$(o\text{-}CH_3C_6H_4)_2Sn(C_6F_5)_2$	$R_2SnX_2 + R'MgBr$	Äther; $t_f = 174$°C; reagiert mit HCl zu R'_2SnCl_2	—	[26]
36	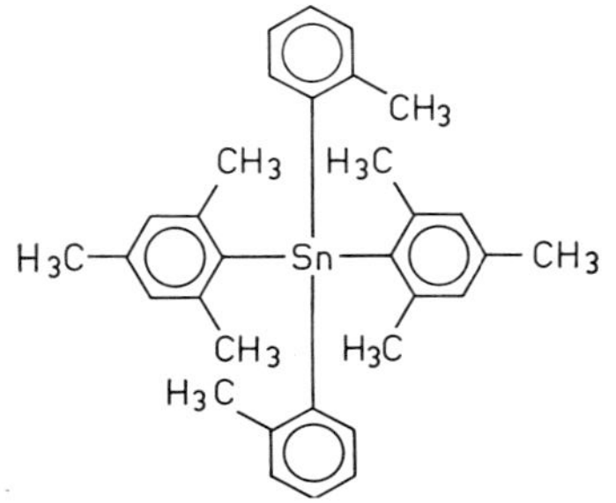 CH_3, CH_3, H_3C, H_3C–Sn–CH_3, CH_3, H_3C, H_3C	$(o\text{-}CH_3C_6H_4)_2SnCl_2 +$ $(CH_3)_3C_6H_2MgBr$	Diäthyläther, 12 h, Rückfluß, 1:10; $t_f = 154$°C	28	[27]
			UV-Spektrum		[28]

Tabelle 13 (Fortsetzung)

Nr.	Verbindung $R_2SnR'_2$	Darstellung	Reaktionsbedingungen Eigenschaften	Ausbeute in %	Lit.
37	$(p\text{-}CH_3C_6H_4)_2Sn(C_6F_5)_2$	$R_2SnCl_2 + R'MgBr$	Diäthyläther, 11 h, Rückfluß; $t_f = 73$ bis 75°C; reagiert mit HCl zu $C_6H_5CH_3$ Mössbauer: $\delta = 1.22$ mm/s (SnO_2), $\Delta =$ 1.18 mm/s	—	[29] [30, 31]
38	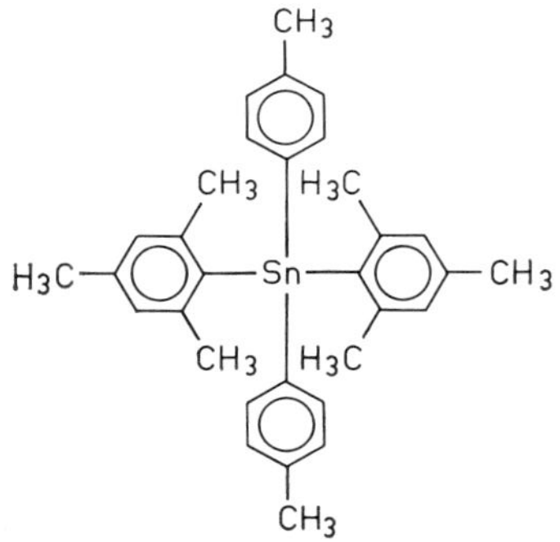	$(p\text{-}CH_3C_6H_4)_2SnCl_2 +$ $(CH_3)_3C_6H_2MgBr$	Diäthyläther-Toluol, 18 h, Rückfluß, 1:8; $t_f = 211$ °C, UV-Spektrum	45	[27, 28]
39	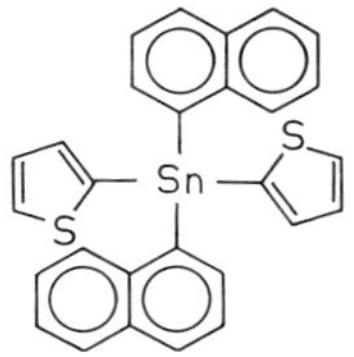	$(\alpha\text{-}C_{10}H_7)SnCl_2 + C_4H_3SMgJ$	Diäthyläther; $t_f = 145$ bis 146°C; reagiert mit HCl zu R_2SnCl_2	80	[32]
40	$(\alpha\text{-}C_{10}H_7)_2Sn(C_6H_4\text{-}p\text{-}OCH_3)_2$	$R_2SnCl_2 + R'MgBr$	Diäthyläther; $t_f = 186$ bis 187°C; reagiert mit HCl zu R_2SnCl_2	68	[32]

Tabelle 13 (Fortsetzung)

Nr.	Verbindung $R_2SnR'_2$	Darstellung	Reaktionsbedingungen Eigenschaften	Ausbeute in %	Lit.
41	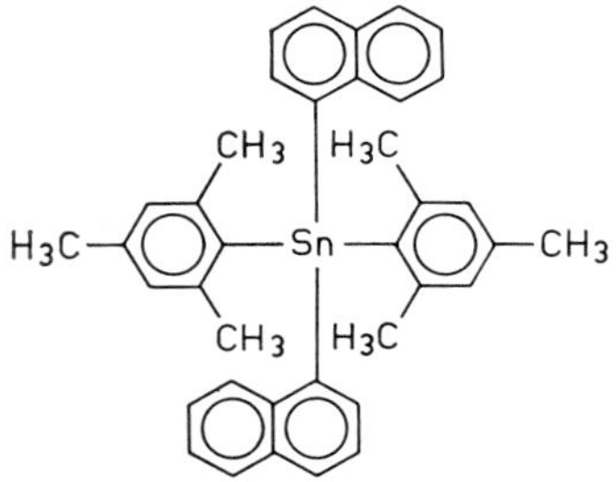	$(\alpha\text{-}C_{10}H_7)_2SnCl_2$ + $(CH_3)_3C_6H_2MgBr$	Toluol, 12 h, Rückfluß, 1:10; $t_f = 187\,°C$, UV-Spektrum	27	[27, 28]
42	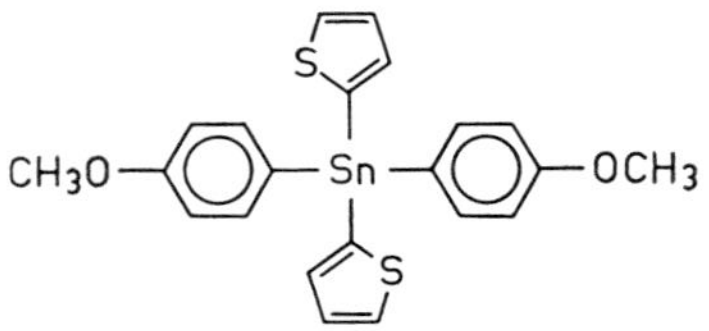	$(C_4H_3S)_2SnCl_2$ + $p\text{-}CH_3OC_6H_4MgBr$	Diäthyläther; $t_f = 89$ bis $93\,°C$; reagiert mit HCl zu $(p\text{-}CH_3OC_6H_4)_2SnCl_2$	18	[32]
43	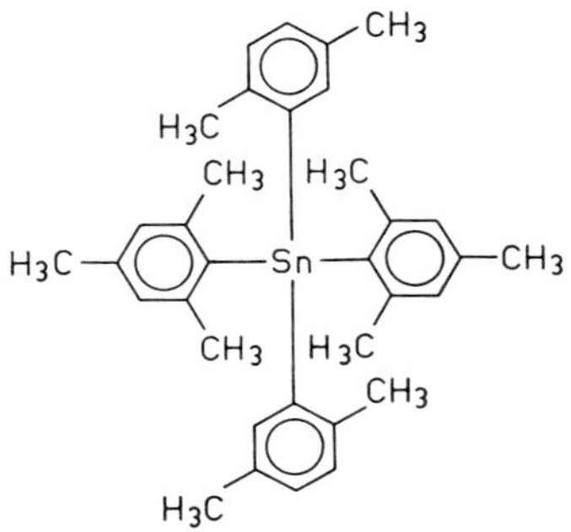	$[(CH_3)_2C_6H_3]_2SnCl_2$ + $(CH_3)_3C_6H_2MgBr$	Diäthyläther-Toluol, 18 h, Rückfluß, 1:10; $t_f = 200\,°C$; nicht ganz rein!	25	[27]

1.1.4 Verbindungen des Typs $R_2SnR'R''$

Compounds of the $R_2SnR'R''$ Type

Unsymmetrische Zinntetraorganyle des Typs $R_2SnR'R''$ entsprechen in ihren Eigenschaften den Verbindungen der Typen R_3SnR' und $R_2SnR'_2$. Zu ihrer Darstellung werden die entsprechenden Verfahren angewandt.

Allgemeine Literatur

General Literature

Vgl. die Vorbemerkungen in Erg.-Werk Bd. 26 „Zinn-Organische Verbindungen" Teil 1, S. 1.

R. West, E. G. Rochow, A System of Bond Refractions for Tin Compounds, J. Am. Chem. Soc. **74** [1952] 2490/1.

A. I. Vogel, W. T. Cresswell, J. Leicester, Bond Refractions for Tin, Silicon, Lead, Germanium, and Mercury Compounds, J. Phys. Chem. **58** [1954] 174/7.

R. Sayre, Molar Refraction. The Extension of the Eisenlohr-Denbigh System of Correlation to Liquid Organotin Compounds, J. Chem. Eng. Data **6** [1961] 560/4.

G. J. D. Peddle, G. Redl, The Determination of the Stereochemical Stability of Organotin Compounds by NMR, J. Am. Chem. Soc. **92** [1970] 365/9.

J. Nasielski, Two Aspects of Penta-Coordination in Organometallic Chemistry, Pure Appl. Chem. **30** [1972] 449/62.

M. Gielen, J. Nasielski, Organotin Compounds with Sn-C-Bonds, in: A. K. Sawyer, Organotin Compounds, Bd. 3, New York 1972, S. 625/822.

1.1.4.1 Dimethyldiorganylzinn $(CH_3)_2SnR'R''$

Dimethyldiorganyl Tin

Darstellung und Eigenschaften der Verbindungen des Typs $(CH_3)_2SnR'R''$, wobei R' und R'' organische Reste bedeuten, sind in Tabelle 14 auf S. 76/83 aufgeführt.

Weitere Angaben für die in der Tabelle aufgeführten Verbindungen (laufende Nummern mit Stern):

$\mathbf{(CH_3)_2SnR'[CH(CH_3)C_2H_5]}$ (Tabelle **14**, Nr. **3, 7, 10, 13, 20, 22, 23, 24, 25, 26, 27, 28, 29, 30, 31, 32, 33, 35, 36, 37**) und $\mathbf{(CH_3)_2SnR'[CH(CH_3)C_6H_5]}$ (Tabelle **14**, Nr. **5, 9, 12, 21, 34, 39, 40, 47, 60, 61**). Die Verbindungen mit R' = Alkylrest werden auf folgendem Weg dargestellt: $(CH_3)_3SnR' + Br_2 \rightarrow (CH_3)_2R'SnBr$ und $(CH_3)_2R'SnBr + C_6H_5CH(CH_3)MgCl \rightarrow (CH_3)_2SnR'[CH(CH_3)C_6H_5]$ bzw. $(CH_3)_3SnCH(CH_3)C_2H_5 + Br_2 \rightarrow (CH_3)_2BrSnCH(CH_3)C_2H_5$ und $(CH_3)_2BrSnCH(CH_3)C_2H_5 + R'MgX \rightarrow (CH_3)_2SnR'[CH(CH_3)C_2H_5]$. Die Verbindungen mit R' = Arylrest entstehen auf folgendem Weg: $(CH_3)_2SnR'_2 + Br_2 \rightarrow (CH_3)_2R'SnBr$ und $(CH_3)_2R'SnBr + YCH(CH_3)MgCl \rightarrow (CH_3)_2SnR'[CH(CH_3)Y]$, wobei $Y = C_2H_5$, C_6H_5. Die Verbindungen enthalten 2 diastereotope Methylgruppen am Sn. Aus den ^{1}H-NMR-Spektren bei 60 MHz kann allerdings nur eine Nichtäquivalenz für die Protonen dieser Methylgruppen nachgewiesen werden, wenn der Ligand R' sterisch gehindert ist. In Tabelle 15 auf Seite 84 sind die in CCl_4 gemessenen NMR-Parameter aufgeführt [6]. Zu den Massenspektren der Verbindungen s. [7].

$\mathbf{[(CH_3)_2Sn(C_4H_9)C_5H_5FeC_5H_3CH_2N(CH_3)_3]J}$ (Tabelle **14**, Nr. **19**). Im ^{1}H-NMR-Spektrum erscheinen folgende Signale: $\delta CH_3 = -0.35$ ppm, $\delta C_4H_9 = -0.7$ bis -1.5 ppm (Multiplett), $\delta CH_3N = -3.275$ ppm, $\delta CH_2N = -5.375$ und -3.775 ppm (2 Dubletts, J = 13.5 Hz), $\delta C_5H_3 = -4.075$, -4.475 und -4.85 ppm (Multipletts), $\delta C_5H_5 = -4.18$ ppm [12].

$\mathbf{(CH_3)_2Sn(\textit{tert}\text{-}C_4H_9)CH_2C_6H_5}$ (Tabelle **14**, Nr. **38**). Die Verbindung ist auf üblichem Weg über Grignard-Synthese zugänglich. ^{1}H-NMR-Spektrum: $\delta CH_3Sn = -0.041$ ppm, $J(^1HC^{117}Sn) = 46.3$ Hz, $J(^1HC^{119}Sn) = 48.5$ Hz, $\delta CH_2Sn = -2.28$ ppm, $J(^1HC^{117}Sn) = 56.1$ Hz, $\delta CH_3C = -1.08$ ppm, $J(^1HCC^{117}Sn) = 64.6$ Hz, $J(^1HCC^{119}Sn) = 67.6$ Hz [13].

$\mathbf{(CH_3)_2Sn(C_6H_5)CH_2CH_2NHC_6H_5}$ (Tabelle **14**, Nr. **48**). ^{1}H-NMR-Spektrum in CCl_4: $\delta CH_3 = -0.30$ ppm, $\delta CH_2Sn = -1.30$ ppm (Triplett, J = 9 Hz), $\delta CH_2N = -3.32$ ppm (Triplett, J = 9 Hz), $\delta NH = -3.20$ ppm, $\delta C_6H_5 = -6.2$ bis -7.5 ppm (Multiplett) [19].

$\mathbf{(CH_3)_2Sn(C_6H_5)C_6H_5Cr(CO)_3}$ (Tabelle **14**, Nr. **49**). UV-Spektrum in Cyclohexan: 318 nm ($\varepsilon = 9550$), 267 nm ($\varepsilon = 7400$), in $CHCl_3$: 319 nm ($\varepsilon = 9600$), 257 nm ($\varepsilon = 7600$). IR-Spektrum

Tabelle 14

Nr.	Verbindung $(CH_3)_2SnR'R''$	Darstellung	Reaktionsbedingungen Eigenschaften	Ausbeute in %	Lit.
1	$(CH_3)_2Sn(C_2H_5)CH_2Cl$	$R''_3SnCl + CH_3MgBr$	Diäthyläther, 15 h, Rückfluß; $t_s = 75.7$ bis 77.5°C/27 Torr, $D_4^{20} = 1.4781$, $n_D^{20} = 1.4917$, $R_{mol} = 44.6$	—	[1]
2	$(CH_3)_2Sn(C_2H_5)C_3H_7$	$(CH_3)_2R'SnBr + R''MgBr$	Äther; $t_s = 149$ bis 151°C/Normaldruck, $D_4^{20} = 1.2014$; reagiert mit J_2 zu $CH_3R'R''SnJ$	85	[2]
		$(CH_3)_2R'SnBr + R''MgJ$	Diäthyläther; $t_s = 153$°C/762 Torr	—	[3]
		$(CH_3)_2R'SnJ + R''_2Zn$	—	—	[4]
			NMR: $\delta^{119}Sn = +2$ ppm in Benzol		[5]
3*	$(CH_3)_2Sn(C_2H_5)$*sec*-C_4H_9	s. S. 75	Massenspektrum, ^1H-NMR-Spektrum	—	[6, 7]
4	$(CH_3)_2Sn(C_2H_5)C_6H_5$	$(R''_2Sn)_n + R'Br + CH_3MgBr$	NMR: $\delta CH_3 = -15.0$ Hz, $J(^1HC^{117/119}Sn) = 51.3/53.5$ Hz, $\delta CH_3CH_2 = -72.9$ Hz, $J(^1HCC^{117/119}Sn) = 76.4/79.9$ Hz	—	[8]
5*	$(CH_3)_2Sn(C_2H_5)CH(CH_3)C_6H_5$	s. S. 75	Massenspektrum, ^1H-NMR-Spektrum	—	[6, 7]
6	$(CH_3)_2Sn(C_3H_7)$*iso*-C_3H_7	$(CH_3)_2R''SnBr + R'MgBr$	Diäthyläther; reagiert mit Br_2 zu $CH_3R'R''SnBr$	92	[9]
7*	$(CH_3)_2Sn(C_3H_7)$*sec*-C_4H_9	s. S. 75	Massenspektrum, ^1H-NMR-Spektrum	—	[6, 7]
8	$(CH_3)_2Sn(C_3H_7)C_6H_5$	$(R''_2Sn)_n + R'Br + CH_3MgBr$	Gaschromatographie	—	[8]
9*	$(CH_3)_2Sn(C_3H_7)CH(CH_3)C_6H_5$	s. S. 75	Massenspektrum, ^1H-NMR-Spektrum	—	[6, 7]

Tabelle 14 (Fortsetzung)

Nr.	Verbindung $(CH_3)_2SnR'R''$	Darstellung	Reaktionsbedingungen Eigenschaften	Ausbeute in %	Lit.
10*	$(CH_3)_2Sn(\textit{iso}\text{-}C_3H_7)\textit{sec}\text{-}C_4H_9$	s. S. 75	Massenspektrum, ^{1}H-NMR-Spektrum	—	[6, 7]
11	$(CH_3)_2Sn(\textit{iso}\text{-}C_3H_7)\textit{cyclo}\text{-}C_6H_{11}$	$(CH_3)_2R''SnBr + R'MgBr$	Diäthyläther	88	[9, 10]
		$(CH_3)_3SnR' + Br_2 + R''MgBr$	Diäthyläther; $t_s = 76$ bis 76.5°C/1.7 Torr, 112°C/73 Torr, 141°C/88 Torr, 199°C/750 Torr, Massenspektrum; reagiert mit Br_2 zu $CH_3R'R''SnBr$	88	[9, 10]
12*	$(CH_3)_2Sn(\textit{iso}\text{-}C_3H_7)CH(CH_3)C_6H_5$	s. S. 75	Massenspektrum, ^{1}H-NMR-Spektrum	—	[6, 7]
13*	$(CH_3)_2Sn(C_4H_9)\textit{sec}\text{-}C_4H_9$	s. S. 75	Massenspektrum, ^{1}H-NMR-Spektrum	—	[6, 7]
14	$(CH_3)_2Sn(C_4H_9)C_6H_5$	$(R''_2Sn)_n + CH_3J + R'MgBr$	NMR: $\delta CH_3 = -15.2$ Hz,	—	[8]
		$(R''_2Sn)_n + R'J + CH_3MgJ$	$J(^1HC^{117/119}Sn) = 51.3/53.5$ Hz,	—	
		$(R''_2Sn)_n + R'_2SnJ_2 + CH_3MgJ$	Gaschromatographie	—	
15	$(CH_3)_2Sn(C_4H_9)C_8H_{17}$	$(CH_3)_2SnCl_2 + R'MgCl + R''MgCl$	Äther; reagiert mit $SnCl_4$ zu $(CH_3)_2SnCl_2$ und $R'R''SnCl_2$	—	[11]
16	$(CH_3)_2Sn(C_4H_9)C_{10}H_{21}$	$(CH_3)_2SnCl_2 + R'MgCl + R''MgCl$	Äther; reagiert mit $SnCl_4$ zu $(CH_3)_2SnCl_2 + R'R''SnCl_2$	—	[11]
17	$(CH_3)_2Sn(C_4H_9)C_{12}H_{25}$	$(CH_3)_2SnCl_2 + R'MgCl + R''MgCl$	Äther; reagiert mit $SnCl_4$ zu $(CH_3)_2SnCl_2 + R'R''SnCl_2$	—	[11]
18	$(CH_3)_2Sn(C_4H_9)C_5H_5FeC_5H_3CH_2N(CH_3)_2$	$(CH_3)_2SnCl_2 + R'Li + R''Li$	Diäthyläther, 18 h, 25°C; rotes Öl; bildet mit CH_3J die Verbindung Nr. 19	85	[12]
19*	$[(CH_3)_2Sn(C_4H_9)C_5H_5FeC_5H_3CH_2N(CH_3)_3]J$	Nr. 18 + CH_3J	CH_3CN; $t_f = 180$°C (Zers.)	—	[12]

Tabelle 14 (Fortsetzung)

Nr.	Verbindung $(CH_3)_2SnR'R''$	Darstellung	Reaktionsbedingungen Eigenschaften	Ausbeute in %	Lit.
20*	$(CH_3)_2Sn(\textit{iso}\text{-}C_4H_9)\textit{sec}\text{-}C_4H_9$	s. S. 75	Massenspektrum, ^1H-NMR-Spektrum	—	[6, 7]
21*	$(CH_3)_2Sn(\textit{iso}\text{-}C_4H_9)CH(CH_3)C_6H_5$	s. S. 75	Massenspektrum, ^1H-NMR-Spektrum	—	[6, 7]
22*	$(CH_3)_2Sn(\textit{sec}\text{-}C_4H_9)\textit{tert}\text{-}C_4H_9$	s. S. 75	Massenspektrum, ^1H-NMR-Spektrum	—	[6, 7]
23*	$(CH_3)_2Sn(\textit{sec}\text{-}C_4H_9)\textit{cyclo}\text{-}C_5H_9$	s. S. 75	Massenspektrum ^1H-NMR-Spektrum	—	[6, 7]
24*	$(CH_3)_2Sn(\textit{sec}\text{-}C_4H_9)CH(CH_3)C_3H_7$ (threo)	s. S. 75	Massenspektrum, ^1H-NMR-Spektrum	—	[6, 7]
25*	$(CH_3)_2Sn(\textit{sec}\text{-}C_4H_9)CH(CH_3)C_3H_7$ (erythro)	s. S. 75	^1H-NMR-Spektrum	—	[6]
26*	$(CH_3)_2Sn(\textit{sec}\text{-}C_4H_9)CH(C_2H_5)_2$	s. S. 75	Massenspektrum, ^1H-NMR-Spektrum	—	[6, 7]
27*	$(CH_3)_2Sn(\textit{sec}\text{-}C_4H_9)CH_2C(CH_3)_3$	s. S. 75	Massenspektrum, ^1H-NMR-Spektrum	—	[6, 7]
28*	$(CH_3)_2Sn(\textit{sec}\text{-}C_4H_9)CH_2CH(CH_3)C_2H_5$	s. S. 75	^1H-NMR-Spektrum	—	[6]
29*	$(CH_3)_2Sn(\textit{sec}\text{-}C_4H_9)\textit{iso}\text{-}C_5H_{11}$	s. S. 75	^1H-NMR-Spektrum	—	[6]
30*	$(CH_3)_2Sn(\textit{sec}\text{-}C_4H_9)C_6H_5$	s. S. 75	Massenspektrum, ^1H-NMR-Spektrum	—	[6, 7]
31*	$(CH_3)_2Sn(\textit{sec}\text{-}C_4H_9)\textit{cyclo}\text{-}C_6H_{11}$	s. S. 75	Massenspektrum, ^1H-NMR-Spektrum	—	[6, 7]
32*	$(CH_3)_2Sn(\textit{sec}\text{-}C_4H_9)CH_2C_6H_5$	s. S. 75	Massenspektrum, ^1H-NMR-Spektrum	—	[6, 7]

Tabelle 14 (Fortsetzung)

Nr.	Verbindung $(CH_3)_2SnR'R''$	Darstellung	Reaktionsbedingungen Eigenschaften	Ausbeute in %	Lit.
33*	$(CH_3)_2Sn(\textit{sec}\text{-}C_4H_9)CH_2CH_2C_6H_5$	s. S. 75	^{1}H-NMR-Spektrum	—	[6]
34*	$(CH_3)_2Sn(\textit{sec}\text{-}C_4H_9)CH(CH_3)C_6H_5$	s. S. 75	Massenspektrum, ^{1}H-NMR-Spektrum	—	[6, 7]
35*	$(CH_3)_2Sn(\textit{sec}\text{-}C_4H_9)C_6H_5Cr(CO)_3$	$(CH_3)_2R'SnR'' + Cr_2(CO)_9$	^{1}H-NMR-Spektrum	—	[6]
36*	$(CH_3)_2Sn(\textit{sec}\text{-}C_4H_9)C_{10}H_7$	s. S. 75	^{1}H-NMR-Spektrum	—	[6]
37*	$(CH_3)_2Sn(\textit{sec}\text{-}C_4H_9)CH_2C(CH_3)_2C_6H_5$	s. S. 75	Massenspektrum, ^{1}H-NMR-Spektrum	—	[6, 7]
38*	$(CH_3)_2Sn(\textit{tert}\text{-}C_4H_9)CH_2C_6H_5$	—	—	—	[13]
39*	$(CH_3)_2Sn(\textit{tert}\text{-}C_4H_9)CH(CH_3)C_6H_5$	s. S. 75	Massenspektrum, ^{1}H-NMR-Spektrum	—	[6, 7]
40*	$(CH_3)_2Sn(\textit{iso}\text{-}C_5H_{11})CH(CH_3)C_6H_5$	s. S. 75	Massenspektrum, ^{1}H-NMR-Spektrum	—	[6, 7]
41	$(CH_3)_2Sn(C_6H_5)CH_2Cl$	$(CH_3)_2R'SnCH_2J + AgCl$	CH_3CN, 7 d, 25°C; $t_s = 60$ bis 66°C/18 Torr, $n_D^{25} = 1.5592$, NMR: $\delta CH_3 = -0.60$ ppm, $J(^1HCSn) = 53/55$ Hz, $\delta CH_2 = -3.28$ ppm, $J(^1HCSn) = 20$ Hz, $\delta C_6H_5 = -7.3$ bis -7.7 ppm	93	[14]
42	$(CH_3)_2Sn(C_6H_5)CH_2J$	$(CH_3)_2R'SnJ + R''ZnJ$	THF, 4 h, 40°C; $t_s = 78$ bis 81°C/0.05 Torr, 69°C/0.01 Torr, $n_D^{25} = 1.6068$, NMR: $\delta CH_3 = -0.60$ ppm, $J(^1HCSn) = 52/54$ Hz, $\delta CH_2 = -2.20$ ppm, $J(^1HCSn) = 20$ Hz, $\delta C_6H_5 = -7.3$ bis -7.7 ppm; reagiert mit AgCl zu $(CH_3)_2(C_6H_5)SnCH_2Cl$	94	[14]

Tabelle 14 (Fortsetzung)

Nr.	Verbindung $(CH_3)_2SnR'R''$	Darstellung	Reaktionsbedingungen Eigenschaften	Ausbeute in %	Lit.
43	$(CH_3)_2Sn(C_6H_5)CH_2CH_2CHClCH_3$	$(CH_3)_2R'SnCH_2CH_2CH(OH)CH_3$ + $P(C_6H_5)_3 + CCl_4$	Rückfluß	18	[15]
44	$(CH_3)_2Sn(C_6H_5)CH_2CH_2CH(OH)CH_3$	$(CH_3)_2R'SnH$ + CH_2=$CHCH(OH)CH_3$	70°C, AIBN; ^{1}H-NMR-Spektrum; reagiert mit Br_2 zu $(CH_3)_2R''SnBr$, bildet mit $P(C_6H_5)_3$ und CCl_4 die Verbindung Nr. 43	14	[15, 16]
45	$(CH_3)_2Sn(C_6H_5)C_6H_4$-*p*-F	$(CH_3)_2R''SnJ + R'MgBr$	Diäthyläther; $t_s = 124$°C/3 Torr, $n_D^{20} = 1.5765$, NMR: $\delta^{19}F$ = $-0.30(C_6H_{12})$, $-0.54(CHCl_3)$, $-0.44(C_5H_5N)$ ppm gegen C_6H_5F	63	[17]
			$\delta^{119}Sn = +56.3$ ppm (Cyclohexan)		[18]
46	$(CH_3)_2Sn(C_6H_5)$*cyclo*-C_6H_{11}	—	NMR: $\delta CH_3 = -0.215$ ppm, $J(^1HCSn) = 48.8/51.5$ Hz	—	[13]
47*	$(CH_3)_2Sn(C_6H_5)CH(CH_3)C_6H_5$	s. S. 75	Massenspektrum, ^{1}H-NMR-Spektrum	—	[6, 7]
48*	$(CH_3)_2Sn(C_6H_5)CH_2CH_2NHC_6H_5$	$(CH_3)_2R'SnCH_2CH_2N(C_6H_5)COCH_3$ + CH_3MgJ	Diäthyläther-Benzol, 3 h, Rückfluß; gelbes Öl, IR: $\nu NH = 3400$ cm^{-1}	37.2	[19]
		$Cl_2R'SnR'' \cdot HCl + CH_3MgJ$	Diäthyläther, 4.5 h, Rückfluß	87.8	[19]
49*	$(CH_3)_2Sn(C_6H_5)C_6H_5Cr(CO)_3$	$(CH_3)_2SnR'_2 + Cr(CO)_6$	Diglyme, 5 h, Rückfluß; gelbe Kristalle, $t_f = 59.5$ bis 61°C	20	[20]

Tabelle 14 (Fortsetzung)

Nr.	Verbindung $(CH_3)_2SnR'R''$	Darstellung	Reaktionsbedingungen Eigenschaften	Ausbeute in %	Lit.
50*	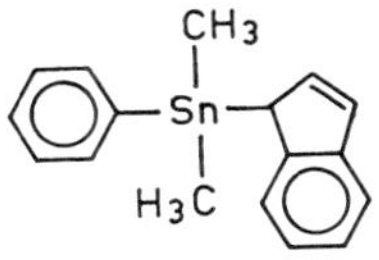 $(CH_3)_2Sn(C_6H_5)(C_9H_7)$ (Strukturformel: C_6H_5–Sn(CH_3)$_2$–Indenyl)	$(CH_3)_2(C_6H_5)SnJ + C_9H_7Li$	Hexan, 1 h, Rückfluß; gelbe Flüssigkeit, $t_s = 107°C/0.06$ Torr, $n_D^{23} = 1.6243$	—	[23, 24]
51	$(CH_3)_2Sn(C_6H_5)CH_2CH(CH_3)C_6H_5$	—	^{1}H-NMR-Spektrum, Sigmatropie	—	[25]
52*	$(CH_3)_2Sn(C_6H_5)CH_2CH_2N(C_6H_5)COCH_3$	$Cl_2R'SnR'' + CH_3MgJ$	THF, 8 h, Rückfluß	70	[19]
53*	$(CH_3)_2Sn(C_6H_5)\underset{C_6H_5}{C}{=}\overset{C_6H_5}{C}\underset{C_6H_5}{C}{=}\overset{C_6H_5}{C}Cl$	$(CH_3)_2R''SnCl + R'MgBr$	THF, 0°C, 1:2; $t_f = 149$ bis 150°C	85	[27, 28]
54*	$(CH_3)_2Sn(C_6H_5)\underset{C_6H_5}{C}{=}\overset{C_6H_5}{C}\underset{C_6H_5}{C}{=}\overset{C_6H_5}{C}Br$	$(CH_3)_2R''SnBr + R'MgBr$	THF, 0°C, 1:2; $t_f = 159$ bis 161°C	85	[27, 28]
55*	$(CH_3)_2Sn(C_6H_5)\underset{C_6H_5}{C}{=}\overset{C_6H_5}{C}\underset{C_6H_5}{C}{=}\overset{C_6H_5}{C}J$	$(CH_3)_2R''SnJ + R'MgBr$	Diäthyläther, 0°C, 1:2; $t_f = 146.5$ bis 148°C	85	[27, 28]
56	$(CH_3)_2Sn(CH_2Cl)CH_2SiCl(CH_3)_2$	$(CH_3)_2R'SnCH_2SiH(CH_3)_2 + ZnCl_2$	70°C; $t_s = 56°C/0.5$ Torr, $D_4^{20} = 1.4127$, $n_D^{20} = 1.5041$, $R_{mol} = 64.09$ (ber.: 64.64), IR: $\nu SiCl = 470\ cm^{-1}$, NMR: $\delta CH_2Cl = -3.05$, $\delta CH_3Si = -0.44$, δCH_3Sn und $\delta CH_2Si = -0.28$ ppm; polymerisiert mit Mg in Äther	87	[29]

Tabelle 14 (Fortsetzung)

Nr.	Verbindung $(CH_3)_2SnR'R''$	Darstellung	Reaktionsbedingungen Eigenschaften	Ausbeute in %	Lit.
57	$(CH_3)_2Sn(CH_2Cl)CH_2SiH(CH_3)_2$	$(CH_3)_2R'SnCl + R''MgCl$	Diäthyläther; $t_s = 53$ bis 54°C/1.5 Torr, $D_4^{20} = 1.3091$, $n_D^{20} = 1.4943$, $R_{mol} = 60.39$ (ber.: 60.70), IR: $\nu SiH = 2115\ cm^{-1}$, NMR: $\delta SiH = -4.00$, $\delta CH_2Cl = -2.89$, $\delta CH_3Sn = -0.13$, $\delta CH_3Si = 0.0$ (Dublett, J = 4 Hz), $\delta CH_2Si = +0.17$ ppm; bildet mit $ZnCl_2$ die Verbindung Nr. 56	82	[29]
58	$(CH_3)_2Sn(CH{=}CH_2)$*cyclo*-C_3H_5	$(CH_3)_3SnR' + JCH_2ZnJ$ $(CH_3)_3SnR' + (CH_3)_3SnR''$	Diäthyläther, 24 h, Rückfluß Diäthyläther, 24.5 h, Rückfluß, ZnJ_2; $n_D^{25} = 1.4844$	8.1 5.4	[30] [30]
59	$(CH_3)_2Sn(CF_2CHF_2)CF{=}CF_2$	$(CH_3)_2SnH_2 + (CH_3)_2SnR''_2$	40 h, 50°C, Bombenrohr, Lichtausschluß	—	[31]
60*	$(CH_3)_2Sn[CH(CH_3)C_6H_5]CH_2CH_2C_6H_5$	s. S. 75	^1H-NMR-Spektrum	—	[6]
61*	$(CH_3)_2Sn[CH(CH_3)C_6H_5]CH_2C(CH_3)_2C_6H_5$	s. S. 75	^1H-NMR-Spektrum, Massenspektrum	—	[6, 7]
62	$(CH_3)_2Sn(C_6H_4$-*p*-F$)C_6H_2$-3,4,5-Cl_3	$(CH_3)_2R'SnJ + R''MgBr$	Diäthyläther; $t_f = 87$°C, NMR: $\delta^{19}F = -1.79$ (C_6H_{12}), -1.68 ($CHCl_3$), -1.26 (C_5H_5N) ppm gegen C_6H_5F	99	[17]
63	$(CH_3)_2Sn(C_6H_4$-*p*-F$)C_6H_4$-*p*-Cl	$(CH_3)_2R'SnJ + R''MgX$	Diäthyläther; $t_s = 142$°C/2 Torr, $n_D^{20} = 1.5865$, NMR: $\delta^{19}F = -0.87$ (C_6H_{12}), -0.88 ($CHCl_3$), -0.68 (C_5H_5N) ppm gegen C_6H_5F $\delta^{119}Sn = +53.2$ ppm	70	[17] [18]

Tabelle 14 (Fortsetzung)

Nr.	Verbindung $(CH_3)_2SnR'R''$	Darstellung	Reaktionsbedingungen Eigenschaften	Ausbeute in %	Lit.
64	$(CH_3)_2Sn(C_6H_4\text{-}p\text{-}F)C_6H_4\text{-}m\text{-}Cl$	$(CH_3)_2R'SnJ + R''MgX$	Diäthyläther; $t_s = 143\,°C/2$ Torr, $n_D^{20} = 1.5861$, NMR: $\delta^{19}F = -0.83$ (C_6H_{12}), -0.95 $(CHCl_3)$, -0.94 (C_5H_5N) ppm gegen C_6H_5F	76	[17]
65	$(CH_3)_2Sn(C_6H_4\text{-}p\text{-}F)C_6H_4\text{-}m\text{-}OCH_3$	$(CH_3)_2R'SnJ + R''MgX$	Diäthyläther; $t_s = 156\,°C/3$ Torr, $n_D^{20} = 1.5739$, NMR: $\delta^{19}F = -0.30$ (C_6H_{12}), -0.62 $(CHCl_3)$, -0.57 (C_5H_5N) ppm gegen C_6H_5F	71	[17]
66	$(CH_3)_2Sn(C_6H_4\text{-}p\text{-}F)C_6H_4\text{-}p\text{-}OCH_3$	$(CH_3)_2R'SnJ + R''MgX$	Diäthyläther; $t_s = 155\,°C/3$ Torr, $n_D^{20} = 1.5781$, NMR: $\delta^{19}F = 0$ (C_6H_{12}), -0.38 $(CHCl_3)$, -0.22 (C_5H_5N) ppm gegen C_6H_5F $\delta^{119}Sn = +54.5$ ppm	64	[17] [18]
67	$(CH_3)_2Sn$ $\langle$ $C_6H_4\text{-}p\text{-}CH(COOH)_2$ / $C_6H_4\text{-}p\text{-}CH(CH_3)COOH$	$(CH_3)_2Sn(C_6H_4\text{-}p\text{-}iso\text{-}C_3H_7)_2 + O_2$	400 °C, Druck, Katalysatoren; Holzschutzmittel, Fungizid	—	[32]

in Nujol (in cm^{-1}): 1916 st, 1900 st, 1875 m, 1860 st, 1074 m, 1060 m, 725 st, 698 st, 664 st, 656 st, 630 st, 617 st, 534 st, 522 m, 483 m, 433 m. Die νCO-Banden liegen in C_6H_{12} bei 1975, 1910 und 1880 cm^{-1}. Im Raman-Spektrum erscheinen die $\nu_{as}SnC_2$ bei 536 cm^{-1} und die ν_sSnC_2 bei 522 cm^{-1}. ^{1}H-NMR-Spektrum: $\tau CH_3 = 9.35$, $J(^1HC^{117/119}Sn) = 53.8/56.1$ Hz, $\tau C_6H_5 = 2.61$ und 4.76 [20, 21]. $\delta^{119}Sn = +31$ ppm [22]. Das Mössbauer-Spektrum zeigt folgende Werte: $\delta = 1.74$ mm/s gegen SnO_2, $\Delta = 0.64$ mm/s. Zum Massenspektrum s. Original [20].

$(CH_3)_2Sn(C_6H_5)C_9H_7$ (Tabelle **14**, Nr. **50**). Die leicht gelbe Flüssigkeit zeigt folgendes IR-Spektrum (in cm^{-1}): 3067 st, 3050 s, 3011 m, 2990 s, 2953 s, 2920 m, 1594 s, 1565 s, 1510 s, 1475 m, 1454 st, 1443 st, 1425 st, 1355 s, 1331 s, 1313 s, 1296 s, 1224 s, 1195 st, 1153 s, 1141 m, 1105 s, 1070 st, 1014 m, 992 m, 978 s, 935 st, 920 st, 855 st, 778 st, 745 st, 715 st, 690 st, 650 s, 558 m, 526 st, 508 st, 420 st. Das ^{1}H-NMR-Spektrum weist 2 Signale für die magnetisch nicht äquivalenten CH_3-Gruppen bei $\tau = 9.71$ und 9.89 auf. Die Kopplungskonstanten betragen $J(^1HC^{117/119}Sn) = 53/54$ Hz. Das Multiplettsignal für die Protonen des Benzolrings erscheint bei

Tabelle 15

^{1}H-NMR-Daten für die CH_3-Gruppen in Verbindungen des Typs $(CH_3)_2SnR'[CH(CH_3)Y]$ (alle Werte in Hz)

Y	R'	δCH_3		$J(^1HC^{119}Sn)$	
		A	B	A	B
C_2H_5	C_2H_5	−1.1		48.8	
	C_3H_7	−0.8		48.7	
	$(CH_2)_2C_6H_5$	−2.8		49.0	
	iso-C_4H_9	0.0		48.8	
	$CH_2C(CH_3)_2C_6H_5$	−3.9		49.5	
	iso-C_3H_7	−3.1		47.4	
	tert-C_4H_9	−3.0	−3.5	46	
	C_6H_5	−14.2		50.8	
	$C_6H_5Cr(CO)_3$	−27.8		55	
	C_4H_9	−1.1		48.4	
	$CH_2CH(CH_3)C_2H_5$	0		48.4	
	$CH_2C_6H_5$	−4.1		49.0	
	cyclo-C_5H_9	−2.9		48.4	
	$CH(CH_3)C_3H_7$ (threo)	−2.9		46.4	
	$CH(CH_3)C_3H_7$ (erythro)	−1.3	−1.9	47.3	
	$CH(C_2H_5)_2$	−2.9		46.9	
	cyclo-C_6H_{11}	−3.5		47.1	
	$C_{10}H_7$	−22.1		47.4	
	tert-C_5H_{11}	−2.5	−3.0	45.4	
C_6H_5	C_2H_5	−5.0	−2.9	49.5	49.3
	C_3H_7	−5.0	−2.6	49.6	49.4
	iso-C_5H_{11}	−5.2	−2.7	49.0	48.7
	$CH_2CH_2C_6H_5$	−5.4	−2.6	50.2	49.9
	iso-C_4H_9	−3.9	−1.1	49.7	49.4
	$CH_2C(CH_3)_2C_6H_5$	−22.1	−17.0	50.5	50.0
	iso-C_3H_7	−8.3	−3.4	48.1	47.6
	sec-C_4H_9	−8.6	−2.7	47.6	47.0
		−8.2	−2.2		
	tert-C_4H_9	−11.3	−2.1	45.7	44.8
	C_6H_5	−7.8	−9.4	52.6	52.2

$\tau = 2.5$; für die Protonen des Fünfringes erscheinen Signale bei $\tau = 2.98$ mit J(^{1}HCCCSn) = 57.4 Hz, $\tau = 3.19$ mit J(^{1}HCCSn) = 12 Hz und $\tau = 5.76$ mit J(^{1}HCCSn) = 95.2 Hz. Alle Signale wurden in CS_2-Lösung bei −33°C erhalten. Die reine Substanz zeigt bei +148°C folgende Signale: $\tau CH_3 = 9.81$, τC_6H_5, $C_6H_4 = 2.5$, $\tau CH = 4.44$, 3.22. NMR-Messungen bei verschiedenen Temperaturen zeigen, daß die Verbindung das Verhalten eines dynamischen Moleküls zeigt. Die Aktivierungsenergie beträgt $E_a = 14.1 \pm 0.4$ kcal/mol [23]. Weitere Betrachtungen über die Sigmatropie in dieser Verbindung s. bei [24].

$(CH_3)_2Sn(C_6H_5)CH_2CH_2N(C_6H_5)COCH_3$ (Tabelle **14**, Nr. **52**). Das hellgelbe Öl zeigt die CO-Valenzschwingung bei 1660 cm^{-1}. ^{1}H-NMR-Spektrum in CCl_4: $\delta CH_2Sn = -1.22$ ppm (Triplett, J = 8 Hz), $\delta CH_3CO = -1.71$ ppm, $\delta CH_3Sn = -0.32$ ppm, $\delta CH_2N = -3.92$ ppm (Triplett, J = 8 Hz), $\delta C_6H_5 = -6.9$ bis −7.6 ppm (Multiplett). Die Verbindung reagiert mit CH_3MgJ in Diäthyläther-Benzol unter Bildung von $(CH_3)_2Sn(C_6H_5)CH_2CH_2NHC_6H_5$ [19].

$(CH_3)_2Sn(C_6H_5)C_4X(C_6H_5)_4$ mit X = Cl, Br, J (Tabelle **14**, Nr. **53**, **54**, **55**). Die temperaturabhängigen ^{1}H-NMR-Spektren der diastereotopen Methylprotonen ergeben folgende chemische Verschiebungen: $\delta CH_3 = -0.20$ und −0.43 ppm (Nr. 53), $\delta CH_3 = -0.23$ und −0.47 ppm (Nr. 54), $\delta CH_3 = -0.26$ und −0.53 ppm (Nr. 55). Die Koaleszenztemperaturen betragen 66, 85 und 96°C. Ausführliche Angaben über die Aktivierungsparameter s. im Original [27, 28]. Kristallstrukturuntersuchungen der drei Verbindungen zeigen, daß die Verbindungen isomorph sind. Sie kristallisieren rhombisch, Raumgruppe $Pna2_1$. Die Gitterkonstanten sind in Tabelle 16 wiedergegeben. Die genaue Bestimmung der Atomabstände (s. im Original) und der Bindungswinkel zeigt, daß keine intramolekulare Bindung zwischen Sn und den Halogenatomen vorliegt [26].

Tabelle 16

Kristalldaten von $(CH_3)_2Sn(C_6H_5)C_4X(C_6H_5)_4$ mit X = Cl, Br, J

Verbindung	$C_{36}H_{31}ClSn$	$C_{36}H_{31}BrSn$	$C_{36}H_{31}JSn$
a (in Å, 25°C)	15.643	15.890	16.295
b (in Å, 25°C)	12.073	12.047	12.156
c (in Å, 25°C)	15.527	15.563	15.633
Z	4	4	4
Molvolumen (in Å^3)	2932.4	2979.2	3096.6
Molmasse (in g)	617.75	662.21	709.20
Dichte (in g/cm^3)	1.37	1.46	1.52

Literatur:

[1] R. G. Kostyanovskii, A. K. Prokofev (Izv. Akad. Nauk SSSR Ser. Khim. **1968** 274/9; Bull. Acad. Sci. USSR Div. Chem. Sci. **1968** 270/4). — [2] S. N. Naumov, Z. M. Manulkin (Zh. Obshch. Khim. **5** [1935] 281/7 nach C.A. **1935** 5071). — [3] W. J. Pope, S. J. Peachey (Proc. Chem. Soc. **19** [1903] 290/1). — [4] W. J. Pope, S. J. Peachey (Proc. Chem. Soc. **16** [1900] 42/4). — [5] A. G. Davies, P. G. Harrison, J. D. Kennedy, T. N. Mitchel, R. J. Puddephatt, W. McFarlane (J. Chem. Soc. C **1969** 1136/41).

[6] M. Gielen, M. R. Barthels, M. de Clercq, C. Dehouck, G. Mayence (J. Organometal. Chem. **34** [1972] 315/20). — [7] M. Gielen, G. Mayence (J. Organometal. Chem. **46** [1972] 281/8). — [8] K. Sisido, T. Miyanisi, K. Nabika, S. Kozima (J. Organometal. Chem. **11** [1968] 281/90). — [9] S. Boue, M. Gielen, J. Nasielski, J. P. Lieutenant, R. Spielmann (Bull. Soc. Chim. Belges **78** [1969] 135/46). — [10] S. Boue, M. Gielen, J. Nasielski (Tetrahedron Letters **1968** 1047/8).

[11] S. Matsuda, H. Matsuda, N. Iwamoto, A. Matsumoto (Kogyo Kagaku Zasshi **70** [1967] 1747/50). — [12] D. R. Morris, B. W. Rocket (J. Organometal. Chem. **35** [1972] 179/84). — [13] M. Gielen, M. de Clercq, B. de Poorter (J. Organometal. Chem. **34** [1972] 305/13). — [14] D. Seyferth,

S. B. Andrews (J. Organometal. Chem. **30** [1971] 151/66). — [15] M. Gielen, J. Topart (Bull. Soc. Chim. Belges **80** [1971] 655/8).

[16] M. Gielen, N. Goffin, J. Topart (J. Organometal. Chem. **32** [1971] C38/C40). — [17] D. N. Kravtsov, B. A. Kvasov, T. S. Khazanova, E. I. Fedin (J. Organometal. Chem. **61** [1973] 207/18). — [18] A. P. Tupciauskas, N. M. Sergeev, Yu. A. Ustynyuk (Org. Magn. Resonance **3** [1971] 655/9). — [19] Y. Sato, Y. Ban, H. Shirai (J. Org. Chem. **38** [1973] 4373/8). — [20] T. P. Poeth, P. G. Harrison, T. V. Long, B. R. Willeford, J. J. Zuckerman (Inorg. Chem. **10** [1971] 522/8).

[21] P. G. Harrison, J. J. Zuckerman, T. V. Long, T. P. Poeth, B. R. Willeford (Inorg. Nucl. Chem. Letters **6** [1970] 627/32). — [22] P. G. Harrison, S. E. Ulrich, J. J. Zuckerman (J. Am. Chem. Soc. **93** [1971] 5398/402). — [23] A. Davison, P. E. Rakita (J. Organometal. Chem. **23** [1970] 407/26). — [24] J. Dalton, C. A. McAuliffe (J. Organometal. Chem. **39** [1972] 251/3). — [25] G. J. D. Peddle, G. Redl (J. Am. Chem. Soc. **92** [1970] 365/9).

[26] F. P. Boer, F. P. van Remoortere, P. P. North, N. G. Reeke (Inorg. Chem. **10** [1971] 529/37). — [27] F. P. Boer, J. J. Flynn, H. H. Freedman, S. V. McKinley, V. R. Sandel (J. Am. Chem. Soc. **89** [1967] 5068/9). — [28] F. P. Boer, G. A. Doorakian, H. H. Freedman, S. V. McKinley (J. Am. Chem. Soc. **92** [1970] 1225/33). — [29] A. A. Buyakov, T. K. Gar, V. F. Mironov (Zh. Obshch. Khim. **43** [1973] 801/4; J. Gen. Chem. USSR **43** [1973] 800/2). — [30] D. Seyferth, H. M. Cohen (Inorg. Chem. **1** [1962] 913/6).

[31] A. D. Beveridge, H. C. Clark, J. T. Kwon (Can. J. Chem. **44** [1966] 179/89). — [32] E. F. Jason, E. K. Fields, Standard Oil Co., Indiana (U.S.P. 3122576 [1959/64]; C.A. **60** [1964] 12051).

Diethyl-diorganyl Tin

1.1.4.2 Diäthyldiorganylzinn $(C_2H_5)_2SnR'R''$

Darstellung und Eigenschaften der Verbindungen des Typs $(C_2H_5)_2SnR'R''$, wobei R' und R'' organische Reste darstellen, sind in Tabelle 17 aufgeführt.

Tabelle 17

Nr.	Verbindung $(C_2H_5)_2SnR'R''$	Darstellung	Reaktionsbedingungen Eigenschaften	Ausbeute in %	Lit.
1	$(C_2H_5)_2Sn(CH_3)CH{=}CH_2$	$(C_2H_5)_2R'SnBr$ + $R''MgBr$	THF, 20 h, Rückfluß; $t_s = 56$ bis 59°C/26 Torr, $D_4^{25} = 1.222$, $n_D^{25} = 1.4697$, $R_{mol} = 49.97$ (ber.: 50.22)	77	[1]
			$n_D^{20} = 1.4717$, $R_{mol} = 49.952$ (ber.: 50.282)		[2]
2	$(C_2H_5)_2Sn(CH_3)C_3H_7$	—	$\chi_{mol} = -142.02 \times 10^{-6}$ cm³/mol	—	[3]
3	$(C_2H_5)_2Sn(CH_3)CH_2CH_2CO_2C_2H_5$	$R'R''SnBr_2$ + C_2H_5MgJ	Diäthyläther; $t_s = 86$ bis 88°C/1.0 Torr, $n_D^{20} = 1.4732$	59	[4]
4	$(C_2H_5)_2Sn(CH_3)C_6H_5$	$(R_2''Sn)_n$ + C_2H_5X + $R'MgX$ (X = Br, J)	NMR: $\delta CH_3 = -13.0$ Hz, $J(^1HC^{117/119}Sn) = 49.7/51.9$ Hz, $\delta CH_3(C_2H_5) = -73.5$ Hz, $J(^1HCC^{117/119}Sn) = 73.4/76.9$ Hz	—	[5]
5	$(C_2H_5)_2Sn(iso\text{-}C_3H_7)cyclo\text{-}C_6H_{11}$	—	Gaschromatographie, Massenspektrum	—	[6]

Literatur:

[1] D. Seyferth, F. G. A. Stone (J. Am. Chem. Soc. **79** [1957] 515/7). — [2] R. Sayre (J. Chem. Eng. Data **6** [1961] 560/4). — [3] K. D. Cheu (Zh. Fiz. Khim. **45** [1971] 3087/91; Russ. J. Phys. Chem. **45** [1971] 1749/51). — [4] S. Matsuda, M. Nomura (J. Organometal. Chem. **25** [1970] 101/9). — [5] K. Sisido, T. Miyanisi, K. Nabika, S. Kozima (J. Organometal. Chem. **11** [1968] 281/90).

[6] M. Gielen, J. Nasielski (in: A. K. Sawyer, Organotin Compounds, Bd. 3, New York 1972, S. 625/822).

1.1.4.3 Dipropyldiorganylzinn $(C_3H_7)_2SnR'R''$

Dipropyl-diorganyl Tin

Darstellung und Eigenschaften der Verbindungen des Typs $(C_3H_7)_2SnR'R''$, wobei R' und R'' organische Reste darstellen, sind in Tabelle 18 zusammengestellt.

Tabelle 18

Nr.	Verbindung $(C_3H_7)_2SnR'R''$	Darstellung	Reaktionsbedingungen Eigenschaften	Ausbeute in %	Lit.
1	$(C_3H_7)_2Sn(CH_3)C_2H_5$	$R'R''SnJ_2$ + C_3H_7MgBr	Diäthyläther; t_s = 183 bis 184°C/ 758 Torr	—	[1]
2*	$(C_3H_7)_2Sn(CH_3)$-$CH_2CH_2COOCH_3$	$R'R''SnBr_2$ + C_3H_7MgJ	Diäthyläther; t_s = 116 bis 123°C/ 11 Torr, n_D^{20} = 1.4768	53	[2]
3	$(C_3H_7)_2Sn(CH_3)C_6H_5$	$(R''_2Sn)_n$ + C_3H_7X + RMgX (X = Br, J)	Gaschromatographie	—	[3]
4	$(C_3H_7)_2Sn$-$[(CH_2)_3CH{=}CHC_3H_7]$-$(CH_2)_8C{\equiv}CC_8H_{17}$	$SnCl_4$ + Mg + C_3H_7Br + R'Br + R''Br	Hexan-$P(OC_6H_5)_3$, 8 h, Rückfluß	—	[4]

Weitere Angaben für $(C_3H_7)_2Sn(CH_3)CH_2CH_2COOCH_3$:

$(C_3H_7)_2Sn(CH_3)CH_2CH_2COOCH_3$ (Tabelle **18**, Nr. **2**). ^{1}H-NMR-Spektrum: τCH_3Sn = 10.02, $J(^1HC^{117/119}Sn)$ = 48.6/50.4 Hz, ferner zwei Dubletts mit τ = 7.54 und 6.40 und einer Kopplungskonstanten von 7.5 Hz. Die Verbindung reagiert mit Br_2 in $CHCl_3$ bei 0°C unter Bildung von $(C_3H_7)_2BrSnCH_2CH_2COOCH_3$ [2].

Literatur:

[1] W. J. Pope, S. J. Peachey (Proc. Chem. Soc. **19** [1903] 290/1). — [2] S. Matsuda, M. Nomura (J. Organometal. Chem. **25** [1970] 101/9). — [3] K. Sisido, T. Miyanisi, K. Nabika, S. Kozima (J. Organometal. Chem. **11** [1968] 281/90). — [4] Chas. Pfizer and Co., Inc. (B.P. 1135455 [1965/68]; C.A. **70** [1969] Nr. 58025).

1.1.4.4 Dibutyldiorganylzinn $(C_4H_9)_2SnR'R''$

Dibutyl-diorganyl Tin

Darstellung und Eigenschaften der Verbindungen des Typs $(C_4H_9)_2SnR'R''$, wobei R' und R'' organische Reste bedeuten, sind in Tabelle 19 auf S. 88 zusammengestellt.

Tabelle 19

Nr.	Verbindung $(C_4H_9)_2SnR'R''$	Darstellung	Reaktionsbedingungen Eigenschaften	Ausbeute in %	Lit.
1	$(C_4H_9)_2Sn(CH_3)CH_2J$	—	bildet mit $[(CH_3)_3Si]_2NCHNaCOOC_2H_5$ die Verbindung Nr. 8	—	[1]
2	$(C_4H_9)_2Sn(CH{=}CH_2)CH\text{-}CH_2$ (CH-CH$_2$ über O verbrückt)	$(C_4H_9)_2SnR'_2$ + ClC_6H_4-*m*-COOOH	Benzol, 48 h, 25°C; $n_D^{25} = 1.4769$, NMR: $\tau = 4.0$ und 6.0 bis 6.4 (Multiplett)	—	[2]
3	$(C_4H_9)_2Sn(CH_3)$*iso*-C_3H_7	—	NMR: $J(^1HC^{117/119}Sn) = 45.1/47.3$ Hz Massenspektrum	—	[3] [4]
4	$(C_4H_9)_2Sn(CH_3)C_6H_5$	$(R''_2Sn)_n + R'J + C_4H_9MgJ$ $(R''_2Sn)_n + C_4H_9J + R'MgJ$ $(R''_2Sn)_n + C_4H_9X + R'MgX$ (X = Br, J)	NMR: $\delta CH_3Sn = -13.6$ Hz, $J(^1HC^{117/119}Sn) = 49.6/51.9$ Hz, Gaschromatographie	—	[5]
5	$(C_4H_9)_2Sn(CH_3)$*cyclo*-C_6H_{11}	$(C_4H_9)_2R''SnBr + R'MgJ$	Diäthyläther; Massenspektrum	—	[4]
6	$(C_4H_9)_2Sn(C_2H_5)$*iso*-C_3H_7	—	Gaschromatographie, Massenspektrum	—	[6]
7	$(C_4H_9)_2Sn($*iso*-$C_3H_7)$*sec*-C_4H_9	—	Massenspektrum	—	[4]
8	$(C_4H_9)_2Sn(C_2H_5)CH_2C_6H_5$	$R''_2R'SnJ + C_4H_9MgBr$	Diäthyläther; als Nebenprodukt; $t_s = 175$ bis 180°C/9 Torr, 118 bis 122°C/2.5 bis 3 Torr	—	[7]
9	$(C_4H_9)_2Sn($*iso*-$C_3H_7)$*cyclo*-C_6H_{11}	$(C_4H_9)_2R'SnBr + R''MgBr$	Diäthyläther; $t_s = 98$ bis 100°C/0.1 Torr, $n_D^{20} = 1.495$, Massenspektrum; reagiert mit Br_2 zu $C_4H_9R'R''SnBr$ und $(C_4H_9)_2R''SnBr$	—	[4]
10	$(C_4H_9)_2Sn(CH_3)CH_2CH(COOC_2H_5)N[Si(CH_3)_3]_2$	$(C_4H_9)_2R'SnCH_2J$ + $[(CH_3)_3Si]_2NCHNaCOOC_2H_5$	THF, 4 h, 25°C; $t_s = 116$ bis 117°C/0.07 Torr, $n_D^{20} = 1.4780$; bildet mit HCl die Verbindung Nr. 11	37	[1]
11	$\{(C_4H_9)_2Sn(CH_3)CH_2CH(COOC_2H_5)NH[Si(CH_3)_3]_2\}Cl$	Nr. 10 + HCl	Diäthyläther	—	[1]

Literatur:

[1] K. D. Kaufmann, W. Thierfelder, F. Piper, K. Ruehlmann (Z. Chem. [Leipzig] **10** [1970] 392/3). — [2] G. Ayrey, J. R. Parsonage, R. C. Poller (J. Organometal. Chem. **56** [1973] 193/8). — [3] M. Gielen, M. de Clercq, J. Nasielski (Bull. Soc. Chim. Belges **78** [1969] 237/43). — [4] M. Gielen, B. de Poorter, M. T. Sciot, J. Tobart (Bull. Soc. Chim. Belges **82** [1973] 271/6). — [5] K. Sisido, T. Miyanisi, K. Nabika, S. Kozima (J. Organometal. Chem. **11** [1968] 281/90).

[6] M. Gielen, J. Nasielski (in: A. K. Sawyer, Organotin Compounds, Bd. 3, New York 1972, S. 625/822). — [7] K. K. Law (J. Chem. Soc. **1926** 3243).

1.1.4.5 Diphenyldiorganylzinn $(C_6H_5)_2SnR'R''$

Diphenyl-diorganyl Tin

Darstellung und Eigenschaften der Verbindungen des Typs $(C_6H_5)_2SnR'R''$, wobei R' und R'' organische Reste darstellen, sind in Tabelle 20 auf S. 90/1 zusammengestellt.

Weitere Angaben zu den in der Tabelle aufgeführten Verbindungen (laufende Nummern mit Stern):

$(C_6H_5)_2Sn(CH_3)$*iso*-C_3H_7 (Tabelle **20**, Nr. **3**). ^{1}H-NMR-Spektrum: $\delta CH_3Sn = -0.40$ ppm, $\delta CH_3CH = -1.30$ ppm, $\delta CHSn = -1.6$ ppm [2]. Die Kopplungskonstanten $J(^1HC^{117/119}Sn)$ für die CH_3Sn-Gruppe betragen 48.8 bzw. 51.0 Hz [4]. Die Verbindung reagiert in Äthanol bei −65°C mit Br_2 unter Bildung von C_6H_5(*iso*-C_3H_7)(CH_3)SnBr neben wenig *iso*-C_3H_7(CH_3)$SnBr_2$ [3], mit J_2 in $CHCl_3$ bei −40°C oder in Methanol bei −5°C unter Bildung von C_6H_5(*iso*-C_3H_7)(CH_3)SnJ [2, 5]. Mit HCl erfolgt in Methanol bei Lichtausschluß bei −5°C Reaktion unter Bildung von C_6H_5(*iso*-C_3H_7)(CH_3)SnCl [5].

$(C_6H_5)_2Sn(CH_3)$*iso*-C_4H_9 (Tabelle **20**, Nr. **5**). Im ^{1}H-NMR-Spektrum der Verbindung kann keine magnetische Nichtäquivalenz der diastereotopen Gruppen beobachtet werden. Folgende NMR-Parameter werden gefunden: $\delta CH_3Sn = -0.47$ ppm, δ*iso*-$C_4H_9 = -0.95$ und −1.28 ppm [6].

$(C_6H_5)_2Sn(CH_3)CH_2C(CH_3)_2C_6H_5$ (Tabelle **20**, Nr. **10**). Im ^{1}H-NMR-Spektrum werden folgende Verschiebungen gemessen: $\tau CH_2 = 8.16$ und $\tau CH_3 = 8.64$ für die Neophylgruppe sowie $\tau CH_3 = 9.88$ für die Methylgruppe [12], $\delta CH_3Sn = -0.12$ ppm, $\delta C_6H_5C(CH_3)_2CH_2 = -1.78$ und −1.45 ppm, $\delta CH_2Sn = -2.37$ ppm. Das letzte Signal zeigt diastereotope Nichtäquivalenz [6]. Die Verbindung reagiert mit J_2 in Diäthyläther unter Bildung von $C_6H_5(CH_3)[C_6H_5C(CH_3)_2CH_2]SnJ$ [11].

$(C_6H_5)_2Sn[C(CH_3)_2C_2H_5]CH_2C_6H_2$ (Tabelle **20**, Nr. **13**). ^{1}H-NMR-Spektrum: $\tau CH_2Sn = 7.22$, $\tau\ \alpha CH_3 = 8.77$, $\tau\ \alpha CH_2 = 8.46$, $\tau\ \beta CH_3 = 9.14$. Die Verbindung reagiert mit J_2 unter Bildung von C_6H_5J neben $C_6H_5[C_2H_5C(CH_3)_2](C_6H_5CH_2)SnJ$ [12].

Literatur:

[1] K. Sisido, T. Miyanisi, K. Nabika, S. Kozima (J. Organometal. Chem. **11** [1968] 281/90). — [2] M. LeQuan, M. H. Normant (Compt. Rend. C **266** [1968] 832/3). — [3] M. Gielen, J. Nasielski, J. Topart (Rec. Trav. Chim. **87** [1968] 1051/3). — [4] M. Gielen, C. Dehouck, B. de Poorter (Chem. Weekblad **68** [1972] 15/6). — [5] U. Folli, D. Iarossi, F. Taddei (J. Chem. Soc. Perkin Trans. II **1973** 638/42).

[6] D. V. Stynes, A. L. Allred (J. Am. Chem. Soc. **93** [1971] 2666/72). — [7] H. E. Ramsden, Metal & Thermit Corp. (U.S.P. 2873287 [1959]; C.A. **1959** 13108). — [8] N. A. Plate, V. A. Yashkov, V. V. Maltsev (Vysokomol. Soedin. B **14** [1972] 780/2). — [9] M. Gielen, M. de Clercq, B. de Poorter (J. Organometal. Chem. **34** [1972] 305/13). — [10] G. Ayrey, J. R. Parsonage, R. C. Poller (J. Organometal. Chem. **56** [1973] 193/8).

[11] G. J. D. Peddle, G. Redl (J. Organometal. Chem. **23** [1970] 461/3). — [12] K. S. A. Kandil, C. E. Holloway, E. Clive (J. Chem. Soc. Dalton Trans. **1973** 1421/3). — [13] F. B. Kipping (J. Chem. Soc. **131** [1928] 2365/73).

Tabelle 20

Nr.	Verbindung $(C_6H_5)_2SnR'R''$	Darstellung	Reaktionsbedingungen Eigenschaften	Ausbeute in %	Lit.
1	$(C_6H_5)_2Sn(CH_3)C_2H_5$	$[(C_6H_5)_2Sn]_n + R''X + R'MgX$ (X = Br, J)	NMR: $\delta CH_3 = -27.9$ Hz, $J(^1HC^{117/119}Sn) = 52.0/54.2$ Hz, $\delta C_2H_5 = -77.6$ Hz, $J(^1HCC^{117/119}Sn) = 79.9/81.4$ Hz	—	[1]
2	$(C_6H_5)_2Sn(CH_3)C_3H_7$	$[(C_6H_5)_2Sn]_n + R''X + R'MgX$ (X = Br, J)	Gaschromatographie	—	[1]
3*	$(C_6H_5)_2Sn(CH_3)$*iso*-C_3H_7	$(C_6H_5)_2R''SnJ + R'MgJ$	Diäthyläther; $t_s = 118°C/0.4$ Torr	70	[2]
		$(C_6H_5)_2R'SnBr + R''MgBr$	Diäthyläther; $t_s = 118°C/0.15$ Torr, $n_D^{20} = 1.580$	—	[3]
4	$(C_6H_5)_2Sn(CH_3)C_4H_9$	$[(C_6H_5)_2Sn]_n + R'J + R''MgJ$	$t_f = 144$ bis $145°C$, $n_D^{27} = 1.5620$, Gaschromatographie	—	[1]
		$[(C_6H_5)_2Sn]_n + R''X + R'MgX$ (X = Br, J)	NMR: $\delta CH_3 = -28.2$ Hz, $J(^1HC^{117/119}Sn) = 51.8/54.0$ Hz	—	[1]
5*	$(C_6H_5)_2Sn(CH_3)$*iso*-C_4H_9	—	^1H-NMR-Spektrum	—	[6]
6	$(C_6H_5)_2Sn(C_4H_9)CH{=}CH_2$	$R'R''SnBr_2 + C_6H_5MgCl$	THF, Heptan; $t_s = 139$ bis $141°C/0.06$ Torr, $D_4^{20} = 1.2539$, $n_D^{20} = 1.5784$, $R_{mol} = 94.053$ (ber.: 93.695); Stabilisator für PVC	63	[7, 8]
7	$(C_6H_5)_2Sn(CH_3)$*cyclo*-C_6H_{11}	—	NMR: $\delta CH_3 = -0.42$ ppm, $J(^1HC^{117/119}Sn) = 49.2/51.4$ Hz	—	[9]
8	$(C_6H_5)_2Sn(CH_3)CH_2C_6H_5$	$(C_6H_5)_2R'SnJ + R''MgCl$	Diäthyläther, 6 h, 25°C; NMR: $\delta CH_3 = -0.35$ ppm, $\delta CH_2 = -2.67$ ppm; reagiert mit J_2 zu $C_6H_5R'R''SnJ$	—	[6]
9	$(C_6H_5)_2Sn(CH_2CH_2CH{=}CH_2)$ $CH_2CH_2CH{-}CH_2$ (epoxid, –O–)	$(C_6H_5)_2SnR'_2 + ClC_6H_4$-*p*-COOOH	Benzol; IR: $\nu C{=}C = 1640$, $\nu CH_2CHO = 820\ cm^{-1}$, MMR: $\tau C_6H_5 = 2.7$, $\tau CH_2CHO = 7.4$ bis 7.8 (Multiplett)	—	[10]
10*	$(C_6H_5)_2Sn(CH_3)CH_2C(CH_3)_2C_6H_5$	$(C_6H_5)_3SnR'' + J_2 + R'MgCl$	Diäthyläther, 15 min, 25°C $n_D^{24} = 1.5990$	—	[11] [12]

Tabelle 20 (Fortsetzung)

Nr.	Verbindung $(C_5H_6)_2SnR'R''$	Darstellung	Reaktionsbedingungen Eigenschaften	Ausbeute in %	Lit.
11	$(C_6H_5)_2Sn(\textit{tert}\text{-}C_4H_9)CH_2C_6H_5$	—	$n_D^{24} = 1.6049$; NMR: $\tau CH_2Sn = 7.30$, $\tau CH_3C = 8.84$	—	[12]
12	$(C_6H_5)_2Sn(C_4H_9)CH_2C_6H_5$	$(C_6H_5)_3SnR'' + J_2 + R'MgBr$	Diäthyläther; $t_s = 215\,^\circ C/2$ bis 3 Torr	—	[13]
		$(C_6H_5)_3SnR' + J_2 + R''MgCl$	Diäthyläther	—	[13]
13*	$(C_6H_5)_2Sn[C(CH_3)_2C_2H_5]CH_2C_6H_5$	$(C_6H_5)_2R''SnJ + R'MgCl$	Diäthyläther; $n_D = 1.6096$	—	[12]
14	$(C_6H_5)_2Sn(\textit{iso}\text{-}C_3H_7)CH_2C(CH_3)_2C_6H_5$	—	$n_D^{22} = 1.5948$, NMR: $\tau CH_2Sn = 8.15$, $\tau CH_3C = 8.62$, $\tau CH = 8.6$, $\tau CH_3CH = 8.85$	—	[12]
15	$(C_6H_5)_2Sn(\textit{tert}\text{-}C_4H_9)CH_2C(CH_3)_2C_6H_5$	$(C_6H_5)_2R''SnJ + R'Li$	$n_D^{24} = 1.5846$, NMR: $\tau CH_2Sn = 8.11$, $\tau CH_3(R'') = 8.46$, $\tau CH_3(R') = 8.85$	—	[12]
16	$(C_6H_5)_2Sn(CH_2C_6H_5)CH_2C(CH_3)_2C_6H_5$	—	$n_D^{24} = 1.6225$, NMR: $\tau CH_2(R') = 7.70$, $\tau CH_2(R'') = 8.24$, $\tau CH_3(R'') = 8.70$	—	[12]

Other Compounds of the $R_2SnR'R''$ Type

1.1.4.6 Weitere Verbindungen des Typs $R_2SnR'R''$

Darstellung und Eigenschaften weiterer Verbindungen des Typs $R_2SnR'R''$, wobei R, R' und R'' organische Reste bedeuten, sind in Tabelle 21 auf S. 93/4 zusammengestellt.

Weitere Angaben für $(iso\text{-}C_3H_7)_2Sn(CH_3)CH_2CH_2COOCH_3$:

$(iso\text{-}C_3H_7)_2Sn(CH_3)CH_2CH_2COOCH_3$ (Tabelle **21**, Nr. **3**). Im IR-Spektrum erscheint die νCO bei 1740 cm^{-1}. ^1H-NMR-Spektrum: $\tau CH_3Sn = 10.10$, $J(^1HC^{117/119}Sn) = 46.8/48.6$ Hz, $\tau SnCH_2 = 9.05$ (Dublett, J = 7.2 Hz), $\tau CH_2COO = 7.52$, $\tau CH_3O = 6.39$. Die Verbindung reagiert mit Br_2 in $CHCl_3$ bei 0°C unter Bildung von $CH_3COOCH_2CH_2(iso\text{-}C_3H_7)_2SnBr$ [3].

Literatur:

[1] R. G. Kostyanovskii, A. K. Prokofev (Izv. Akad. Nauk SSSR Ser. Khim. **1968** 274/9). — [2] L. S. Melnichenko, N. N. Zemlyanskii, I. V. Karandi, N. D. Kolosova, K. A. Kocheshkov (Dokl. Akad. Nauk SSSR **200** [1971] 346/7; Dokl. Chem. Proc. Acad. Sci. USSR **196/201** [1971] 775/6). — [3] S. Matsuda, M. Nomura (J. Organometal. Chem. **25** [1970] 101/9). — [4] M. Gielen, M. de Clercq, J. Nasielski (Bull. Soc. Chim. Belges **78** [1969] 237/43). — [5] M. Gielen, M. de Clercq, B. de Poorter (J. Organometal. Chem. **34** [1972] 305/13).

[6] S. A. Kandil, A. L. Allred (J. Chem. Soc. A **1970** 2987/92). — [7] G. Grüttner, E. Krause (Ber. Deut. Chem. Ges. **50** [1917] 1802/7). — [8] R. Sayre (J. Chem. Eng. Data **6** [1961] 560/4). — [9] A. L. Vogel, W. T. Cresswell, J. Leicester (J. Phys. Chem. **58** [1954] 174/7). — [10] R. West, E. G. Rochow (J. Am. Chem. Soc. **74** [1952] 2490/1).

[11] F. R. Jensen, D. D. Davis (J. Am. Chem. Soc. **93** [1971] 4048/9). — [12] T. A. Smith, F. S. Kipping (J. Chem. Soc. **101** [1912] 2553/63). — [13] F. B. Kipping (J. Chem. Soc. **1928** 2365/73). — [14] K. K. Law (J. Chem. Soc. **1926** 3243). — [15] L. S. Melnichenko, A. N. Rodionov, N. N. Zemlyanskii, K. A. Kocheshkov (Dokl. Akad. Nauk SSSR **201** [1971] 866/7; Dokl. Chem. Proc. Acad. Sci. USSR **196/201** [1971] 996/7).

[16] D. Seyferth, H. M. Cohen (Inorg. Chem. **1** [1962] 913/6). — [17] M. Le Quan, M. H. Normant (Compt. Rend. C **266** [1968] 832/3).

Tabelle 21

Nr.	Verbindung $R_2SnR'R''$	Darstellung	Reaktionsbedingungen Eigenschaften	Ausbeute in %	Lit.
1	$(CH_2Cl)_2Sn(CH_3)C_2H_5$	$R_3SnCl + R'MgBr$	Diäthyläther, 15 h, Rückfluß; $t_s = 88$ bis 93.8°C/4 Torr, $D_4^{20} = 1.6012$, $n_D^{20} = 1.5287$, $R_{mol} = 50.12$ (ber.: 50.79)	—	[1]
2	$(CH_2Cl)_2Sn(C_2H_5)C_6H_5$	$R'R''SnCl_2 + CH_2{=}N_2$	Diäthyläther, −10°C, 1:3; $t_s = 107$ bis 108°C/0.065 Torr, $n_D^{20} = 1.5744$; neben $RR'R''SnCl$	—	[2]
3*	$(iso\text{-}C_3H_7)_2Sn(CH_3)CH_2CH_2COOCH_3$	$R'R''SnBr_2 + RMgJ$	Diäthyläther; $t_s = 117$ bis 123°C/10 Torr	56	[3]
4	$(iso\text{-}C_3H_7)_2Sn(CH_3)C_6H_5$	—	NMR: $J(^1HC^{117/119}Sn) = 45.2/47.4$ Hz (Methylgruppe)	—	[4]
5	$(tert\text{-}C_4H_9)_2Sn(CH_3)CH_2C_6H_5$	—	NMR: $\delta CH_3Sn = -0.163$ ppm, $J(^1HC^{117/119}Sn) = 41.9/43.8$ Hz, $\delta CH_2Sn = -2.30$ ppm, $J(^1HC^{117/119}Sn) = 51.3/53.2$ Hz, $J(^1HCC^{117/119}Sn) = 60.2/63.0$ Hz	—	[5]
6	$(tert\text{-}C_4H_9)_2Sn(C_4H_9)C_6H_5$	$R_2R''SnCl + R'Li$	Heptan, 2 h, 25°C; hellgelb, $t_s = 147$ bis 148°C/8 Torr, NMR: $\delta CH_3C = -1.25$ ppm, $\delta C_6H_5 = -7.32$ ppm	85	[6]
7	$(iso\text{-}C_5H_{11})_2Sn(C_2H_5)C_3H_7$	$R_2R'SnBr + R''MgBr$	Diäthyläther, 3 h, Rückfluß; $t_s = 141$ bis 142°C/17 Torr, $D_4^{21.9} = 1.0654$, $n_D^{21.9} = 1.47214$, $n_D^{20} = 1.4729$, $R_{mol} = 87.575$ (ber.: 88.185) $R_{mol} = 87.57$ (ber.: 87.85, 87.87)	—	[7, 8] [9, 10]
8	$[(CH_3)_3CCH_2]_2Sn(sec\text{-}C_4H_9)C_6H_5$	$R'R''SnBr_2 + RMgBr$	Diäthyläther; reagiert mit Br_2 zu $R_2R'SnBr$	—	[11]
9	$(C_6H_5CH_2)_2Sn(C_2H_5)C_3H_7$	$R_3SnR' + J_2 + R''MgBr$	Diäthyläther, 1 h, 140°C; $t_s = 220$ bis 225°C/15 Torr; reagiert mit H_2SO_4 und HO_3SCl zu $R'R''SnCl_2$	70	[12]

Tabelle 21 (Fortsetzung)

Nr.	Verbindung $R_2SnR'R''$	Darstellung	Reaktionsbedingungen Eigenschaften	Ausbeute in %	Lit.
10	$(C_6H_5CH_2)_2Sn(CH_3)$*tert*-C_4H_9	—	NMR: $\delta CH_3Sn = +0.176$ ppm, $J(^1HC^{117/119}Sn) = 44.8/46.8$ Hz, $\delta CH_3C = -1.07$ ppm, $J(^1HCC^{117/119}Sn) = 65.3/68.8$ Hz, $\delta CH_2Sn = -2.27$ ppm, $J(^1HC^{117/119}Sn) = 54.7/56.7$ Hz	—	[5]
11	$(C_6H_5CH_2)_2Sn(C_2H_5)C_4H_9$	$R_3SnR' + J_2 + R''MgBr$	Diäthyläther; farbloses Öl, $t_s = 195$ bis 200°C/5 Torr	—	[13]
		$R_2R'SnJ + R''MgBr$	Diäthyläther, 140°C; $t_s = 175$ bis 180°C/3 Torr	—	[14]
			$t_s = 207$ bis 209°C/9 Torr; reagiert mit J_2 zu $RR'R''SnJ$		[13,14]
12	$(C_6H_5CH_2CH_2)_2Sn(C_2H_5)C_6H_5$	$R'R''SnH_2 + C_6H_5CH{=}CH_2$	30°C, 70°C; ölige Flüssigkeit, $t_s = 187$ bis 188°C/0.007 Torr, $D_4^{20} = 1.2340$, $n_D^{20} = 1.5948$, $R_{mol} = 119.57$ (ber.: 118.06); reagiert mit CH_3COOH zu $R_2R'SnOOCCH_3$	80.3	[15]
13	$(C_6H_5CH_2CH_2)_2Sn(C_4H_9)C_6H_5$	$R'R''SnH_2 + C_6H_5CH{=}CH_2$	30°C, 70°C; $t_s = 188$ bis 190°C/0.02 Torr, $D_4^{20} = 1.2030$, $n_D^{20} = 1.5814$, $R_{mol} = 128.27$ (ber.: 127.35); reagiert mit CH_3COOH zu $R_2R'SnOOCCH_3$	72.6	[15]
14	(*cyclo*-$C_3H_5)_2Sn(CH_3)CH{=}CH_2$	$R'_3SnR + R'_3SnR''$	Diäthyläther, 24.5 h, Rückfluß, ZnJ_2	0.04	[16]
15	(*cyclo*-$C_6H_{11})_2Sn(CH_3)C_6H_5$	—	NMR: $\delta CH_3 = -0.153$ ppm, $J(^1HC^{117/119}Sn) = 45.3/47.3$ Hz	—	[5]
16	$(CH_2{=}CH)_2Sn(CH_3)$*cyclo*-C_3H_5	$R'_3SnR + JCH_2ZnJ$	Diäthyläther, 24 h, Rückfluß	1	[16]
17	$(\alpha\text{-}C_{10}H_7)_2Sn(CH_3)C_6H_5$	—	$t_f = 127$°C, NMR: $\delta CH_3 = -0.92$ ppm in $CDCl_3$; reagiert mit J_2 zu $RR'R''SnJ$	—	[17]
18	(*p*-$CH_3C_6H_4)_2Sn(CH_2C_6H_5)C_6H_5$	$R'R''SnCl_2 + RMgBr$	Diäthyläther; $t_s = 265$ bis 270°C/3 Torr; reagiert mit HCl zu $R'R''SnCl_2$, mit J_2 und NH_2OH zu $RR'R''SnOH$	—	[13]

1.1.5 Verbindungen des Typs RR'SnR''R'''

Compounds of the RR'SnR''R''' Type

Unsymmetrische Zinntetraorganyle des Typs RR'SnR''R''' entsprechen in ihren Eigenschaften den Verbindungen der Typen R_3SnR', $R_2SnR'_2$ und $R_2SnR'R''$. Sie sind optisch aktiv mit dem zentralen Zinnatom als Asymmetriezentrum. Zu ihrer Darstellung werden Komproportionierungsverfahren und stufenweise Alkylierungen bzw. Arylierungen von unsymmetrischen Organozinnhalogeniden angewandt.

Allgemeine Literatur

M. Gielen, J. Nasielski, Organotin Compounds with Sn-C Bonds, in: A. K. Sawyer, Organotin Compounds, Bd. 3, New York 1972, S. 625/822.

1.1.5.1 Methyltriorganylzinn $CH_3R'SnR''R'''$

Methyltriorganyl Tin

Darstellung und Eigenschaften der Verbindungen des Typs $CH_3R'SnR''R'''$, wobei R', R'' und R''' organische Reste bedeuten, sind in Tabelle 22 auf S. 96/8 zusammengestellt.

Weitere Angaben zu den in der Tabelle aufgeführten Verbindungen (laufende Nummern mit Stern):

CH_3(*iso*-C_3H_7)Sn(*cyclo*-C_5H_9)$CH_2C{\equiv}CH$ und **CH_3(*iso*-C_3H_7)Sn(*cyclo*-C_5H_9)$CH{=}C{=}CH_2$** (Tabelle **22**, Nr. **7** und **8**). Bei der Darstellung entstehen die beiden Isomeren ungefähr im Verhältnis 1:6. Das IR-Spektrum des Isomerengemisches zeigt folgende charakteristische Banden: $\nu C{=}C{=}C$ = 1920 cm^{-1}, $\nu HC{\equiv}C$ = 3305 cm^{-1} und $\nu C{\equiv}C$ = 2110 cm^{-1}. ^1H-NMR-Spektrum der Verbindung Nr. 7: τCH_3Sn = 9.95, $J(^1HC^{119}Sn)$ = 49 Hz, τCH_3CH = 8.76 (Dublett, J = 4.5 Hz), τC_5H_9 = 8.48 (Multiplett); ^1H-NMR-Spektrum der Verbindung Nr. 8: τCH_3Sn = 9.95, $J(^1HC^{119}Sn)$ = 49 Hz, τCH_3CH = 8.76 (Dublett, J = 4.5 Hz), τC_5H_9 = 8.48 (Multiplett), τCH_2Sn = 5.08 (Triplett, J = 7 Hz), $J(^1HC^{119}Sn)$ = 14 Hz, $\tau CH_2{=}C$ = 5.92 (Dublett, J = 7 Hz), $J(^1HCCC^{119}Sn)$ = 35 Hz. Das Isomerengemisch reagiert mit SO_2 unter Bildung der beiden isomeren Verbindungen CH_3(*iso*-C_3H_7)Sn(*cyclo*-C_5H_9)$O_2SCH_2C{\equiv}CH$ und CH_3(*iso*-C_3H_7)Sn(*cyclo*-C_5H_9)$O_2SCH{=}C{=}CH_2$ [4].

CH_3(*iso*-C_3H_7)Sn(C_6H_5)$CH_2C_6H_5$ (Tabelle **22**, Nr. **16**). Durch Umsetzung von CH_3(*iso*-C_3H_7)(C_6H_5)SnBr mit Lithium(−)menthylat und anschließende Zugabe von $C_6H_5CH_2MgCl$ bei 0°C in Diäthyläther wird ein Produkt mit $[\alpha]_D = +4.6°$ erhalten. Aus dem NMR-Spektrum ist zu entnehmen, daß die Verbindung keine nichtäquivalenten diastereotopen Gruppen aufweist: $\delta CH_{3\alpha}$ = −0.10 ppm, $\delta CH_{3\beta}$ = −1.20 ppm, $J(^1H_\alpha C^{117/119}Sn)$ = 49.1/51.6 Hz [8].

CH_3(*iso*-C_3H_7)Sn(*cyclo*-C_6H_{11})$CH(CH_3)C_6H_5$ (Tabelle **22**, Nr. **19**). Die Verbindung existiert in Form von zwei diastereomeren (erythro oder threo) dl-Gemischen. Demzufolge treten im NMR-Spektrum für die CH_3Sn-Protonen zwei Signale auf, die um 0.01 ppm voneinander getrennt sind und eine Kopplungskonstante von 44.2 bzw. 45.4 Hz aufweisen [10].

CH_3(*iso*-C_3H_7)Sn(C_6H_5)C_6H_2-2-4-6-$(CH_3)_3$ (Tabelle **22**, Nr. **20**). Die diastereotopen Gruppen der Verbindung zeigen nichtäquivalente Werte für die chemische Verschiebung bei Aufnahme der NMR-Spektren in CCl_4 bei 25°C. Die Differenz beträgt 0.04 ppm. Als Verschiebungswerte werden angegeben: $\delta CH_{3\alpha}$ = −0.51 ppm und $\delta CH_{3\beta}$ = −1.32 ppm sowie $J(^1H_\alpha C^{117/119}Sn)$ = 46.6/49.1 Hz [8].

CH_3(*iso*-C_3H_7)Sn(C_6H_5)α-$C_{10}H_7$ (Tabelle **22**, Nr. **21**). Bei der Verbindung beobachtet man eine magnetische Nichtäquivalenz der beiden Methylgruppen des *iso*-C_3H_7-Restes von 0.05 ppm [8, 11]. Als Verschiebungswerte werden angegeben: $\delta CH_{3\alpha}$ = −0.56 ppm und $\delta CH_{3\beta}$ = −1.34 ppm sowie $J(^1H_\alpha C^{117/119}Sn)$ = 48.0/50.6 Hz [8].

CH_3(*iso*-C_4H_9)Sn(C_6H_5)$CH_2C_6H_5$ (Tabelle **22**, Nr. **22**). Im NMR-Spektrum der Verbindung kann keine magnetische Nichtäquivalenz der diastereotopen Gruppen beobachtet werden: δCH_3Sn = −0.18 ppm, δ*iso*-C_4H_9 = −1.03 und −0.90 ppm, $\delta CH_2C_6H_5$ = −2.43 ppm [9].

Tabelle 22

Nr.	Verbindung $CH_3R'SnR''R'''$	Darstellung	Reaktionsbedingungen Eigenschaften	Ausbeute in %	Lit.
1	$CH_3(C_2H_5)Sn(C_3H_7)$*iso*-C_3H_7	$CH_3R''R'''SnBr + R'MgBr$	Diäthyläther; $t_s = 24.5\,°C/0.08$ Torr, $n_D^{20} = 1.470$	91	[1]
			NMR: $J(^1HC^{117/119}Sn) = 45.0/47.1$ Hz		[3]
			Massenspektrum; reagiert mit J_2 zu CH_3J		[1]
2	$CH_3(C_3H_7)Sn($*iso*-$C_3H_7)C_4H_9$	$CH_3R'R''SnBr + R'''MgBr$	Diäthyläther; $t_s = 40.5$ bis $41\,°C/0.07$ Torr, $n_D^{20} = 1.471$	91	[1]
			NMR: $J(^1HC^{117/119}Sn) = 45.0/47.0$ Hz		[3]
			Massenspektrum; reagiert mit J_2 zu CH_3J		[1]
3	$CH_3(C_3H_7)Sn($*iso*-$C_3H_7)$*iso*-C_4H_9	$CH_3R'R''SnBr + R'''MgBr$	Diäthyläther; $t_s = 33.5$ bis $34\,°C/0.12$ Torr, $n_D^{20} = 1.471$	85	[1]
			NMR: $J(^1HC^{117/119}Sn) = 44.9/47.0$ Hz		[3]
			Massenspektrum; reagiert mit J_2 zu CH_3J		[1]
4	$CH_3(C_3H_7)Sn($*iso*-$C_3H_7)$***tert***-C_4H_9	$CH_3R'R''SnBr + R'''MgBr$	Diäthyläther; $t_s = 34\,°C/0.12$ Torr, $n_D^{20} = 1.475$	86	[1]
			NMR: $J(^1HC^{117/119}Sn) = 42.6/44.4$ Hz		[3]
			Massenspektrum; reagiert mit J_2 zu CH_3J		[1]
5	$CH_3(C_3H_7)Sn($*iso*-$C_3H_7)$*sec*-C_4H_9	$CH_3R'R''SnBr + R'''MgBr$	Diäthyläther; $t_s = 39.5\,°C/0.12$ Torr, $n_D^{20} = 1.477$	85	[1]
			NMR: $J(^1HC^{117/119}Sn) = 43.2/45.2$ Hz		[3]
			Massenspektrum; reagiert mit J_2 zu CH_3J		[1]

Tabelle 22 (Fortsetzung)

Nr.	Verbindung $CH_3R'SnR''R'''$	Darstellung	Reaktionsbedingungen Eigenschaften	Ausbeute in %	Lit.
6	$CH_3(C_2H_5)Sn(\textit{iso}\text{-}C_3H_7)C_6H_5$	$CH_3R''R'''SnBr + R'MgX$	$t_s = 45$ bis 46°C/0.05 Torr NMR: $J(^1HC^{117/119}Sn)$ = 47.1/49.2 Hz	—	[2] [3]
7*	$CH_3(\textit{iso}\text{-}C_3H_7)Sn(\textit{cyclo}\text{-}C_5H_9)CH_2C{\equiv}CH$	$CH_3R'R''SnCl + CH{\equiv}CCH_2MgX$	Diäthyläther; $t_s = 120$ bis 121°C/10 Torr, Massenspektrum	38	[4]
8*	$CH_3(\textit{iso}\text{-}C_3H_7)Sn(\textit{cyclo}\text{-}C_5H_9)CH{=}C{=}CH_2$	$CH_3R'R''SnCl + CH{\equiv}CCH_2MgX$	Diäthyläther; $t_s = 120$ bis 121°C/10 Torr, Massenspektrum	38	[4]
9	$CH_3(C_2H_5)Sn(\textit{iso}\text{-}C_3H_7)\textit{cyclo}\text{-}C_6H_{11}$	$CH_3R''R'''SnBr + R'MgBr$	Diäthyläther; $t_s = 73$ bis 75°C/0.7 Torr, Massenspektrum; reagiert mit J_2 zu CH_3J, mit Br_2 zu $SnBr_4 + R'Br + R''Br + R'''Br + CH_3Br$	97	[1, 5]
10	$CH_3(C_3H_7)Sn(\textit{iso}\text{-}C_3H_7)C_6H_5$	$CH_3R''R'''SnBr + R'MgX$	$t_s = 49$ bis 50°C/0.03 Torr NMR: $J(^1HC^{117/119}Sn)$ = 47.1/49.3 Hz	—	[2] [3]
11	$CH_3(\textit{iso}\text{-}C_3H_7)Sn(C_4H_9)C_6H_5$	$CH_3R'R'''SnBr + R''MgX$	$t_s = 56$ bis 60°C/0.03 Torr NMR: $J(^1HC^{117/119}Sn)$ = 46.8/49.0 Hz	—	[2] [3]
12	$CH_3(\textit{iso}\text{-}C_3H_7)Sn(\textit{iso}\text{-}C_4H_9)C_6H_5$	$CH_3R'R'''SnBr + R''MgX$	$t_s = 51.5$ bis 54°C/0.03 Torr NMR: $J(^1HC^{117/119}Sn)$ = 46.7/48.8 Hz	—	[2] [3]
13	$CH_3(\textit{iso}\text{-}C_3H_7)Sn(\textit{sec}\text{-}C_4H_9)C_6H_5$	$CH_3R'R'''SnBr + R''MgX$	$t_s = 55$ bis 59°C/0.03 Torr NMR: $J(^1HC^{117/119}Sn)$ = 45.2/47.4 Hz	—	[2] [3]
14	$CH_3(\textit{iso}\text{-}C_3H_7)Sn(C_4H_9)\textit{cyclo}\text{-}C_6H_{11}$	$R'R''R'''SnBr + CH_3MgJ$	Massenspektrum NMR: $J(^1HC^{117/119}Sn)$ = 43.8/45.7 Hz	—	[6] [3]

Tabelle 22 (Fortsetzung)

Nr.	Verbindung $CH_3R'SnR''R'''$	Darstellung	Reaktionsbedingungen Eigenschaften	Ausbeute in %	Lit.
15	CH_3(*iso*-C_3H_7)Sn[$CH_2CH_2C(CH_3)_2OH$]*cyclo*-C_6H_{11}	—	NMR: keine Aufhebung der Äquivalenz der CH_3-Protonen durch Zugabe von Eu(DPM)$_3$	—	[7]
16*	CH_3(*iso*-C_3H_7)Sn(C_6H_5)$CH_2C_6H_5$	$CH_3R'R''SnBr + R'''MgCl$	Diäthyläther, 12 h, Rückfluß; $t_s = 112°C/0.05$ Torr, $n_D^{28} = 1.5800$	77.5	[8]
17	CH_3(*iso*-C_3H_7)Sn(C_6H_5)C_6H_4-*p*-OCH_3	$CH_3R'R''SnBr + R'''MgX$	$t_s = 123.5°C/0.025$ Torr, $n_D^{20} = 1.581$ NMR: $J(^1HC^{117/119}Sn) =$ 48.8/51.2 Hz	—	[2] [3]
18	CH_3(*iso*-C_3H_7)Sn(*cyclo*-C_6H_{11})C_6H_4-*p*-OCH_3	$CH_3R'R''SnBr + R'''MgBr$	Diäthyläther; Massenspektrum NMR: $J(^1HC^{117/119}Sn) =$ 45.2/47.4 Hz	90	[1] [3]
19*	CH_3(*iso*-C_3H_7)Sn(*cyclo*-C_6H_{11})$CH(CH_3)C_6H_5$	—	—	—	[10]
20*	CH_3(*iso*-C_3H_7)Sn(C_6H_5)C_6H_2-2,4,6-$(CH_3)_3$	$CH_3R'R''SnBr + R'''MgBr$	THF, 12 h, Rückfluß; $t_s = 130$ bis $131°C/0.05$ Torr, $n_D^{27.5} = 1.5730$	68	[8]
21*	CH_3(*iso*-C_3H_7)Sn(C_6H_5)α-$C_{10}H_7$	$CH_3R'R''SnBr + R'''MgBr$	THF, 12 h, Rückfluß; $t_s = 153$ bis $156°C/0.05$ Torr, $n_D^{26} = 1.6330$	70	[8]
22*	CH_3(*iso*-C_4H_9)Sn(C_6H_5)$CH_2C_6H_5$	$CH_3R''R'''SnJ + R'MgX$	—	—	[9]
23*	$CH_3[CH{\equiv}C(CH_3)CH]Sn(C_6H_5)\alpha$-$C_{10}H_7$	$CH_3R''R'''SnJ + R'MgBr$	—	—	[11]
24*	$CH_3(CH_3CH{=}C{=}CH)Sn(C_6H_5)\alpha$-$C_{10}H_7$	$CH_3R''R'''SnJ + CH{\equiv}CCH(CH_3)MgBr$	—	—	[11]
25*	$CH_3(C_6H_5)Sn(CH_2C_6H_5)CH_2C(CH_3)_2C_6H_5$	$CH_3R'R''SnJ + R'''MgCl$	Diäthyläther, 2 h, 25°C $n_D^{20} = 1.5958$	—	[9] [12]

$CH_3[CH{\equiv}CCH(CH_3)]Sn(C_6H_5)\alpha$-$C_{10}H_7$ und **$CH_3(CH_3CH{=}C{=}CH)Sn(C_6H_5)\alpha$-$C_{10}H_7$** (Tabelle **22**, Nr. **23** und **24**). Die beiden isomeren Verbindungen entstehen nebeneinander in einem von Reaktionszeit und -temperatur abhängigem Verhältnis. Jedes Isomere besteht zu etwa gleichen Mengen aus zwei Diastereomeren (erythro und threo). Durch Behandeln des Isomerengemisches mit heißem Methanol wird die Verbindung Nr. 24 als alleiniges Reaktionsprodukt erhalten. Für die beiden Diastereomeren der Verbindung Nr. 23 werden folgende NMR-Daten (100 MHz) angegeben: $\delta CH_3Sn = -65.7/-66.7$ Hz, $\delta CHSn = -245.5/-247.5$ Hz, $\delta C{\equiv}CH = -194.6/-199.4$ Hz, $\delta CH_3C = -137.5/-143.5$ Hz, $J(CHCH_3) = 7.3$ Hz und $J(CHC{\equiv}CH) = 2.7$ Hz. Für die beiden Diastereomeren der Verbindung Nr. 24 werden die nachstehenden NMR-Werte (100 MHz) erhalten: $\delta CH_3Sn = -63.5$ Hz, $\delta CH_3C(CHCH_3) = -150.7/-151.5$ Hz, $\delta CHSn = -532.5/-532.1$ Hz, $\delta CHC(CHCH_3) = -461.7/-461.1$ Hz, $J(CHCH_3) = 7.1$ Hz, $J(CH{=}C{=}CH) = 7.0$ Hz und $J(CH{=}C{=}CCH_3) = 4.0$ Hz [11].

$CH_3(C_6H_5)Sn(CH_2C_6H_5)CH_2C(CH_3)_2C_6H_5$ (Tabelle **22**, Nr. **25**). Es werden folgende NMR-spektroskopische Daten angegeben: $\delta CH_3Sn = -0.17$ ppm, $\delta CH_2 = -1.78$ ppm und $\delta CH_3 = -1.45$ ppm für die Neophylgruppe, $\delta CH_2 = -2.37$ ppm für die Benzylgruppe (diastereomere Nichtäquivalenz beobachtet) [9]; bei 100 MHz: $\tau CH_3Sn = 10.17$, $\tau CH_2 = 8.39$ und $\tau CH_3 = 8.66$ für die Neophylgruppe sowie $\tau CH_2 = 7.82$ für die Benzylgruppe (die Differenz der chemischen Verschiebung der diastereotropen Protonen beträgt 0.112 ppm) [12]. Die Verbindung reagiert mit J_2 in $CHCl_3$ unter Bildung von $CH_3(C_6H_5CH_2)Sn[CH_2C(CH_3)_2C_6H_5]J$ [9].

Literatur:

[1] S. Boue, M. Gielen, J. Nasielski, J. P. Lieutenant, R. Spielmann (Bull. Soc. Chim. Belges **78** [1969] 135/46). — [2] M. Gielen, J. Nasielski, J. Topart (Rec. Trav. Chim. **87** [1968] 1051/3). — [3] M. Gielen, M. de Clercq, J. Nasielski (Bull. Soc. Chim. Belges **78** [1969] 237/43). — [4] C. W. Fong, W. Kitching (J. Organometal. Chem. **22** [1970] 107/19). — [5] S. Boue, M. Gielen, J. Nasielski (Tetrahedron Letters **1968** 1047/8).

[6] M. Gielen, B. de Poorter, M. T. Sciot, J. Tobart (Bull. Soc. Chim. Belges **82** [1973] 271/6). — [7] M. Gielen, N. Goffin, J. Tobart (J. Organometal. Chem. **32** [1971] C38/C40). — [8] U. Folli, D. Iarossi, F. Taddei (J. Chem. Soc. Perkin Trans. II **1973** 638/42). — [9] D. V. Stynes, A. L. Allred (J. Am. Chem. Soc. **93** [1971] 2666/72). — [10] M. Gielen, M. R. Barthels, M. de Clercq, C. Dehouck, G. Mayence (J. Organometal. Chem. **34** [1972] 315/20).

[11] A. Jean, M. LeQuan (J. Organometal. Chem. **36** [1972] C9/C12). — [12] S. A. Kandil, C. E. Holloway, E. Clive (J. Chem. Soc. Dalton Trans. **1973** 1421/3).

1.1.5.2 Alkyltriorganylzinn RR'SnR''R'''

Alkyltriorganyl Tin

Darstellung und Eigenschaften der Verbindungen des Typs RR'SnR''R''', wobei R eine Alkylgruppe und R', R'' sowie R''' eine Alkyl- oder Arylgruppe bedeuten, sind in Tabelle 23 auf S. 100 zusammengestellt.

Weitere Angaben für die in der Tabelle aufgeführten Verbindungen (laufende Nummern mit Stern):

C_2H_5(*iso*-C_3H_7)Sn(*cyclo*-C_6H_{11})$(CH_2)_3N(CH_3)_2$ (Tabelle **23**, Nr. **2**). Die Verbindung zeigt im NMR-Spektrum keine Nichtäquivalenz für die diastereotope CH_3Sn-Gruppe, auch nicht nach Zugabe großer Mengen Tris(dipivaloylmethanato)europium(III) ([Eu]:[Sn] ≈0.8) [2].

***iso*-C_3H_7(*tert*-C_4H_9)$Sn(C_6H_5)CH_2C(CH_3)_2C_6H_5$** (Tabelle **23**, Nr. **3**). NMR-spektroskopische Daten (100 MHz): $\tau CH_2 = 8.32$ (0.035 ppm Differenz in der chemischen Verschiebung der diastereotopen Protonen) und $\tau CH_3 = 8.60$ (0.015 ppm Differenz der δ-Werte auf Grund magnetischer

Tabelle 23

Nr.	Verbindung RR'SnR''R'''	Darstellung	Reaktionsbedingungen Eigenschaften	Ausbeute in %	Lit.
1	C_2H_5(*iso*-C_3H_7)Sn(C_4H_9)*cyclo*-C_6H_{11}	C_2H_5MgX + R'R''R'''SnBr	Massenspektrum	—	[1]
2*	C_2H_5(*iso*-C_3H_7)Sn(*cyclo*-C_6H_{11})$(CH_2)_3N(CH_3)_2$	—	—	—	[2]
3*	*iso*-C_3H_7(*tert*-C_4H_9)Sn(C_6H_5)$CH_2C(CH_3)_2C_6H_5$	—	n_D^{20} = 1.5558	—	[3]
4*	*iso*-C_3H_7(*tert*-C_4H_9)Sn($CH_2C_6H_5$)$CH_2C(CH_3)_2C_6H_5$	—	n_D^{22} = 1.5614	—	[3]
5*	*iso*-C_3H_7(C_6H_5)Sn($CH_2C_6H_5$)$CH_2C(CH_3)_2C_6H_5$	—	n_D^{20} = 1.5917	—	[3]
6*	*tert*-C_4H_9[$C_2H_5(CH_3)_2C$]Sn(C_6H_5)$CH_2C_6H_5$	—	n_D^{24} = 1.5651	—	[3]
7*	*tert*-C_4H_9(C_6H_5)Sn($CH_2C_6H_5$)$CH_2C(CH_3)_2C_6H_5$	—	n_D^{22} = 1.5913	—	[3]
8*	$C_2H_5(CH_3)_2C(C_6H_5)$Sn($CH_2C_6H_5$)$CH_2C(CH_3)_2C_6H_5$	—	—	—	[3]

Nichtäquivalenz für die Neophylgruppe), $\tau C(CH_3)_3$ = 8.88 sowie τCH = 8.58 und τCH_3 = 8.83 (0.013 ppm Differenz der δ-Werte der diastereotopen Protonen) für die Isopropylgruppe [3].

***iso*-C_3H_7(*tert*-C_4H_9)$Sn(CH_2C_6H_5)CH_2C(CH_3)_2C_6H_5$** (Tabelle **23**, Nr. **4**). Für die Verbindung werden die folgenden, bei 100 MHz gemessenen NMR-Daten angegeben, wobei die hinter den τ-Werten in Klammern angeführten Größen die Differenz der δ-Werte diastereotoper Protonen in ppm darstellen: τCH_2 = 8.01 (0.045) für die Benzylgruppe, τCH_2 = 8.59 (0.034) und τCH_3 = 8.65 (0.022) für die Neophylgruppe, $\tau C(CH_3)_3$ = 9.01 sowie τCH = 8.82 und τCH_3 = 8.97 (0.011) für die Isopropylgruppe [3].

***iso*-$C_3H_7(C_6H_5)Sn(CH_2C_6H_5)CH_2C(CH_3)_2C_6H_5$** (Tabelle **23**, Nr. **5**). Für die Verbindung werden bei 100 MHz folgende NMR-Daten gemessen, wobei die hinter den τ-Werten in Klammern angegebenen Größen die Differenz der δ-Werte diastereotroper Protonen in ppm bedeuten: τCH_2 = 7.80 (0.089) für die Benzylgruppe, τCH_2 = 8.41 und τCH_2 = 8.67 (0.006) für die Neophylgruppe sowie τCH = 8.82 und τCH_3 = 9.00 (0.009) für die Isopropylgruppe [3].

***tert*-$C_4H_9[C_2H_5(CH_3)_2C]Sn(C_6H_5)CH_2C_6H_5$** (Tabelle **23**, Nr. **6**). Für die Verbindung werden folgende NMR-spektroskopische Daten angegeben (100 MHz): τCH_2 = 7.38 für die Benzylgruppe, $\tau C(CH_3)_3$ = 8.83, $\tau\,\alpha CH_3$ = 8.79, $\tau\,\alpha CH_2$ = 8.45, $\tau\,\beta CH_3$ = 9.18 für die $CH_3CH_2C(CH_3)_2$-Gruppe. Zum Auftreten von magnetischer Nichtäquivalenz s. Original [3].

***tert*-$C_4H_9(C_6H_5)Sn(CH_2C_6H_5)CH_2C(CH_3)_2C_6H_5$** (Tabelle **23**, Nr. **7**). Folgende NMR-Daten, gemessen bei 100 MHz, werden angegeben, wobei die hinter den τ-Werten in Klammern angeführten Zahlenwerte die Differenz der δ-Werte diastereotroper Protonen in ppm bedeuten: τCH_2 = 7.81 (0.035) für die Benzylgruppe, τCH_2 = 8.38 (0.041) und τCH_2 = 8.66 (0.017) für die Neophylgruppe, $\tau C(CH_3)_3$ = 9.02 [3].

$C_2H_5(CH_3)_2C(C_6H_5)Sn(CH_2C_6H_5)CH_2C(CH_3)_2C_6H_5$ (Tabelle **23**, Nr. **8**). Für die Verbindung werden die folgenden NMR-Daten, gemessen bei 100 MHz, angegeben, wobei die hinter den τ-Werten in Klammern angeführten Größen die Differenz der δ-Werte diastereotroper Protonen in ppm darstellen: τCH_2 = 7.76 für die Benzylgruppe, τCH_2 = 8.38 (0.052) und τCH_3 = 8.69 (0.020) für die Neophylgruppe, $\tau\,\alpha CH_3$ = 9.01, $\tau\,\alpha CH_2 \approx$ 8.8, $\tau\,\beta CH_3$ = 9.28 für die $CH_3CH_2C(CH_3)_2$-Gruppe [3].

Literatur:

[1] M. Gielen, B. de Poorter, M. T. Sciot, J. Tobart (Bull. Soc. Chim. Belges **82** [1953] 271/6). — [2] M. Gielen, N. Goffin, J. Tobart (J. Organometal. Chem. **32** [1971] C38/C40). — [3] S. A. Kandil, C. E. Holloway, E. Clive (J. Chem. Soc. Dalton Trans. **1973** 1421/3).

Heterocycles

1.1.6 Heterocyclen

Die Einführung von Zinn als Heteroatom in organische Ringsysteme ist auf verschiedenen Wegen möglich. Die gängigsten sind die Alkylierung oder Arylierung von Diorganozinndihalogeniden mit α-ω-Digrignard-Verbindungen oder α-ω-Dilithiumorganylen. Beim Einsatz von Zinntetrahalogeniden entstehen hierbei Spirane mit Zinn als verbrückendem Atom. Auch die Hydrostannierung von Diolefinen mit Diorganozinndihydriden führt zu verschiedenen Heterocyclen mit Zinn als Ringatom.

Die Verbindungen sind vor allem stereochemisch interessant, da durch den großen kovalenten Radius des Zinnatoms meistens gespannte Ringsysteme entstehen. Die Reaktionsbereitschaft dieser Heterocyclen gegenüber einer Spaltung der Sn-C-Bindungen ist deshalb meist höher als die vergleichbarer nicht cyclischer Zinntetraorganyle.

Allgemeine Literatur

Vgl. die Vorbemerkungen in Erg.-Werk, Bd. 26 „Zinn-Organische Verbindungen" Teil 1, S. 1.

W. P. Neumann, Neues aus der Chemie der Organozinnverbindungen, Angew. Chem. **75** [1963] 225/35.

D. Sheehan, Dihydrostannepin and Dihydroborepin, Diss. Yale Univ. 1965, 182 S.; Diss. Abstr. **25** [1965] 4417.

G. Berkowitz, Organometallic Chemistry of Group IV Elements, Diss. Univ. of Pennsylvania 1968, 113 S.; Diss. Abstr. B **29** [1969] 2334/5.

I. Moritani, T. Hosokawa, Photoreactions in Organometallic Chemistry, Kagaku No Ryoiki Zokan Nr. 93 [1970] 183/211; C.A. **74** [1971] Nr. 141916.

K. U. Ingold, B. P. Roberts, Free-Radical Substitution Reactions, New York 1971.

C. H. Yoder, J. J. Zuckerman, Heterocyclic Compounds of the Group IV Elements, Preparative Inorg. Reactions **6** [1971] 81/155.

M. Gielen, J. Nasielski, Organotin Compounds with Sn-C Bonds, in: A. K. Sawyer, Organotin Compounds, Bd. 3, New York 1972, S. 625/822.

I. Lengyel, M. J. Aaronson, Electron-Impact Induced Fragmentation of some 5,10-Dihydrophenazastannines, J. Organometal. Chem. **42** [1972] 95/106.

Heterocycles of the $R_2Sn\frown R'$ Type

1.1.6.1 Heterocyclen des Typs $R_2Sn\frown R'$

Four-membered Rings

1.1.6.1.1 Viergliedrige Ringe

$\mathbf{(C_4H_9)_2SnC_3H_2(COOC_2H_5)_4}$

H_5C_2OOC $COOC_2H_5$
$(C_4H_9)_2Sn$
H_5C_2OOC $COOC_2H_5$

Die Verbindung entsteht bei der Reaktion von $(C_4H_9)_2SnCl_2$ mit $CH_2[CH(COOC_2H_5)_2]_2$ und $NaOCH_3$ in Toluol. Dichte $D_4^{20} = 1.1844\ g/cm^3$, Brechungsindex $n_D^{20} = 1.4710$. Sie findet Verwendung als Stabilisator [1].

Literatur:

[1] G. P. Mack, E. Parker, Advance Solvents and Chemicals Corp. (U.S.P. 2604483 [1952]; C.A. **1953** 4358; B.P. 735030 [1955]; C.A. **1956** 8736; D.P. 939028 [1956] C.A. **1958** 11119).

1.1.6.1.2 Fünfgliedrige Ringe

Five-membered Rings

$\mathbf{(C_4H_9)_2SnC_4H_8}$ $(C_4H_9)_2Sn$

Die Verbindung entsteht beim 4stündigen Rückflußkochen von $(C_4H_9)_2SnCl_2$ mit $BrMg(CH_2)_4MgBr$ in THF in 52%iger Ausbeute. Siedepunkt 55°C/0.04 Torr, Brechungsindex $n_D^{25} = 1.4958$ [1, 2]. Sie reagiert mit Br_2 oder PBr_3 in Essigsäureäthylester sowie mit $SnCl_4$ in Pentan unter Ringspaltung und Bildung von $(C_4H_9)_2BrSn(CH_2)_4Br$, $(C_4H_9)_2BrSn(CH_2)_4PBr_2$ bzw. $(C_4H_9)_2ClSn(CH_2)_4SnCl_3$ [3]. Die Reaktion mit J_2 in Chlorbenzol ist 1. Ordnung in bezug auf J_2 und die Zinnverbindung. Thermodynamische Daten dieser Reaktion s. Original [2].

$[(CH_3)_3CCH_2]_2SnC_4H_8$ $[(CH_3)_3CCH_2]_2Sn$(Ring)

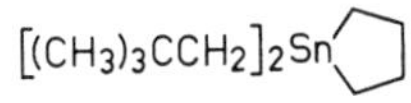

Durch Reaktion von $[(CH_3)_3CH_2]_2SnCl_2$ mit $BrMg(CH_2)_4MgBr$ in THF entsteht die Verbindung beim 4stündigen Rückflußkochen in 31.8%iger Ausbeute. Siedepunkt 61°C/0.32 Torr, Brechungsindex $n_D^{25} = 1.4954$ [1, 2]. Die kinetische Untersuchung der Reaktion der Verbindung mit J_2 in Chlorbenzol ergibt, daß diese 1. Ordnung sowohl in bezug auf J_2 als auch auf die Zinnverbindung ist. Kinetische und thermodynamische Daten s. Original [2].

$(CH_3)_2SnC_4H_2(C_6H_5)_2$ $(CH_3)_2Sn$(Ring mit 2 C_6H_5)

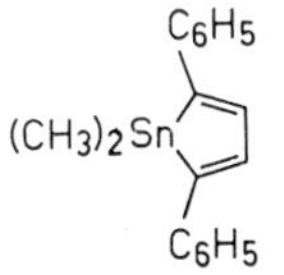

Die Reaktion von $(CH_3)_2SnCl_2$ mit $LiC(C_6H_5){=}CHCH{=}C(C_6H_5)Li$ in Diäthyläther liefert nach 1stündigem Rühren die Verbindung in 38.5%iger Ausbeute. Nach Umkristallisieren aus Äthanol schmilzt die gelbgrüne Substanz bei 120 bis 121°C. Im UV-Spektrum erscheinen zwei Maxima bei 366 nm ($\varepsilon = 22600$) und 230 nm ($\varepsilon = 10200$). Im NMR-Spektrum tritt das Singulettsignal der CH_3Sn-Protonen bei $\tau = 9.38$ mit einer Kopplungskonstanten $J(^1HC^{117/119}Sn) = 55.1/58.5$ Hz auf [4]. UV-Bestrahlung führt zur Bildung eines Polymeren [5].

$(CH_3)_2SnC_4(C_6H_5)_4$ $(CH_3)_2Sn$(Ring mit 4 C_6H_5)

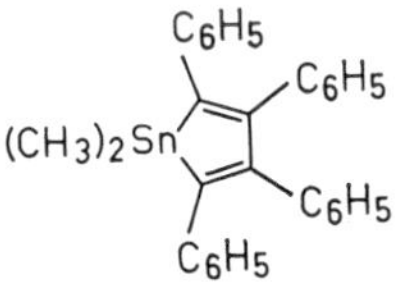

Die Verbindung wird durch Umsetzung von $(CH_3)_2SnCl_2$ mit $LiCR{=}CR{-}CR{=}CRLi$ ($R = C_6H_5$) in Diäthyläther oder Diäthyläther-THF-Gemischen in N_2-Atmosphäre erhalten [6 bis 10]. Dabei werden Ausbeuten von 77% [7] bzw. 67% [8] erhalten. Schmelzpunkt 191.5 bis 192.5°C [6], 192 bis 193°C [8, 9, 10], 193 bis 195°C [7]. Das ^{119}Sn-NMR-Spektrum zeigt ein Signal bei $\delta^{119}Sn = -52$ ppm für eine CH_2Cl_2-Lösung der Verbindung [11]. Im Mössbauer-Spektrum wird die Isomerieverschiebung gegen $^{119m}SnO_2$ zu $\delta = 1.23 \pm 0.06$ mm/s gefunden. Die Messung wurde bei der Temperatur von flüssigem Stickstoff durchgeführt [6]. Die polarographische Reduktion der Verbindung führt bei Aufnahme von 1 e/Molekül zur Bildung eines stabilen, blauen Radikalanions. Die Reaktion ist reversibel. Im ESR-Spektrum erscheint ein Hauptsignal mit einem g-Faktor von 2.0020 sowie zwei kleine Satelliten, die durch Hyperfeinwechselwirkung mit $^{117/119}Sn$ hervorgerufen werden, $\Delta H_{Sn}{}^{117/119} = 35$ G [12]. Mit Halogen reagiert die Verbindung bei einem Molverhältnis von 1:1 unter Ringspaltung und Bildung von $X(CH_3)_2SnCR{=}CR{-}CR{=}CRX$ ($R = C_6H_5$; X = Cl [7], Br [7, 13, 20], J [7]), mit einem Überschuß an Halogen dagegen unter Abspaltung von $(CH_3)_2SnX_2$ (X = Cl, Br) [7]. JCl führt in CCl_4 bei 25°C zur Bildung von $Cl(CH_3)_2SnCR{=}CR{-}CR{=}CRJ$ ($R = C_6H_5$) [7]. $C_6H_5BCl_2$ setzt sich mit der Verbindung in CCl_4 oder Toluol zu $(CH_3)_2SnCl_2$ und Pentaphenylborol um, die beide in Form ihrer Pyridinkomplexe isoliert werden [14]. In äthanolischer Lösung führt die Reaktion mit Essigsäure zu $(CH_3)_2Sn(OOCCH_3)_2$ [7], in CH_2Cl_2-Lösung die Reaktion mit Peressigsäure nach 8 min Rückfluß zu Tetraphenylfuran [15].

$(CH_2{=}CH)_2SnC_4(C_6H_5)_4$ $(CH_2{=}CH)_2Sn$ [Strukturformel: Stannol-Ring mit vier C_6H_5-Gruppen]

Die Verbindung wird aus $(CH_2{=}CH)_2SnCl_2$ und LiCR=CR-CR=CRLi ($R = C_6H_5$) in Diäthyläther in einer Ausbeute von 42% [6] bzw. 69% [8] erhalten. Schmelzpunkt 154 bis 156°C [6], 158 bis 159°C [8]. Im Mössbauer-Spektrum, aufgenommen bei der Temperatur von flüssigem Stickstoff und gegen $^{119m}SnO_2$, wird eine Isomerieverschiebung von $\delta = 1.25 \pm 0.06$ mm/s gefunden [6].

$(C_6H_5)_2SnC_4(C_6H_5)_4$ $(C_6H_5)_2Sn$ [Strukturformel: Stannol-Ring mit vier C_6H_5-Gruppen]

Die Verbindung wird durch Umsetzung von $(C_6H_5)_2SnCl_2$ mit LiCR=CR-CR=CRLi ($R = C_6H_5$) in Diäthyläther in N_2-Atmosphäre erhalten [8, 16, 17, 18]. Die Ausbeute beträgt mehr als 20% [8], 40% [16]. Schmelzpunkt 172 bis 173°C [17, 18], 173 bis 174°C [8], 174°C [16]. Im Mössbauer-Spektrum wird eine Isomerieverschiebung von $\delta = 1.19 \pm 0.06$ gegen $^{119m}SnO_2$ bei der Temperatur von flüssigem Stickstoff gefunden [6].

$(C_4H_9)_2SnC_4H_2O_2$ $(C_4H_9)_2Sn$ [Strukturformel: Ring mit zwei C=O-Gruppen]

Die Darstellung der Verbindung gelingt durch Umsetzung von $[(C_4H_9)_2SnO]_n$ mit Maleinsäureanhydrid in Toluol bei 65 bis 110°C. Die Verbindung findet als PVC-Stabilisator Verwendung [19].

Literatur:

[1] H. Zimmer, C. W. Blewett, A. Brakas (Tetrahedron Letters **1968** 1615/8). — [2] C. W. Blewett (Diss. Univ. of Cincinnatti 1969 nach Diss. Abstr. Intern. B **30** [1970] 3089/90). — [3] P. A. T. Hoye, R. G. Hargreaves, Albright and Wilson, Ltd. (Deut. Offenlegungsschrift 2144261 [1970/72]; C.A. **77** [1972] Nr. 101900). — [4] W. H. Atwell, D. R. Weyenberg, H. Gilman (J. Org. Chem. **32** [1967] 885/8). — [5] T. J. Barton, A. J. Nelson (Tetrahedron Letters **1969** 5037/40).

[6] J. G. Zavistoski, J. J. Zuckerman (J. Org. Chem. **34** [1969] 4197/9). — [7] H. H. Freedman (J. Org. Chem. **27** [1962] 2298/303). — [8] F. C. Leavitt, T. A. Manuel, F. Johnson, L. V. Matternas, D. S. Lehmann (J. Am. Chem. Soc. **82** [1960] 5099/102). — [9] F. C. Leavitt, F. Johnson, Dow Chemical Co. (U.S.P. 3116307 [1959/63]; C.A. **60** [1964] 6872). — [10] F. C. Leavitt, F. Johnson, Dow Chemical Co. (U.S.P. 3412119 [1963/68]; C.A. **70** [1969] Nr. 106658).

[11] P. G. Harrison, S. E. Ulrich, J. J. Zuckerman (J. Am. Chem. Soc. **93** [1971] 5398/402). — [12] R. E. Dessy, R. L. Pohl (J. Am. Chem. Soc. **90** [1968] 1995/2001). — [13] H. H. Freedman (J. Am. Chem. Soc. **83** [1961] 2194/5). — [14] J. J. Eisch, N. K. Hota, S. Kozima (J. Am. Chem. Soc. **91** [1969] 4575/7). — [15] V. R. Sandel, H. H. Freedman (J. Am. Chem. Soc. **90** [1968] 2059/69).

[16] E. H. Braye, W. Hübel, I. Chaplier (J. Am. Chem. Soc. **83** [1961] 4406/13). — [17] K. W. Hübel, E. H. Braye, I. H. Chaplier, Union Carbide Corp. (U.S.P. 3151140 [1960/64]; C.A. **61** [1964] 16097). — [18] K. W. Hübel, E. H. Braye, Union Carbide Corp. (U.S.P. 3426052 [1959/69]; C.A. **70** [1969] Nr. 106663). — [19] J. Miskowiec (Polymery **7** [1962] 255/6). — [20] H. H. Freedman, Dow Chemical Co. (U.S.P. 3090797 [1960/63]; C.A. **59** [1963] 11560).

1.1.6.1.3 Sechsgliedrige Ringe

Six-membered Rings

$(CH_3)_2SnC_5H_{10}$ $(CH_3)_2Sn$⟨ring⟩

1,1-Dimethyl-1-stannacyclohexan entsteht bei der Umsetzung von $(CH_3)_2SnJ_2$ mit $ClMg(CH_2)_5MgCl$ [1] bzw. von $(CH_3)_2SnCl_2$ mit $BrMg(CH_2)_5MgBr$ [2] in Diäthyläther bei 0°C und anschließendem halbstündigem Rückflußkochen. Für die farblose Flüssigkeit werden folgende Siedepunkte festgestellt: 63°C/15 Torr [1], 64°C/16 Torr [1, 2], 66°C/19 Torr [1]. Dichte $D_4^{23.1} = 1.3357$ g/cm³. Brechungsindex $n_D^{23.1} = 1.5024$ [1, 2], $n_D^{20} = 1.5036$ [3]. Molrefraktion $R_{mol} = 48.398$ (berechnet: 48.697) [3], 48.39 (berechnet: 48.42 [5], 48.30 [6]). Die Verbindung reagiert mit Br_2 unter Bildung von $(CH_3)_2BrSn(CH_2)_5Br$ [1]. Mit $C_6H_5HgCBrCl_2$ in Benzol entsteht unter Einschiebung von CCl_2 in eine C-H-Bindung am Ring 1,1-Dimethyl-3-dichlormethyl-1-stannacyclohexan (s. S. 106) [6, 7].

$(C_2H_5)_2SnC_5H_{10}$ $(C_2H_5)_2Sn$⟨ring⟩

1,1-Diäthyl-1-stannacyclohexan entsteht bei der Umsetzung von $(C_2H_5)_2SnBr_2$ mit $ClMg(CH_2)_5MgCl$ in Diäthyläther. Zur Ausbeutesteigerung wird nach Abdestillieren des Äthers noch 1.5 h auf 100°C erhitzt. Das farblose, dünnflüssige Öl siedet bei 95°C/14 Torr. Die Dichte beträgt $D_4^{19.9} = 1.2693$ g/cm³, der Brechungsindex $n_D^{19.9} = 1.5067$ [1, 2]. Außerdem werden gemessen: $n_D^{20} = 1.5067$ [3], $R_{mol} = 57.872$ (berechnet: 57.991) [3], 57.87 (berechnet: 57.66 [4], 57.71 [5]). Die Verbindung reagiert mit Br_2 in Essigester [1] oder CCl_4 unter Bildung von $(C_2H_5)_2BrSn(CH_2)_5Br$, mit J_2 in CCl_4 beim Rückflußkochen unter Bildung der entsprechenden Dijodverbindung [8].

$(C_3H_7)_2SnC_5H_{10}$ $(C_3H_7)_2Sn$⟨ring⟩

Die Verbindung, für die kein Darstellungsverfahren angegeben wird, reagiert mit J_2 in CCl_4 beim Rückflußkochen unter Bildung von $(C_3H_7)_2JSn(CH_2)_5J$. Sie wird als Insektizid verwendet [8].

$(C_4H_9)_2SnC_5H_{10}$ $(C_4H_9)_2Sn$⟨ring⟩

1,1-Dibutyl-1-stannacyclohexan entsteht bei der Umsetzung von $(C_4H_9)_2SnCl_2$ mit $BrMg(CH_2)_5MgBr$ in Tetrahydrofuran beim 4stündigen Rückflußkochen in 27%iger Ausbeute. Siedepunkt 87 bis 88°C/0.4 Torr [9, 10]. Die Verbindung reagiert mit J_2 in Chlorbenzol in einer Reaktion 1. Ordnung in bezug auf J_2 und die Zinnverbindung. Folgende kinetische Parameter wurden bestimmt: $k_2^{50} = 0.43$ $mol^{-1} \cdot min^{-1}$, $\Delta H = 16$ kcal/mol, $\Delta S = -18$ $cal \cdot mol^{-1} \cdot {}^\circ K^{-1}$ [10]. Die Verbindung findet Verwendung als Insektizid [8].

$[(CH_3)_3CCH_2]_2SnC_5H_{10}$ $[(CH_3)_3CCH_2]_2Sn$⟨ring⟩

1,1-Dineopentyl-1-stannacyclohexan entsteht beim 4stündigen Rückflußkochen von Dineopentylzinndichlorid mit der Grignard-Verbindung $BrMg(CH_2)_5MgBr$ in Tetrahydrofuran in 27.3%iger Ausbeute. Siedepunkt 73 bis 73.5°C/0.08 Torr, Brechungsindex $n_D^{25} = 1.4955$ [9, 10]. Die Reaktion der Verbindung mit J_2 in Chlorbenzol ist 1. Ordnung in bezug auf beide Reaktionspartner. Folgende kinetische Parameter wurden bestimmt: $k_2^{50} = 0.15$ $mol^{-1} \cdot min^{-1}$, $\Delta H = 12$ kcal/mol, $\Delta S = -33$ $cal \cdot mol^{-1} \cdot {}^\circ K^{-1}$ [10].

$(C_6H_5)_2SnC_5H_{10}$ $(C_6H_5)_2Sn$⟨ring⟩

1,1-Diphenyl-1-stannacyclohexan entsteht beim 4stündigen Rückflußkochen von $(C_6H_5)_2SnCl_2$ mit $BrMg(CH_2)_5MgBr$ in Tetrahydrofuran in 34%iger Ausbeute [9, 10] sowie aus $(C_6H_5)_2SnCl_2$ und $Li(CH_2)_5Li$ in Diäthyläther [11]. Die Verbindung siedet bei 138 bis 140°C/0.1 Torr [11], bei 143°C/0.32 Torr [9, 10]. Brechungsindex $n_D^{25} = 1.6042$ [9, 10], $n_D^{26} = 1.6007$ [11]. Im IR-Spektrum erscheinen Banden bei 2640, 970 und 907 cm^{-1} [11, 12, 13]. Die Verbindung reagiert mit Br_2, HBr und KBr in CCl_4 unter Bildung von $Br_2SnC_5H_{10}$. Mit J_2 entsteht bei 27°C in CCl_4 $(C_6H_5)JSnC_5H_{10}$, bei 80 bis 85°C dagegen $J_2SnC_5H_{10}$ [11, 12, 13].

$(C_4H_9)_2SnC_5H_8(CH_3)_2$ $(C_4H_9)_2Sn$ [Ring mit CH_3, CH_3]

Die Verbindung wird erhalten aus $(CH_3)_2C[CH_2CH_2AlCH_2CH_2C(CH_3)_2CH_2CH_2]_2$ durch einstündige Umsetzung mit $(C_4H_9)_2SnCl_2$ in Benzol-Diäthyläther bei 80°C in 65%iger Ausbeute [14, 15, 16]. Siedepunkt 71 bis 77°C/0.0004 Torr [14, 15], 78 bis 81°C/10 bis 14 Torr [16]. Brechungsindex $n_D^{20} = 1.4948$ [14, 15], 1.5176 [16]. Die Verbindung wird als Insektizid, Fungizid und als Stabilisator für Kunststoffe verwendet [16].

$(C_6H_5)_2SnC_5H_8(CH_3)_2$ $(C_6H_5)_2Sn$ [Ring mit CH_3, CH_3]

Die Verbindung entsteht durch Umsetzung von $(C_6H_5)_2SnX_2$ mit $XMgCH_2CH_2C(CH_3)_2CH_2CH_2MgX$ in Äther in 7%iger Ausbeute (X = Halogen). Sie siedet bei 136°C/0.03 Torr [10].

$(CH_3)_2SnC_5H_9CHCl_2$ $(CH_3)_2Sn$ [Ring mit $CHCl_2$]

Die Verbindung entsteht durch 2stündiges Rückflußkochen von 1,1-Dimethyl-1-stannacyclohexan mit $C_6H_5HgCBrCl_2$ in Benzol unter N_2 in 50 [6] bzw. 78% Ausbeute [7]. Siedepunkt 112 bis 114°C/3.5 Torr [7]. Brechungsindex $n_D^{25} = 1.5278$ [7], 1.5330 [6]. Die Verbindung zersetzt sich bei 180°C nach 2 h unter Bildung von $(CH_3)_2ClSnCH_2CH_2CH_2CH—CHCl$ [17] (mit CH_2-Brücke).

$(C_4H_9)_2SnC_5H_6$ $(C_4H_9)_2Sn$ [Ring]

Darstellung der Verbindung in 40%iger Ausbeute erfolgt durch Rückflußkochen und nachfolgendes Erhitzen auf 200°C von $(C_4H_9)_2SnH_2$ und $CH{\equiv}CCH_2C{\equiv}CH$ in Heptan. Im ^{1}H-NMR-Spektrum erscheinen folgende Signale: $\tau C_4H_9 = 7.5$ bis 9.0, $\tau CH_2 = 6.55$ (Multipletts), $\tau CH = 3.48$ und 3.06 (2 Tripletts mit $J_{AB} = 14$ Hz, $J_{AC} = 2$ Hz und $J_{BC} = 3.5$ Hz). Zum Massenspektrum s. Original. Die Verbindung eignet sich als Ausgangsmaterial zur Synthese interessanter aromatischer Heterocyclen. So reagiert sie mit $C_6H_5BBr_2$ unter Bildung von $(C_4H_9)_2SnBr_2$ und dem Borderivat I [18]. Mit PBr_3 entsteht, jeweils in Tetrahydrofuran, das Phosphabenzol II, mit $AsCl_3$ das Arsabenzol III [19] und mit $SbCl_3$ das Stibabenzol IV [20]. Bei der entsprechenden Umsetzung mit $BiCl_3$ kann jedoch nur das Wismutderivat V und nicht das Bismutabenzol isoliert werden [21].

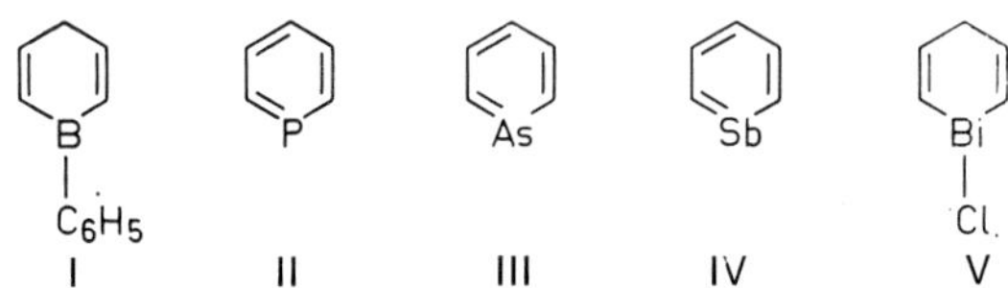

$(C_4H_9)_2SnC_5H_4(OCH_3)C(CH_3)_3$ $(C_4H_9)_2Sn$ [Ring mit OCH_3, $C(CH_3)_3$; α, β, γ]

Die Verbindung entsteht durch Umsetzung von $(C_4H_9)_2SnH_2$ mit $(CH_3)_3CC(C{\equiv}CH)_2OCH_3$ in Methylcyclohexan in Gegenwart von Azoisobuttersäuredinitril beim Rückflußkochen in 61%iger Ausbeute. Siedepunkt 154 bis 158°C/0.02 Torr. ^{1}H-NMR-Spektrum: $\tau CH_3O = 6.8$, $\tau CHSn = 3.6$, $\tau CHC = 4.8$ und 2.8 (Bandenkomplex), τC_4H_9 und τ*tert*-$C_4H_9 = 8.3$ bis 5 (Multiplett). ^{13}C-NMR: $\delta C_\alpha = -130.2$ ppm, $\delta C_\beta = -151.2$ ppm, $\delta C_\gamma = -83.4$ ppm bei 25.2 MHz gegen TMS. Zum Massenspektrum s. Original. Die Verbindung reagiert mit $AsCl_3$ in THF in Gegenwart von $P(C_6H_5)_3$ unter Bildung von $(C_4H_9)_2SnCl_2$ und dem in 4-Stellung durch *tert*-Butyl substituierten Arsabenzol [22].

$(C_4H_9)_2SnC_5H_4(OCH_3)C_6H_5$

Darstellung in 68%iger Ausbeute erfolgt durch Umsetzung von $(C_4H_9)_2SnH_2$ mit $C_6H_5C(C{\equiv}CH)_2OCH_3$ in Methylcyclohexan in Gegenwart von Azoisobuttersäuredinitril unter Rückflußkochen. Siedepunkt 154 bis 159/0.02 Torr. ^{1}H-NMR-Spektrum: $\tau C_4H_9 = 8.3$ bis 9.5 (Multiplett), $\tau CH_3O = 6.65$, $\tau C_6H_5 = 2.4$ bis 3.0 (Multiplett), $\tau CHSn = 3.6$, $J(^1HCSn) = 57$ Hz, $\tau CH = 3.6$, $J(^1HCCSn) = 86$ Hz. Die Verbindung reagiert mit $AsCl_3$ in Tetrahydrofuran beim Rückflußkochen in Gegenwart von Triphenylphosphin unter Bildung von 4-Phenylarsabenzol [22].

$(C_4H_9)_2SnC_5H_4(OCH_3)C_6H_{11}$

Die Verbindung entsteht aus $(C_4H_9)_2SnH_2$ und *cyclo*-$C_6H_{11}C(OCH_3)(C{\equiv}CH)_2$ in Methylcyclohexan beim Rückflußkochen in Gegenwart von Azoisobuttersäuredinitril in 58%iger Ausbeute. Siedepunkt 160 bis 165°C/0.02 Torr. Die Verbindung reagiert mit $AsCl_3$ oder PCl_3 in Tetrahydrofuran beim Rückflußkochen in Gegenwart von Triphenylphosphin unter Bildung von $(C_4H_9)_2SnCl_2$ neben 4-Cyclohexylarsabenzol bzw. 4-Cyclohexylphosphabenzol [22].

$(CH_3)_2SnC_2H_4OSi_2(CH_3)_4$

Bei der Hydrolyse von $(CH_3)_2SiHCH_2Sn(CH_3)_2CH_2SiH(CH_3)_2$ in KOH-C_2H_5OH entsteht die Verbindung nach 4 h in 86.6%iger Ausbeute [23, 24]. Aus dem entsprechenden Dichlorid wird sie durch Umsetzung mit CH_3MgBr in Äther erhalten [25]. Siedepunkt 71 bis 72°C/5 Torr [25], 95°C/21 Torr [23, 24]. Dichte $D_4^{20} = 1.2997$ [25], $D_4^{25} = 1.203$ g/cm^3 [23, 24]. Brechungsindex $n_D^{20} = 1.4760$ [25], $n_D^{25} = 1.4743$ [23, 24]. Molrefraktion $R_{mol} = 72.08$ (berechnet: 72.29) [25]. Im IR-Spektrum erscheint eine Bande für die νSiOSi bei 1013 cm^{-1} [23]. ^{1}H-NMR-Spektrum: $\delta CH_3Si = -0.11$ ppm, $\delta CH_3Sn = -0.10$ ppm, $J(HC^{117/119}Sn) = 52.5/54.8$ Hz, $\delta CH_2Sn = +0.24$ ppm, $J(^1HC^{117/119}Sn) = 64.4/67.2$ Hz [25]. Die Verbindung wird als Schmiermittel verwendet [24].

$(C_4H_9)_2SnC_2H_4OSi_2(CH_3)_4$

Die Verbindung entsteht entweder bei der Hydrolyse von $(C_4H_9)_2Sn[CH_2SiH(CH_3)_2]_2$ mit KOH-C_2H_5OH nach 2 h in 92%iger Ausbeute oder bei der Umsetzung von $(C_4H_9)_2SnCl_2$ mit $[ClMgCH_2Si(CH_3)_2]_2O$ in Diäthyläther nach 1stündigem Rückflußkochen in 37%iger Ausbeute. Siedepunkt 170°C/25 Torr, Dichte $D_4^{25} = 1.116$ (erstes Produkt) und 1.113 g/cm^3 (zweites Produkt), Brechungsindex $n_D^{25} = 1.4805$ bzw. 1.4800. Im IR-Spektrum erscheint eine Bande für die νSiOSi bei 1013 cm^{-1} [23].

$(C_6H_5)_2SnC_4H_8Si(C_6H_5)_2$

Die Verbindung entsteht bei der Umsetzung von $(C_6H_5)_2SnH_2$ mit $(C_6H_5)_2Si(CH{=}CH_2)_2$ nach 4stündigem Rühren bei 65°C und 9stündigem Rühren bei 80°C in 23%iger Ausbeute. Schmelzpunkt 134 bis 135°C. Im IR-Spektrum erscheinen Banden bei 1065, 1100 und 2860 cm^{-1} [26]. Im ^{1}H-NMR-

Spektrum wird für die CH_2-Gruppen ein breites Singulett bei −1.63 ppm beobachtet [27]. Die Verbindung bildet mit Benzol, Toluol, Pyridin oder Dioxan 1:1-Komplexe [26].

$(C_6H_5)_2SnC_4H_8Ge(C_6H_5)_2$ $(C_6H_5)_2Sn\langle\rangle Ge(C_6H_5)_2$

Beim Rühren von $(C_6H_5)_2SnH_2$ und $(C_6H_5)_2Ge(CH{=}CH_2)_2$ (4 h bei 65°C und 8 h bei 80°C) entsteht die Verbindung in 17%iger Ausbeute. Schmelzpunkt 124 bis 125°C. Im IR-Spektrum erscheinen Banden bei 1065, 1080 und 2860 cm^{-1} [26]. Im ^1H-NMR-Spektrum werden für die CH_2-Gruppen zwei Multiplett-Signale bei −1.71 und −1.83 ppm beobachtet [27].

Literatur:

[1] G. Grüttner, E. Krause, M. Wiernick (Ber. Deut. Chem. Ges. **50** [1917] 1549/57). — [2] E. V. Zappi (Anales Asoc. Quim. Arg. **8** [1920] 55/66). — [3] R. Sayre (J. Chem. Eng. Data **6** [1961] 560/4). — [4] R. West, E. G. Rochow (J. Am. Chem. Soc. **74** [1952] 2490/1). — [5] A. I. Vogel, W. T. Cresswell, J. Leicester (J. Phys. Chem. **58** [1954] 174/7).

[6] D. Seyferth, S. S. Washburn (J. Organometal. Chem. **5** [1966] 389/91). — [7] D. Seyferth, S. S. Washburn, C. J. Attridge, K. Yamamoto (J. Am. Chem. Soc. **92** [1970] 4405/17). — [8] P. A. T. Hoye, R. G. Hargreaves, Albright and Wilson, Ltd. (Deut. Offenlegungsschrift 2144261 [1970/72]; C.A. **77** [1972] Nr. 101900). — [9] H. Zimmer, C. W. Blewett, A. Brakas (Tetrahedron Letters **1968** 1615/8). — [10] C. W. Blewett (Diss. Univ. of Cincinnatti 1969 nach Diss. Abstr. Intern. B **30** [1970] 3089/90).

[11] F. J. Bajer, H. W. Post (J. Org. Chem. **27** [1962] 1422/4). — [12] F. J. Bajer, H. W. Post (J. Organometal. Chem. **11** [1968] 187/91). — [13] F. J. Bajer (Diss. State Univ. of New York 1964, 98 S.; Diss. Abstr. **25** [1964] 1557). — [14] R. Polster (Liebigs Ann. Chem. **654** [1962] 20/3). — [15] R. Polster, Badische Anilin- und Soda-Fabrik A.-G. (D.P. 1156807 [1961/63]; C.A. **60** [1964] 4182).

[16] R. Polster, Badische Anilin- und Soda-Fabrik A.-G. (D.P. 1153748 [1960/63]; C.A. **60** [1964] 551). — [17] D. Seyferth, H. M. Shih, P. Mazerolles, M. Lesbre, M. Joanny (J. Organometal. Chem. **29** [1971] 371/83). — [18] A. J. Ashe, P. Shu (J. Am. Chem. Soc. **93** [1971] 1804/5). — [19] A. J. Ashe (J. Am. Chem. Soc. **93** [1971] 3293/5). — [20] A. J. Ashe (J. Am. Chem. Soc. **93** [1971] 6690/1).

[21] A. J. Ashe, M. D. Gordon (J. Am. Chem. Soc. **94** [1972] 7596/7). — [22] G. Märkl, F. Kneidl (Angew. Chem. **85** [1973] 990/1). — [23] R. L. Merker, M. J. Scott (J. Am. Chem. Soc. **81** [1959] 975/8). — [24] R. L. Merker, Dow Corning Corp. (U.S.P. 2956045 [1960]; C.A. **1961** 5552). — [25] V. F. Mironov, E. M. Stephina, V. I. Shiryaev (Zh. Obshch. Khim. **42** [1972] 631/6; J. Gen. Chem. USSR **42** [1972] 627/32).

[26] M. C. Henry, J. G. Noltes (J. Am. Chem. Soc. **82** [1960] 561/3). — [27] A. J. Leusink, J. G. Noltes (J. Organometal. Chem. **16** [1969] 91/102).

Seven- and Higher-membered Rings

1.1.6.1.4 Sieben- und höhergliedrige Ringe

$(CH_3)_2SnC_6H_{12}$ $(CH_3)_2Sn\langle\rangle$

Die Verbindung entsteht aus $(CH_3)_2SnCl_2$ und $BrMg(CH_2)_6MgBr$ in THF nach 4stündigem Rückflußerhitzen in 19.4%iger Ausbeute. Siedepunkt 68°C/4.6 Torr; Brechungsindex $n_D^{25} = 1.5052$ [1, 2].

$(C_2H_5)_2SnC_6H_{12}$ $(C_2H_5)_2Sn\langle\rangle$

Durch Umsetzung von $(C_2H_5)_2SnCl_2$ mit $BrMg(CH_2)_6MgBr$ in THF wird nach 4stündigem Rückfluß die Verbindung in 10.6%iger Ausbeute erhalten. Siedepunkt 61 bis 63°C/0.6 Torr; Brechungsindex $n_D^{25} = 1.5085$ [1, 2].

$(C_4H_9)_2SnC_6H_{12}$ $(C_4H_9)_2Sn$

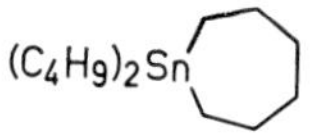

Die Verbindung entsteht durch Umsetzung von $(C_4H_9)_2SnX_2$ mit $XMg(CH_2)_6MgX$ (X = Halogen) in 16%iger Ausbeute. Der Siedepunkt beträgt 106°C/0.35 Torr, der Brechungsindex $n_D^{25} = 1.4987$. Die Reaktion mit J_2 in Chlorbenzol ist 1. Ordnung in bezug auf Jod und die Zinnverbindung. Folgende kinetische Daten werden bestimmt: $k_2 = 0.20\ mol^{-1} \cdot min^{-1}$ bei 50°C, $\Delta H = 11$ kcal/mol, $\Delta S = -36\ cal \cdot mol^{-1} \cdot {}^{\circ}K^{-1}$. Unter Spaltung einer Sn-C-Ringbindung kommt es dabei zur Bildung von $(C_4H_9)_2JSn(CH_2)_6J$ [1].

$[(CH_3)_3CCH_2]_2SnC_6H_{12}$ $[(CH_3)_3CCH_2]_2Sn$

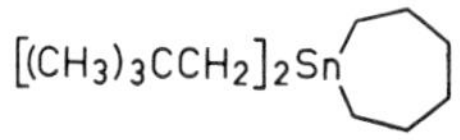

Durch Reaktion von $[(CH_3)_3CCH_2]_2SnCl_2$ mit $BrMg(CH_2)_6MgBr$ in THF und 4stündigem Rückflußerhitzen erhält man die Verbindung in 12.4%iger Ausbeute. Siedepunkt 99.5°C/0.24 Torr; Brechungsindex $n_D^{25} = 1.5014$ [1, 2]. Die Reaktion mit J_2, die zur Bildung von $[(CH_3)_3CCH_2]_2JSn(CH_2)_6J$ führt, ist 1. Ordnung sowohl in bezug auf J_2 als auch auf die Zinnverbindung. Die folgenden kinetischen Parameter werden angegeben: $k_2 = 0.11\ mol^{-1} \cdot min^{-1}$ bei 50°C, $\Delta H = 8.3$ kcal/mol und $\Delta S = -46\ cal \cdot mol^{-1} \cdot {}^{\circ}K^{-1}$ [1].

$(C_6H_5)_2SnC_6H_{12}$ $(C_6H_5)_2Sn$

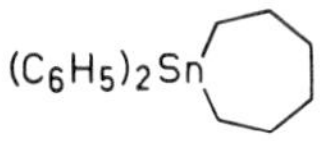

Darstellung der Verbindung in 25.6%iger Ausbeute erfolgt durch 4stündiges Rückflußkochen von $(C_6H_5)_2SnCl_2$ und $BrMg(CH_2)_6MgBr$ in THF. Siedepunkt 140°C/0.07 Torr; Brechungsindex $n_D^{25} = 1.6028$ [1, 2].

$(CH_3)_2SnC_6H_8$ $(CH_3)_2Sn$

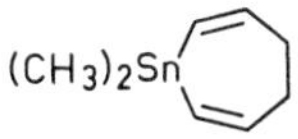

Die Verbindung wird durch Erhitzen des benzollöslichen Polymeren $[Sn(CH_3)_2CH{=}CH(CH_2)_2CH{=}CH]_n$ im Vakuum (150 bis 250°C/10^{-2} bis 10^{-3} Torr) in 16%iger Ausbeute erhalten. Dieses Polymere wird seinerseits durch Umsetzung von $(CH_3)_2SnH_2$ mit $HC{\equiv}C(CH_2)_2C{\equiv}CH$ in Hexan nach 2- bis 4stündigem Rückflußerhitzen und anschließendem Erhitzen auf 100°C über 5 h zugänglich. Siedepunkt 30 bis 32°C/0.2 Torr; Brechungsindex $n_D^{20} = 1.5280$ [3].

$(C_2H_5)_2SnC_6H_8$ $(C_2H_5)_2Sn$ (H_a, H_b)

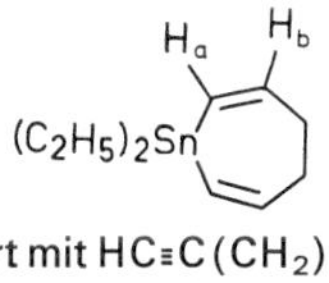

$(C_2H_5)_2SnH_2$ reagiert mit $HC{\equiv}C(CH_2)_2C{\equiv}CH$ in Hexan bei 2- bis 4stündigem Rückflußerhitzen und anschließendem Erhitzen auf 100°C über 5 h unter Bildung eines benzollöslichen Polymeren der Form $[Sn(C_2H_5)_2CH{=}CH(CH_2)_2CH{=}CH]_n$. Wird dieses bei 10^{-2} bis 10^{-3} Torr auf 150 bis 250°C erhitzt, so bildet sich neben benzolunlöslichem Polymerem die gewünschte Verbindung in 20%iger Ausbeute. Siedepunkt 74 bis 76°C/5 Torr; Brechungsindex $n_D^{20} = 1.5308$ [3]. Von den im IR-Spektrum auftretenden Banden werden die $\nu C{=}C\text{-}Sn$-Bande bei 1595 cm^{-1} und die bei 786 cm^{-1} liegende Bande, die als Gerüstschwingung des Siebenringes angesehen wird und nicht im Spektrum des Polymeren auftritt, als für die Verbindung charakteristisch angegeben. ^1H-NMR-Daten: $\delta H_a = -5.96$ ppm (Dublett), $\delta H_b = -6.78$ ppm (Multiplett), $J(^1H_aCC^1H_b) = 12.8$ Hz, $J(^1H_aC^{117/119}Sn) = 85.0/89.0$ Hz, $J(^1H_bCC^{117/119}Sn) \approx 150$ Hz [4].

$(C_3H_7)_2SnC_6H_8$ $(C_3H_7)_2Sn$

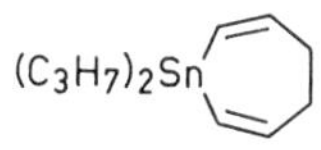

Aus $(C_3H_7)_2SnH_2$ und $HC{\equiv}C(CH_2)_2C{\equiv}CH$ wird in Hexan bei 2- bis 4stündigem Rückflußerhitzen und anschließendem Erhitzen auf 100°C über 5 h ein benzollösliches Polymeres der Form $[Sn(C_3H_7)_2CH{=}CH(CH_2)_2CH{=}CH]_n$ erhalten, welches bei 150 bis 250°C/10^{-2} bis 10^{-3} Torr mit

17%iger Ausbeute zur Titelverbindung depolymerisiert. Siedepunkt 64 bis 65°C/0.02 Torr; Brechungsindex $n_D^{20} = 1.5213$ [3].

$(C_4H_9)_2SnC_6H_8$ $(C_4H_9)_2Sn$ (H_a, H_b)

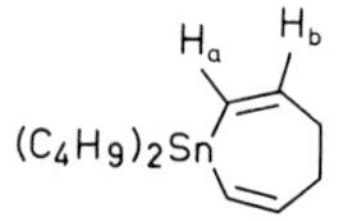

Die Verbindung wird durch Erhitzen eines benzollöslichen Polymeren der Art $[Sn(C_4H_9)_2CH{=}CH(CH_2)_2CH{=}CH]_n$ auf 150 bis 250°C bei 10^{-2} bis 10^{-3} Torr in 28%iger Ausbeute erhalten (das Polymere selbst wird durch Umsetzung von $(C_4H_9)_2SnH_2$ mit $HC{\equiv}C(CH_2)_2C{\equiv}CH$ in Hexan nach 2- bis 4stündigem Rückflußerhitzen und anschließendem Erhitzen auf 100°C über 5 h zugänglich). Siedepunkt 90 bis 92°C/0.08 Torr; Brechungsindex $n_D^{20} = 1.5174$ [3]. Von den im IR-Spektrum auftretenden Banden werden die $\nu C{=}C\text{-}Sn$-Bande bei 1585 cm^{-1} und die bei 786 cm^{-1} erscheinende Bande, die als Gerüstschwingung des Siebenringes angesehen wird und nicht im Spektrum des Polymeren auftritt, als charakteristisch angegeben. ^1H-NMR-Daten: $\delta H_a = -5.95$ ppm (Dublett), $\delta H_b = -6.74$ ppm (Multiplett), $J(^1H_aCC^1H_b) = 12.6$ Hz, $J(^1H_aC^{117/119}Sn) = 85.5/89.5$ Hz und $J(^1H_bCC^{117/119}Sn) \approx 150$ Hz [4].

$(C_6H_5)_2SnC_6H_8$ $(C_6H_5)_2Sn$ (H_a, H_b)

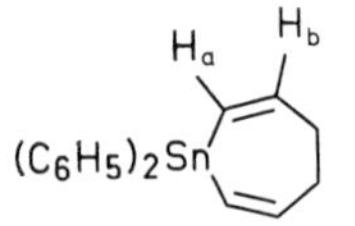

Ausgehend von den Verbindungen $(C_6H_5)_2SnH_2$ und $HC{\equiv}C(CH_2)_2C{\equiv}CH$, die in Hexan polymeres, benzollösliches $[Sn(C_6H_5)_2CH{=}CH(CH_2)_2CH{=}CH]_n$ bilden, erhält man durch Erhitzen des Polymeren auf 200 bis 300°C bei 10^{-2} bis 10^{-3} Torr die Verbindung in 12%iger Ausbeute. Siedepunkt 147 bis 150°C/0.3 Torr; Brechungsindex $n_D^{20} = 1.6226$ [3]. IR-Spektrum (in cm^{-1}): $\nu C{=}C\text{-}Sn = 1592$ [3] bzw. 1580 (sst) [4], $\delta CH = 986$ [3], Gerüstschwingung des Siebenrings 787 (st) [4]. ^1H-NMR-Spektrum: $\delta H_a = -6.22$ ppm (Dublett), $\delta H_b = -6.93$ ppm (Multiplett), $J(^1H_aCC^1H_b) = 12.7$ Hz, $J(^1H_aC^{117/119}Sn) = 88.5/92.5$ Hz und $J(^1H_bCC^{117/119}Sn) \approx 167$ Hz [4]. Bei 1stündiger Bestrahlung der in Diäthyläther gelösten Verbindung bildet sich in 34%iger Ausbeute 1,1,8,8-Tetraphenyl-1,8-distannacyclotetradeca-2,6,9,13-tetraen VI neben amorphem Polymerem [5].

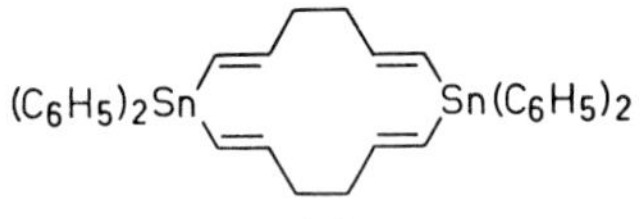

$(C_6H_5)_2Sn$ $Sn(C_6H_5)_2$

VI

$(CH_3)_2SnC_6H_{12}OSi_2(CH_3)_4$ $(CH_3)_2Sn$ Si CH_3 CH_3 O Si CH_3 CH_3

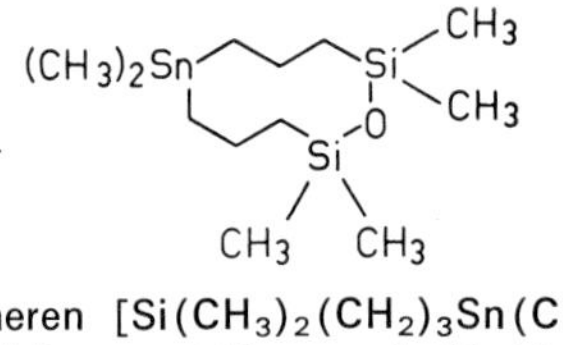

Durch Behandeln des Polymeren $[Si(CH_3)_2(CH_2)_3Sn(CH_3)_2(CH_2)_3Si(CH_3)_2O]_n$ mit festem KOH und Erhitzen auf 250°C im Vakuum erhält man die Verbindung in 20.4%iger Ausbeute. Siedepunkt 148°C/16 Torr; Dichte $D_4^{25} = 1.157$ g/cm^3; Brechungsindex $n_D^{25} = 1.4840$ [6].

Literatur:

[1] C. W. Blewett (Diss. Univ. of Cincinnatti 1969; Diss. Abstr. Intern. B **30** [1970] 3089/90). — [2] H. Zimmer, C. W. Blewett, A. Brakas (Tetrahedron Letters **1968** 1615/8). — [3] J. G. Noltes, G. J. M. van der Kerk (Rec. Trav. Chim. **81** [1962] 41/8). — [4] A. J. Leusink, H. A. Budding, J. G. Noltes (J. Organometal. Chem. **24** [1970] 375/86). — [5] T. Sato, I. Moritani (Tetrahedron Letters **1969** 3181/4).

[6] R. L. Merker, M. J. Scott (J. Am. Chem. Soc. **81** [1959] 975/8).

1.1.6.1.5 Kondensierte Ringsysteme

Condensed Ring Systems

Darstellung und Eigenschaften der Verbindungen des Typs $R_2Sn\frown R'$, wobei $Sn\frown R'$ einen Sn-Heterocyclus mit einem kondensierten Ringsystem bedeutet, sind in Tabelle 24 auf S. 112/21 zusammengestellt.

Weitere Angaben für die in der Tabelle aufgeführten Verbindungen (laufende Nummern mit Stern):

$(C_6H_5)_2SnC_{10}H_{12}$ (Tabelle **24**, Nr. **8**). Die im IR-Spektrum bei 782 cm^{-1} auftretende sehr starke Bande wird der Gerüstschwingung des Siebenringes zugeordnet. ^1H-NMR-Daten: $\delta H_a = -1.64$ ppm (Pseudotriplett), $\delta H_b = -3.15$ ppm (Pseudotriplett), $J(^1H_aCC^1H_b) = 6.9$ Hz, $J(^1H_aC^{117/119}Sn) = 51.0/53.5$ Hz und $J(^1H_bCC^{117/119}Sn) = 85.5/89.5$ Hz [4].

$(CH_3)_2SnC_{10}H_8$ (Tabelle **24**, Nr. **9**). IR-Spektrum: $\nu C{=}C\text{-}Sn = 1582$ cm^{-1}, $\delta Ring = 781$ cm^{-1}. UV-Spektrum (in Cyclohexan): 228 nm ($\lg \varepsilon = 4.51$) [4]. ^1H-NMR-Spektrum: $\delta H_a = -6.30$ ppm (Dublett) [4] bzw. -6.32 ppm [6], $\delta H_b = -7.46$ ppm (Dublett) [4] bzw. -7.50 ppm [6], $J(^1H_aCC^1H_b) = 13.8$ Hz [4] bzw. 14 Hz [6], $J(^1H_aC^{117/119}Sn) = 79.0/83.0$ Hz, $J(^1H_bCC^{117/119}Sn) = 147.0/154.0$ Hz [4]. Mit J_2 reagiert die Verbindung unter Bildung von $(CH_3)_2SnJ_2$ und *o*-$JCH{=}CHC_6H_4CH{=}CHJ$ [4], mit $C_6H_5BCl_2$ unter Bildung von $(CH_3)_2SnCl_2$ und dem Borheterocyclus VII [6].

B-C_6H_5

VII

$(C_2H_5)_2SnC_{10}H_8$ (Tabelle **24**, Nr. **10**). IR-Spektrum: $\nu C{=}C\text{-}Sn = 1582$ cm^{-1}, $\delta Ring = 783$ cm^{-1}. UV-Spektrum (in Cyclohexan): 230 nm ($\lg \varepsilon = 4.36$). Die Reaktion mit J_2 verläuft unter Bildung von $(C_2H_5)_2SnJ_2$ und $CHJ{=}CHC_6H_4$-*o*-$CH{=}CHJ$ [4].

$(C_6H_5)_2SnC_{12}H_8$ (Tabelle **24**, Nr. **16**). UV-Spektrum: 219 nm ($\varepsilon = 60300$), 279 nm ($\varepsilon = 13150$) [9]. Mössbauer-Spektrum (SnO_2, 77°K): $\delta = 1.20 \pm 0.06$ mm/s [12, 13]. Die Reaktion mit Kalium in Dimethoxyäthan verläuft unter Bildung einer roten Lösung, ohne daß ein Radikalanion nachweisbar wäre. Mit $(C_6H_5COO)_2$ tritt Chemielumineszenz auf [14].

(*o*-$C_6H_5C_6H_4)_2SnC_{12}H_8$ (Tabelle **24**, Nr. **18**). Zum Konstitutionsbeweis wird die Verbindung, suspendiert in Benzol, vorsichtig mit ätherischer HCl-Lösung bei 25°C geschüttelt, wobei in 28.4%iger Ausbeute das erwartete (*o*-$C_6H_5C_6H_4)_3SnCl$ entsteht. Führt man die Reaktion dagegen in Äthanol in der Wärme durch, so bildet sich in 83.4% Ausbeute (*o*-$C_6H_5C_6H_4)_2SnCl_2$ neben 79.5% $C_6H_5C_6H_5$ [9].

$(C_6H_5)_2SnC_{12}F_8$ (Tabelle **24**, Nr. **20**). IR-Spektrum (in cm^{-1}): 1626 s, 1605 s, 1587 s, 1477 st, 1453 Sch, 1449 st, 1429 st, 1381 s, 1333 m, 1297 m, 1282 m, 1255 s, 1244 m, 1255 s, 1193 s, 1160 s, 1096 st, 1078 m, 1073 m, 1053 st, 1029 m, 1024 m, 998 m, 913 m, 855 s, 801 s, 770 s, 731 st, 720 m, 699 st, 694 Sch, 637 s, 588 s [15]. Mössbauer-Spektrum ($BaSnO_3$, 77°K): $\delta = 1.22 \pm 0.06$ mm/s, $\Delta = 1.31 \pm 0.06$ mm/s [13].

$(CH_3)_2SnC_{13}H_{10}$ (Tabelle **24**, Nr. **21**). ^1H-NMR-Spektrum: $\delta CH_3 = -30$ Hz, $J(^1HC^{117/119}Sn) = 55/58$ Hz, $\delta CH_2 = -234$ Hz, $\delta CH = -459$ bis -414 Hz (Multiplett). Daraus wird auf ein Gleichgewicht zwischen zwei Konformeren geschlossen. Die Verbindung reagiert mit CH_3BBr_2, BCl_3, $C_6H_5BCl_2$, $AsCl_3$, CH_3AsCl_2 [16 bis 18] und $SbCl_3$ [16 bis 19] unter Bildung der Heterocyclen VIII mit R = BCH_3, BCl, BC_6H_5, AsCl, $AsCH_3$ und SbCl.

R

VIII

Tabelle 24

Nr.	Verbindung $R_2Sn\frown R'$	Darstellung	Reaktionsbedingungen Eigenschaften	Ausbeute in %	Lit.
1	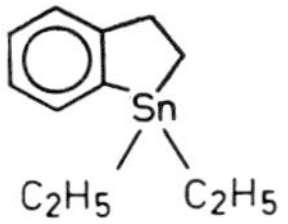 Sn, C_2H_5, C_2H_5	$(C_2H_5)_2SnCl_2 + Mg + o\text{-}BrC_6H_4CH_2CH_2Br$	—	—	[1]
2	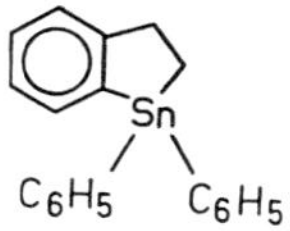 Sn, C_6H_5, C_6H_5	$(C_6H_5)_2SnCl_2 + Mg + o\text{-}BrC_6H_4CH_2CH_2Br$	—	—	[1]
		$o\text{-}ClC_6H_4CH_2CH_2Sn(C_6H_5)_3 + Na$	—	—	[1]
3	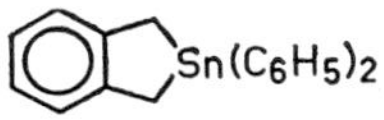 $Sn(C_6H_5)_2$	—	charge-transfer-Bande des Tetracyanoäthylen-Komplexes der Verbindung in CH_2Cl_2-Lösung bei 23900 cm^{-1}	—	[2]
4	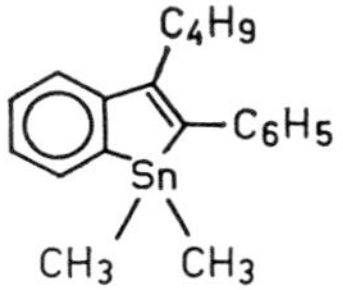 C_4H_9, C_6H_5, Sn, CH_3, CH_3	$(CH_3)_2SnCl_2 + C_4H_9Li + C_6H_5C{\equiv}CC_6H_5$	Tetramethyläthylendiamin, Hexan	—	[3]
5	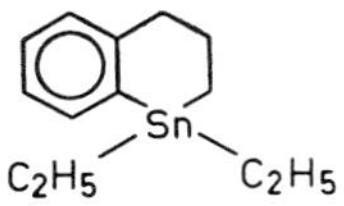 Sn, C_2H_5, C_2H_5	$(C_2H_5)_2SnCl_2 + Mg + o\text{-}BrC_6H_4(CH_2)_3Br$	—	—	[1]
6	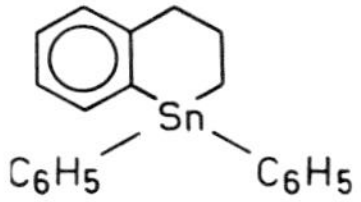 Sn, C_6H_5, C_6H_5	$(C_6H_5)_2SnCl_2 + Mg + o\text{-}BrC_6H_4(CH_2)_3Br$	—	—	[1]
		$o\text{-}ClC_6H_4(CH_2)_3Sn(C_6H_5)_3 + Na$	—	—	[1]

Tabelle 24 (Fortsetzung)

Nr.	Verbindung $R_2Sn\frown R'$	Darstellung	Reaktionsbedingungen Eigenschaften	Ausbeute in %	Lit.
7	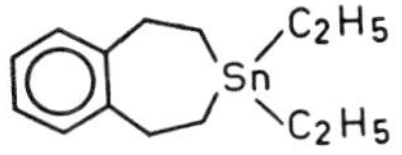 Sn, C_2H_5, C_2H_5	$(C_2H_5)_2SnH_2 + o\text{-}CH_2{=}CHC_6H_4CH{=}CH_2$	Benzol, Rückfluß; $t_s = 93$ bis 98°C/0.08 Torr, $n_D^{20} = 1.5616$, IR: Gerüstschwingung des Siebenrings bei 781 cm^{-1}	17	[4, 5]
8*	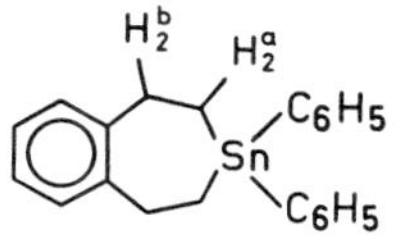 H_2^b, H_2^a, Sn, C_6H_5, C_6H_5	$(C_6H_5)_2SnH_2 + o\text{-}CH_2{=}CHC_6H_4CH{=}CH_2$	Benzol, 10 h, Rückfluß; $t_f = 98$ bis 100°C, sublimiert bei 160 bis 170°C/0.1 Torr	22	[4, 5]
9*	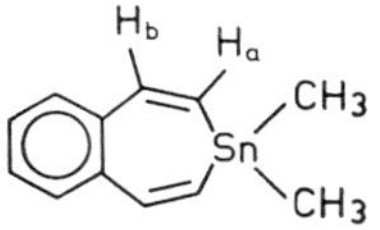 H_b, H_a, Sn, CH_3, CH_3	$(CH_3)_2SnH_2 + o\text{-}CH{\equiv}CC_6H_4C{\equiv}CH$	Benzol, Rückfluß; $t_f = 41$ bis 42°C, $t_s = 76$°C/0.2 Torr, 88 bis 90°C/0.4 Torr	6 bis 10	[4, 5]
10*	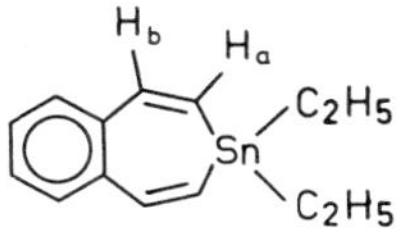 H_b, H_a, Sn, C_2H_5, C_2H_5	$(C_2H_5)_2SnH_2 + CH{\equiv}CC_6H_4\text{-}o\text{-}C{\equiv}CH$	Benzol, Rückfluß; $t_s = 95$ bis 96°C/0.4 Torr, 96°C/0.04 Torr, $n_D^{20} = 1.5983$	17 bis 22	[4, 5]
11	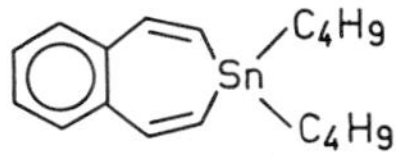 Sn, C_4H_9, C_4H_9	$(C_4H_9)_2SnH_2 + CH{\equiv}CC_6H_4\text{-}o\text{-}C{\equiv}CH$	reagiert mit BCl_3 in Heptan-H_2O zu 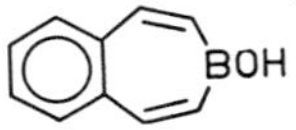 BOH	—	[7]
12	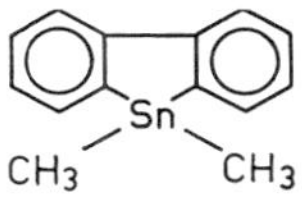 Sn, CH_3, CH_3	$BrC_6H_4\text{-}o\text{-}C_6H_4\text{-}o\text{-}Br + C_4H_9Li + (CH_3)_2SnCl_2$	Diäthyläther, Rückfluß; $t_f = 123$ bis 124°C; Insektizid	—	[8]

Tabelle 24 (Fortsetzung)

Nr.	Verbindung $R_2Sn\frown R'$	Darstellung	Reaktionsbedingungen Eigenschaften	Ausbeute in %	Lit.
13	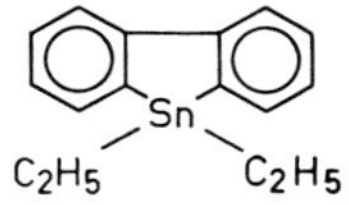 Sn, C_2H_5, C_2H_5	LiC_6H_4-*o*-C_6H_4-*o*-$Li + (C_2H_5)_2SnBr_2$	Diäthyläther, 2 h, 25°C; $t_f = 73$°C, UV-Spektrum: 215 nm ($\varepsilon = 54300$), 279 nm ($\varepsilon = 14550$)	56.6	[9]
14	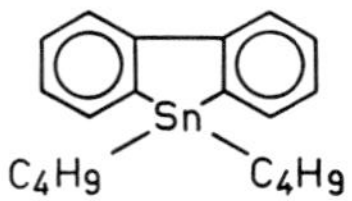 Sn, C_4H_9, C_4H_9	LiC_6H_4-*o*-C_6H_4-*o*-$Li + (C_4H_9)_2SnCl_2$	Diäthyläther, 2 h, 25°C; $t_f = 56$°C	64.8	[9]
15	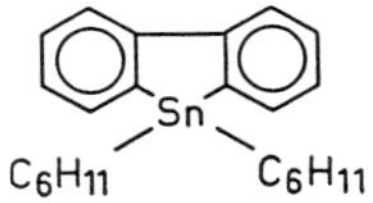 Sn, C_6H_{11}, C_6H_{11}	LiC_6H_4-*o*-C_6H_4-*o*-$Li + ($*cyclo*-$C_6H_{11})_2SnBr_2$	Diäthyläther, 2 h, 25°C; $t_f = 104$°C	64.2	[9]
16*	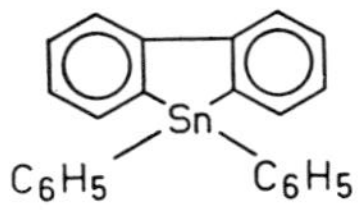 Sn, C_6H_5, C_6H_5	LiC_6H_4-*o*-C_6H_4-*o*-$Li + (C_6H_5)_2SnCl_2$	Diäthyläther, 2 h, 25°C; $t_f = 141.5$°C	58.5	[9]
		LiC_6H_4-*o*-C_6H_4-*o*-$Li + (C_6H_5)_3SnCl$	Benzol, 25°C; $t_f =$ 136 bis 137°C	37	[10]
		$[(C_6H_5)_2Sn]_5 +$ 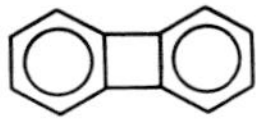	Massenspektrum; Dünnschichtchromatographie	—	[11]
17	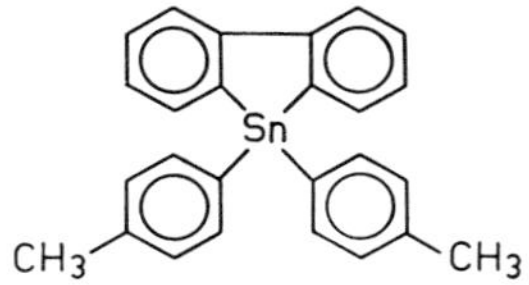 Sn, CH_3, CH_3	LiC_6H_4-*o*-C_6H_4-*o*-$Li + (p$-$CH_3C_6H_4)_2SnCl_2$	Diäthyläther, 2 h, 25°C; $t_f = 108$°C	55.2	[9]

Tabelle 24 (Fortsetzung)

Nr.	Verbindung $R_2Sn\frown R'$	Darstellung	Reaktionsbedingungen Eigenschaften	Ausbeute in %	Lit.
18*	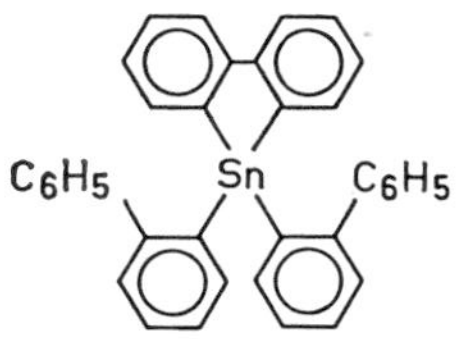 Sn; C_6H_5, C_6H_5	LiC_6H_4-*o*-C_6H_4-*o*-Li + (*o*-$C_6H_5C_6H_4)_2SnCl_2$	Diäthyläther, 2 h, 25 °C; t_f = 196 bis 196.5 °C	72	[9]
19	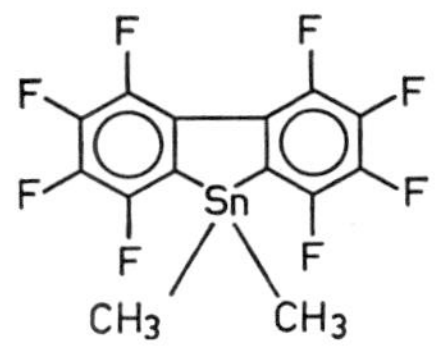 F, F, F, F, F, F, F, F; Sn; CH_3, CH_3	LiC_6F_4-*o*-C_6F_4-*o*-Li + $(CH_3)_2SnCl_2$	Diäthyläther, 3 h, Rückfluß	—	[15]
20*	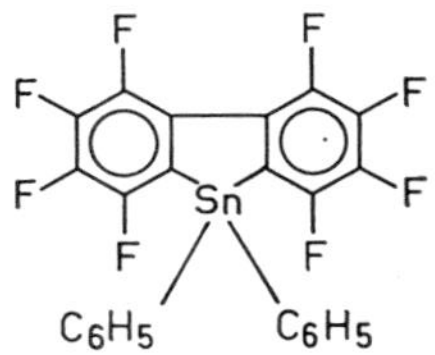 F, F, F, F, F, F, F, F; Sn; C_6H_5, C_6H_5	LiC_6F_4-*o*-C_6F_4-*o*-Li + $(C_6H_5)_2SnCl_2$	Diäthyläther, 3 h, Rückfluß; t_f = 131 bis 133 °C	24	[15]
21*	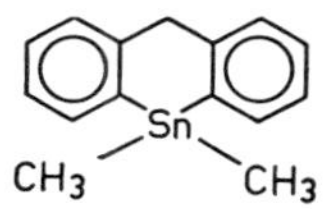 Sn; CH_3, CH_3	$CH_2(C_6H_4$-*o*-$MgCl)_2 + (CH_3)_2SnCl_2$	THF, 4 h, Rückfluß; t_f = 64 °C, t_s = 125 °C/0.001 Torr	55.1	[16, 17]

Tabelle 24 (Fortsetzung)

Nr.	Verbindung $R_2Sn⊂R'$	Darstellung	Reaktionsbedingungen Eigenschaften	Ausbeute in %	Lit.
22*	Sn, CH_3, CH_3	LiC_6H_4-*o*-$(CH_2)_2C_6H_4$-*o*-Li + $(CH_3)_2SnCl_2$	Diäthyläther, 12 h, Rückfluß; t_s = 109 bis 120 °C/0.02 Torr, Massenspektrum	33	[22]
		$R⊂SnCl_2 + CH_3MgBr$	Diäthyläther, 2 h, 25 °C; t_s = 130 bis 135 °C/0.2 Torr, n_D^{25} = 1.6130	73	[20, 21]
23*	Sn, C_6H_5, C_6H_5	LiC_6H_4-*o*-$(CH_2)_2C_6H_4$-*o*-Li + $(C_6H_5)_2SnCl_2$	Diäthyläther, 3 h, Rückfluß, 12 h, Stehen; t_f = 145 bis 146 °C	2	[20, 21]
			Diäthyläther, 12 h, 25 °C; t_f = 138 bis 141 °C	23	[22]
		$R⊂SnCl_2 + C_6H_5Li$	Diäthyläther, 2 h, Rückfluß; t_f = 146 bis 147 °C	82.5	[21]
24	$Sn(CH_3)_2$	Anthracen + Na + $(CH_3)_2SnCl_2$	THF, Rückfluß, N_2; Stabilisator	—	[23]
		9,10-Dinatriumanthracen + $(CH_3)_2SnCl_2$	THF, 5 h, 25 °C, 1 h, Rückfluß; t_f = 218 bis 221 °C	—	[24]
25	$Sn(C_4H_9)_2$	Anthracen + $(C_4H_9)_2SnCl_2$ + Na	THF, 1 h, Rückfluß; t_f = 225 bis 235 °C; polymerisiert oberhalb des Schmelzpunkts	—	[23, 26]
		9,10-Dinatriumanthracen + $(C_4H_9)_2SnCl_2$	THF, 5.5 h, 25 °C, 1 h, Rückfluß; t_f = 225 bis 235 °C	—	[24]
		9,10-Magnesiumanthracen + $(C_4H_9)_2SnCl_2$	THF, 2 h, Rückfluß; t_f = 220 bis 234 °C, erstarrt bei 235 °C unter Polymerisation	—	[25]
			Schmiermittelzusatz		[23, 26]

Tabelle 24 (Fortsetzung)

Nr.	Verbindung $R_2Sn\frown R'$	Darstellung	Reaktionsbedingungen Eigenschaften	Ausbeute in %	Lit.
26	$Sn(C_{18}H_{37})_2$	Anthracen + $(C_{18}H_{37})_2SnCl_2$ + Na	THF, Rückfluß, N_2; Stabilisator	—	[23]
27	$Sn(CH_2C_6H_5)_2$	Anthracen + Na + $(C_6H_5CH_2)_2SnCl_2$	THF, Rückfluß, N_2; Stabilisator	—	[23]
28	$Sn(CH{=}CH_2)_2$	Anthracen + Na + $(CH_2{=}CH)_2SnCl_2$	THF, Rückfluß, N_2; Stabilisator	—	[23]
29	$Sn(C_6H_5)_2$	Anthracen + Na + $(C_6H_5)_2SnCl_2$	THF, Rückfluß, N_2; Stabilisator	—	[23]
		9,10-Dinatriumanthracen + $(C_6H_5)_2SnCl_2$	THF, 5.5 h, 25°C, 1 h, Rückfluß; t_f = 205 bis 210°C	—	[24]
30*	CH_3, N, Sn, CH_3, CH_3	LiC_6H_4-*o*-$N(CH_3)C_6H_4$-*o*-Li + $(CH_3)_2SnCl_2$	Diäthyläther, 24 h, 25°C, Toluol, 4 h, Rückfluß; t_f = 133 bis 134°C	51	[27, 28]

Tabelle 24 (Fortsetzung)

Nr.	Verbindung $R_2Sn⌒R'$	Darstellung	Reaktionsbedingungen Eigenschaften	Ausbeute in %	Lit.
31*		LiC_6H_4-*o*-$N(CH_3)C_6H_4$-*o*-Li + $(C_6H_5)_2SnCl_2$	Diäthyläther, 24 h, 25°C, Toluol, 4 h, Rückfluß; t_f = 148.5 bis 150°C	52	[27, 28]
32*		$CH_3N(C_6H_3$-*p*-Br-*o*-Li$)_2 + (CH_3)_2SnCl_2$	Diäthyläther, 24 h, 25°C, Toluol, 4 h, Rückfluß; t_f = 122 bis 123°C	73	[27, 28]
		$R⌒SnCl_2 + CH_3MgCl$	—	75	[27, 28]
		$R⌒SnCl_2 + CH_3Li$	—	47	[27, 28]
33*		$CH_3N(C_6H_3$-*p*-Br-*o*-Li$)_2 + (C_6H_5)_2SnCl_2$	Diäthyläther, 24 h, 25°C, Toluol, 4 h, Rückfluß; t_f = 191 bis 193°C	26	[27, 28]
		$R⌒SnCl_2 + C_6H_5MgBr$	—	92	[27, 28]
		$R⌒SnCl_2 + C_6H_5Li$	—	47	[27, 28]
34*		$CH_3N(C_6H_3$-*p*-CH_3-*o*-Li$)_2 + (CH_3)_2SnCl_2$	Diäthyläther, 24 h, 25°C, Toluol, 4 h, Rückfluß; t_f = 119 bis 120°C	63	[27, 28]

Tabelle 24 (Fortsetzung)

Nr.	Verbindung $R_2Sn\frown R'$	Darstellung	Reaktionsbedingungen Eigenschaften	Ausbeute in %	Lit.
35*	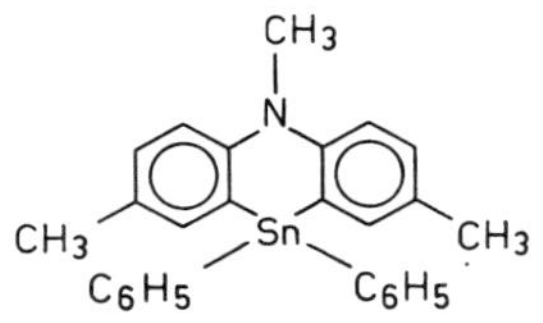	$CH_3N(C_6H_3$-*p*-CH_3-*o*-$Li)_2+(C_6H_5)_2SnCl_2$	Diäthyläther, 24 h, 25°C; Toluol, 4 h, Rückfluß	34	[27, 28]
36	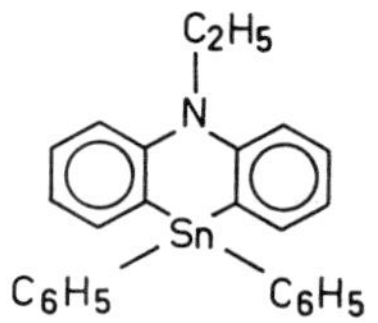	$C_2H_5N(C_6H_4$-*o*-$Li)_2+(C_6H_5)_2SnCl_2$	Diäthyläther, 28 h, 25°C; $t_f=117$ bis 119°C	33.7	[31, 32]
37	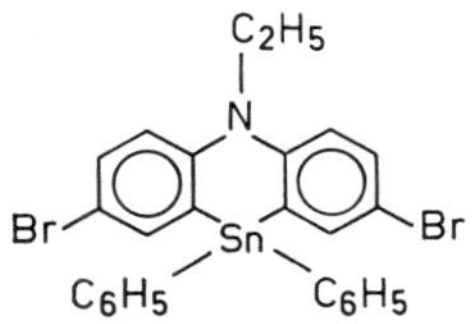	$C_2H_5N(C_6H_3$-*p*-Br-*o*-$Li)_2+(C_6H_5)_2SnCl_2$	Diäthyläther, 12 h, 25°C; $t_f=177$ bis 178°C	39.3	[33]
38*	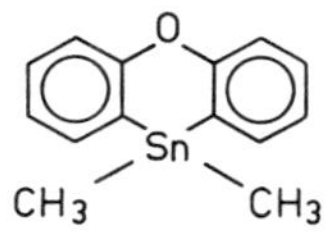	$(C_6H_5)_2O+C_4H_9Li+(CH_3)_2SnCl_2$	Diäthyläther, Rückfluß	2	[34, 35, 36]
		$R\frown SnCl_2+CH_3Li$	—	<35	[34, 35, 36]
		$R\frown SnCl_2+CH_3MgBr$	—	35	[34, 35, 36]
		(*o*-$BrC_6H_4)_2O+C_4H_9Li+(CH_3)_2SnCl_2$	Diäthyläther, Rückfluß; $t_f=49$°C, $t_s=110$ bis 120°C/0.001 Torr	31	[39]

Tabelle 24 (Fortsetzung)

Nr.	Verbindung $R_2Sn\frown R'$	Darstellung	Reaktionsbedingungen Eigenschaften	Ausbeute in %	Lit.
39*	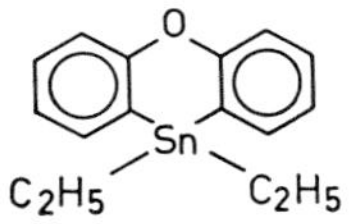 O; Sn; C_2H_5, C_2H_5	$(C_6H_5)_2O + C_4H_9Li + (C_2H_5)_2SnCl_2$	Diäthyläther, 16 h, Rückfluß; $t_f = 161$ bis 162°C	0.5	[34, 36]
		$R\frown SnCl_2 + C_2H_5Li$ bzw. C_2H_5MgBr	Diäthyläther	17	[34, 36]
		$(o\text{-}BrC_6H_4)_2O + C_4H_9Li + (C_2H_5)_2SnCl_2$	Diäthyläther, 1 h, Rückfluß; $t_s = 116°C/10^{-4}$ Torr	23	[39]
40*	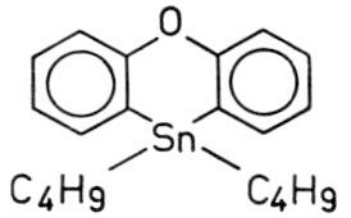 O; Sn; C_4H_9, C_4H_9	$(C_6H_5)_2O + C_4H_9Li + (C_4H_9)_2SnCl_2$	Diäthyläther, 18 h, Rückfluß; $t_f = 118$ bis 119°C	2	[34, 36]
		$R\frown SnCl_2 + C_4H_9Li$ bzw. C_4H_9MgBr	Diäthyläther	7	[34, 36]
41*	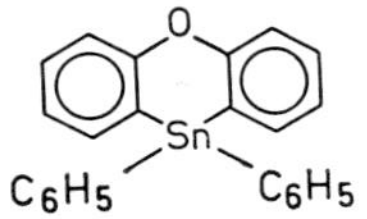 O; Sn; C_6H_5, C_6H_5	$R\frown SnCl_2 + C_6H_5Li$ bzw. C_6H_5MgBr	Diäthyläther, 19 h, Rückfluß; $t_f = 251$ bis 252°C	28	[34, 36]
42*	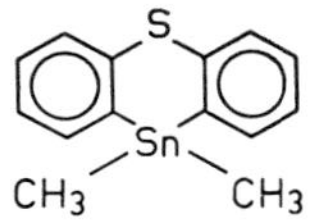 S; Sn; CH_3, CH_3	$(o\text{-}BrC_6H_4)_2S + C_4H_9Li + (CH_3)_2SnCl_2$	Diäthyläther, 1 h, Rückfluß; $t_f = 95$ bis 96°C	56	[39]
43*	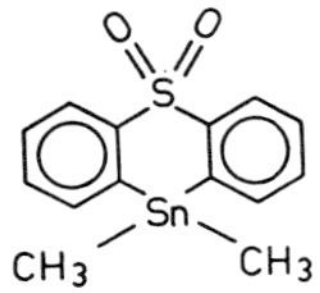 O, O, S; Sn; CH_3, CH_3	$(C_6H_5)_2SO_2 + C_4H_9Li + (CH_3)_2SnCl_2$	Diäthyläther, 24 h, Rückfluß; $t_f = 164$ bis 165°C	18	[34]
		Nr. 42 + *m*-ClC_6H_4COOOH	$CHCl_3$, 12 h, 25°C; $t_f = 164$ bis 166°C	64	[39]
44*	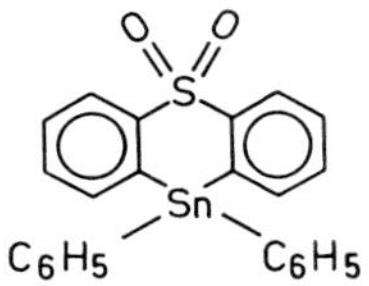 O, O, S; Sn; C_6H_5, C_6H_5	$(C_6H_5)_2SO_2 + C_4H_9Li + (C_6H_5)_2SnCl_2$	Diäthyläther, 24 h, Rückfluß; $t_f = 164$ bis 165°C	12	[34]

Tabelle 24 (Fortsetzung)

Nr.	Verbindung $R_2Sn\frown R'$	Darstellung	Reaktionsbedingungen Eigenschaften	Ausbeute in %	Lit.
45*	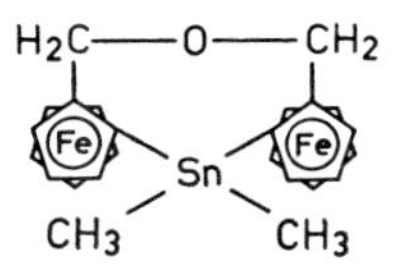 H_2C—O—CH_2; Fe; Fe; Sn; CH_3; CH_3	$(CH_3)_2Sn[C_5H_5FeC_5H_3CH_2N(CH_3)_2]_2 +$ $CH_3J + H_2O$	—	—	[41]
46*	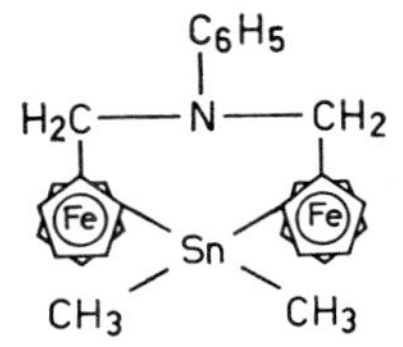 C_6H_5; H_2C—N—CH_2; Fe; Fe; Sn; CH_3; CH_3	$(CH_3)_2Sn[C_5H_5FeC_5H_3CH_2N(CH_3)_2]_2 +$ $CH_3J + C_6H_5NH_2$	—	—	[41]
47*	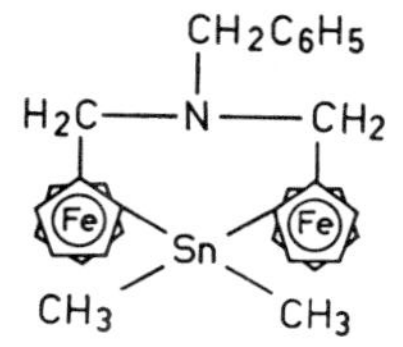 $CH_2C_6H_5$; H_2C—N—CH_2; Fe; Fe; Sn; CH_3; CH_3	$(CH_3)_2Sn[C_5H_5FeC_5H_3CH_2N(CH_3)_2]_2 +$ $CH_3J + C_6H_5CH_2NH_2$	—	—	[41]
48*	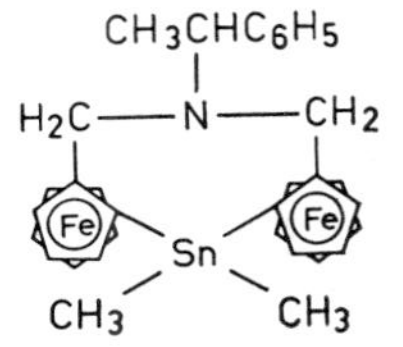 $CH_3CHC_6H_5$; H_2C—N—CH_2; Fe; Fe; Sn; CH_3; CH_3	$(CH_3)_2Sn[C_5H_5FeC_5H_3CH_2N(CH_3)_2]_2 +$ $CH_3J + C_6H_5CH(CH_3)NH_2$	—	—	[41]

$(CH_3)_2SnC_{14}H_{12}$ (Tabelle **24**, Nr. **22**). Im UV-Spektrum (Abbildung s. Original) wird eine Bande bei 273.5 nm beobachtet [21]. IR-Spektrum (in cm^{-1}): 1602 s, 1585 m, 1570 s, 1465 st, 1440 st, 1390 Sch, 1298 s, 1266 Sch, 1260 m, 1160 s, 1116 m, 1106 m, 1046 s, 1026 st, 948 s, 755 st, 728 Sch, 698 m, 560 s, 528 st, 518 Sch, 450 st. ^{1}H-NMR-Spektrum: $\tau CH = 2.4$ bis 3.2 (Multiplett), $\tau CH_2 = 6.9$ (Singulett), $\tau CH_3Sn = 9.50$ (Singulett). Massenspektrum s. im Original. Mit N-Bromsuccinimid reagiert die Verbindung unter Bildung von 2,2'-Dibromdibenzyl, mit Dichlordicyanchinon unter Bildung von 1,2-Diphenyläthan [22]. 2,2'-Dibromdibenzyl bildet sich auch bei der Umsetzung der Verbindung mit Br_2 [20, 21]. Mit $SbCl_3$ entsteht $(CH_3)_2SnCl_2$ neben $R\frown SbCl$ [19].

$(C_6H_5)_2SnC_{14}H_{12}$ (Tabelle **24**, Nr. **23**). Die Verbindung ist dimorph. Eine Modifikation mit dem Schmelzpunkt 136 bis 137°C wird durch Umkristallisieren des Rohproduktes aus Petroläther, die zweite mit dem Schmelzpunkt 146 bis 147°C durch Umkristallisieren aus Äthanol bzw. durch Erhitzen der niedriger schmelzenden Modifikation bis zu deren Schmelzpunkt erhalten. UV-Spektrum der Verbindung s. im Original [21]. IR-Spektrum (in cm^{-1}): 1260 m, 1118 s, 1105 s, 1075 m, 1021 s, 998 s, 808 s, 790 s, 760 st, 730 st, 700 st, 658 s, 560 s, 450 m. ^{1}H-NMR-Spektrum: $\tau CH = 2.3$ bis 3.1 (Multiplett), $\tau CH_2 = 6.83$ (Singulett). Massenspektrum s. im Original. Mit Dichlordicyanchinon reagiert die Verbindung in Toluol bei 3tägigem Rückflußerhitzen unter Bildung von 1,2-Diphenyläthan [22].

$(CH_3)_2SnC_{13}H_{11}N$ (Tabelle **24**, Nr. **30**). UV-Spektrum: 242 nm ($\varepsilon = 6770$), 283 nm ($\varepsilon = 10100$). IR-Spektrum (in cm^{-1}): 770, 608, 580, 538, 522, 447 und 399. ^{1}H-NMR-Spektrum: $\tau CH_3Sn = 9.53$, $\tau CH_3N = 6.60$, $\tau CH = 2.5$ bis 3.2. Mit $C_6H_5PCl_2$ reagiert die Verbindung bei 180°C während 2 h unter Bildung von $(CH_3)_2SnCl_2$ und $R\frown PC_6H_5$ [28].

$(C_6H_5)_2SnC_{13}H_{11}N$ (Tabelle **24**, Nr. **31**). UV-Spektrum: 243 nm ($\varepsilon = 7280$), 284 nm ($\varepsilon = 10200$). IR-Spektrum (in cm^{-1}): 767, 699, 605, 577, 509, 445 und 390. ^{1}H-NMR-Spektrum: $\tau CH_3N = 6.59$, $\tau CH = 2.2$ bis 3.1 [28].

$(CH_3)_2SnC_{13}H_9Br_2N$ (Tabelle **24**, Nr. **32**). Das CD_3N-Analoge wird durch Umsetzung von $CD_3N(C_6H_3\text{-}2,4\text{-}Br_2)_2$ mit C_4H_9Li in Hexan und anschließender Zugabe von $(CH_3)_2SnCl_2$ in Diäthyläther erhalten [30]. UV-Spektrum: 243 nm ($\varepsilon = 7810$), 290 nm ($\varepsilon = 16200$). IR-Spektrum (in cm^{-1}): 881, 820, 638, 577, 532, 518, 479 und 448. ^{1}H-NMR-Spektrum: $\tau CH_3Sn = 9.53$, $\tau CH_3N = 6.70$, $\tau CH = 2.5$ bis 3.2. Die Verbindung reagiert mit $SnCl_4$ in Xylol bei 3stündigem Rückflußerhitzen unter Abspaltung von $(CH_3)_2SnCl_2$ und Bildung von $R\frown SnCl_2$, mit $C_6H_5PCl_2$ bei 2stündigem Erhitzen auf 210°C zu $(CH_3)_2SnCl_2$ und $R\frown PC_6H_5$ [28]. Zum Massenspektrum s. [29, 30].

$(C_6H_5)_2SnC_{13}H_9Br_2N$ (Tabelle **24**, Nr. **33**). UV-Spektrum: 243 nm ($\varepsilon = 19400$), 290 nm ($\varepsilon = 24500$). IR-Spektrum (in cm^{-1}): 893, 820, 697, 651, 637, 576, 519, 473, 447, 439 und 431. ^{1}H-NMR-Spektrum: $\tau CH_3N = 6.67$, $\tau CH = 2.4$ bis 3.0 [28]. Zum Massenspektrum s. [30].

$(CH_3)_2SnC_{15}H_{15}N$ (Tabelle **24**, Nr. **34**). UV-Spektrum: 240 nm ($\varepsilon = 5600$), 280 nm ($\varepsilon = 7930$), 320 nm ($\varepsilon = 2560$). IR-Spektrum (in cm^{-1}): 877, 825, 650, 573, 532, 520, 449, 418, 397, 347 und 334. ^{1}H-NMR-Spektrum: $\tau CH_3Sn = 9.55$, $\tau CH_3C = 7.73$, $\tau CH_3N = 6.66$, $\tau CH = 2.7$ bis 3.0. Die Reaktion der Verbindung mit $C_6H_5PCl_2$ führt zu $(CH_3)_2SnCl_2$ und $R\frown PC_6H_5$ [28].

$(C_6H_5)_2SnC_{15}H_{15}N$ (Tabelle **24**, Nr. **35**). UV-Spektrum: 244 nm ($\varepsilon = 7300$), 283 nm ($\varepsilon = 9510$), 325 nm ($\varepsilon = 3100$). IR-Spektrum (in cm^{-1}): 885, 824, 698, 656, 575, 516, 435, 425 und 336. ^{1}H-NMR-Spektrum: $\tau CH_3C = 7.79$, $\tau CH_3N = 6.65$, $\tau CH = 2.3$ bis 3.2 [28].

$(CH_3)_2SnC_{12}H_8O$ (Tabelle **24**, Nr. **38**). Die bei [34] und [35] angegebenen UV-, IR- und ^{1}H-NMR-Daten gelten vermutlich für ein Gemisch der Verbindung mit ihrem Dimeren. — Für die Verbindung werden folgende ^{1}H-NMR-Daten angegeben: $\delta CH_3Sn = -0.50$ ppm, $\delta CH = -6.80$ bis 7.50 ppm, $J(^1HC^{117/119}Sn) = 59.2/62.0$ Hz. Die Tatsache, daß in CH_2Cl_2- bzw. Toluol-D_8-Lösung bis −100°C nur ein Singulettsignal für die CH_3Sn-Protonen auftritt, wird mit einem raschen Gleichgewicht zwischen den beiden Konformeren erklärt [39]. Massenspektrum s. [37, 38, 39]. Die Verbindung reagiert mit HCl unter Bildung von $(CH_3)_2SnCl_2$ und $(C_6H_5)_2O$ [34, 35, 36], mit $SbCl_3$ unter Bildung von $(CH_3)_2SnCl_2$ und $R\frown SbCl$ [19].

$(C_2H_5)_2SnC_{12}H_8O$ (Tabelle **24**, Nr. **39**). UV-Spektrum: 246 nm (ε = 9140), 272 nm (ε = 3290), 281 nm (ε = 3510), 288 nm (ε = 3280). IR-Spektrum (in cm^{-1}): 3030, 2915, 2849, 1563, 1456, 1429, 1374, 1256, 1218, 1159, 1114, 1057, 1011, 966, 881, 805, 754, 725, 676, 652, 518 und 442. ^1H-NMR-Spektrum: $\tau C_2H_5Sn = 8.87$ bis 8.98, 8.58 bis 8.66, $\tau CH = 2.4$ bis 3.7. Diese spektroskopischen Daten schließen das Vorliegen eines Dimeren oder Polymeren nicht aus [34]. Zum Massenspektrum s. [37, 38].

$(C_4H_9)_2SnC_{12}H_8O$ (Tabelle **24**, Nr. **40**). UV-Spektrum: 245 nm (ε = 8160), 281 nm (ε = 3090), 288 nm (ε = 2880). IR-Spektrum (in cm^{-1}): 3030, 2899, 2825, 1563, 1453, 1429, 1374, 1256, 1215, 1157, 1114, 1075, 1056, 877, 806, 760, 725, 697, 676, 650, 605, 594, 458, 440, 430. ^1H-NMR-Spektrum: $\tau C_4H_9Sn = 8.5$ bis 9.5, $\tau CH = 2.4$ bis 3.7. Die spektroskopischen Daten schließen das Vorliegen der Verbindung in Form eines Dimeren oder Polymeren nicht aus [34]. Zum Massenspektrum s. [37, 38, 40].

$(C_6H_5)_2SnC_{12}H_8O$ (Tabelle **24**, Nr. **41**). UV-Spektrum: 245 nm (ε = 6210), 282 nm (ε = 3090). IR-Spektrum (in cm^{-1}): 3049, 1567, 1481, 1464, 1433, 1261, 1220, 1161, 1119, 1078, 1060, 1040, 1002, 887, 810, 762, 701, 730, 656, 627, 583, 521, 451, 374. ^1H-NMR-Spektrum: $\tau CH = 2.4$ bis 3.6 [34]. Zum Massenspektrum s. Original [37, 38].

$(CH_3)_2SnC_{12}H_8S$ (Tabelle **24**, Nr. **42**). ^1H-NMR-Spektrum: $\delta CH = -7.00$ bis -7.30, -7.30 bis -7.50 und -7.50 bis -7.75 ppm, $\delta CH_3Sn = -0.54$ ppm (in CH_2Cl_2-Lösung wird selbst bei $-100°C$ nur ein Singulett für die beiden möglichen Konformeren gefunden), $J(^1HC^{117/119}Sn) = 57.8/60.4$ Hz. Mit *m*-ClC_6H_4COOOH reagiert die Verbindung in $CHCl_3$ bei 25°C während 12 h zu 10,10-Dimethylphenothiastannin-5,5-dioxid [39], mit $SbCl_3$ zu $(CH_3)_2SnCl_2$ und R$\frown$SbCl [19].

$(CH_3)_2SnC_{12}H_8O_2S$ (Tabelle **24**, Nr. **43**). UV-Spektrum: 246 nm (ε = 9760), 266 nm (ε = 2590), 273 nm (ε = 4470), 281 nm (ε = 3560). IR-Spektrum (in cm^{-1}): 1299, 1151, 759, 646, 587, 567, 545, 521, 514, 479, 458, 427, 414, 345, 302. ^1H-NMR-Spektrum: $\tau CH_3Sn = 9.30$, $\tau CH = 2.2$ bis 2.7 und 1.7 bis 2.0 [34], $\delta CH = -7.20$ bis -7.48, -7.48 bis -7.60 und -7.90 bis -8.20 ppm, $\delta CH_3Sn = -0.67$ ppm (selbst bei $-100°C$ in CH_2Cl_2-Lösung nur ein Singulett für die beiden Konformeren), $J(^1HC^{117/119}Sn) = 59.2/62.0$ Hz [39]. Mit $SbCl_3$ reagiert die Verbindung unter Abspaltung von $(CH_3)_2SnCl_2$ und Bildung von R$\frown$SbCl [19].

$(C_6H_5)_2SnC_{12}H_8O_2S$ (Tabelle **24**, Nr. **44**). UV-Spektrum: 245 nm (ε = 10800), 266 nm (ε = 6200), 273 nm (ε = 7090), 281 nm (ε = 5330). IR-Spektrum (in cm^{-1}): 1312, 1151, 764, 696, 651, 619, 594, 570, 514, 478, 461, 448, 429 und 334. ^1H-NMR-Spektrum: $\tau CH = 2.2$ bis 2.8 und 1.6 bis 1.8 [34].

$(CH_3)_2SnC_{22}H_{20}Fe_2O$ (Tabelle **24**, Nr. **45**), **$(CH_3)_2SnC_{28}H_{25}Fe_2N$** (Tabelle **24**, Nr. **46**), **$(CH_3)_2SnC_{29}H_{27}Fe_2N$** (Tabelle **24**, Nr. **47**) und **$(CH_3)_2SnC_{30}H_{29}Fe_2N$** (Tabelle **24**, Nr. **48**). Die Verbindungen liegen in Form der beiden Isomeren 45a bis 48a (IX) und 45b bis 48b (X) vor, wobei X = O, NC_6H_5, $NCH_2C_6H_5$ bzw. $NCH(CH_3)C_6H_5$ ist. Jedes Isomere enthält diastereotope

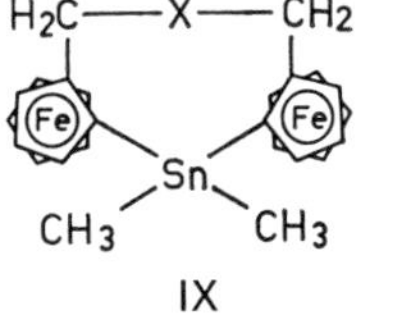

IX

H2C—X—CH2 / Fe / Fe / Sn / CH3 / CH3

X

$CH_3(Sn)$-Gruppen. Die demzufolge zu erwartende magnetische Nichtäquivalenz der $CH_3(Sn)$-Protonen wird jedoch nur bei den Verbindungen 45a bis 48a, nicht dagegen bei den Verbindungen 45b bis 48b beobachtet. Wie Tabelle 25 auf S. 124 zeigt, sind die Differenzen der chemischen Verschiebung bei den Verbindungen 45a bis 48a sowohl vom Lösungsmittel als auch von der Temperatur abhängig [41].

Tabelle 25

Differenzen der chemischen Verschiebung $\Delta\delta CH_3Sn$

Verbindung	Lösungsmittel	t in °C	$\Delta\delta CH_3Sn$ in ppm
45a	$CHCl_3$	20	0.49
46a	CCl_4	20	0.48
	C_6H_6	20	0.62
	$CHCl_3$	−40	0.50
	$CHCl_3$	18	0.58
	$CHCl_3$	61	0.58
47a	$CHCl_3$	20	0.48
48a	$CHCl_3$	20	0.42

Literatur:

[1] Y. Sato, M. Takeuchi, H. Shirai (Nagoya Shiritsu Daigaku Yakugakubu Kenkyu Nempo **1973** 22/4 nach C.A. **82** [1975] Nr. 73110). — [2] W. G. Hanstein, H. J. Berwin, T. G. Traylor (J. Am. Chem. Soc. **92** [1970] 7476/7). — [3] Anonyme Veröffentlichung (Chem. Eng. News **49** Nr. 46 [1971] 26/7). — [4] A. J. Leusink, H. A. Budding, J. G. Noltes (J. Organometal. Chem. **24** [1970] 375/86). — [5] A. J. Leusink, J. G. Noltes, H. A. Budding, G. J. M. van der Kerk (Rec. Trav. Chim. **83** [1964] 1036/8).

[6] A. J. Leusink, W. Drenth, J. G. Noltes, G. J. M. van der Kerk (Tetrahedron Letters **1967** 1263/6). — [7] G. Axelrad, D. Halpern (Chem. Commun. **1971** 291). — [8] F. Johnson, Dow Chemical Co. (U.S.P. 3234239 [1960/66]; C.A. **64** [1966] 11251). — [9] R. Gelius (Chem. Ber. **93** [1960] 1759/68). — [10] R. Gelius (Angew. Chem. **72** [1960] 322).

[11] J. M. Gaidis (J. Org. Chem. **35** [1970] 2811/3). — [12] J. G. Zavistoski, J. J. Zuckerman (J. Org. Chem. **34** [1969] 4197/9). — [13] J. J. Zuckerman (Advan. Organometal. Chem. **9** [1970] 21/134). — [14] E. G. Janzen, W. B. Harrison, C. M. Dubose (J. Organometal. Chem. **40** [1972] 281/7). — [15] S. C. Cohen, A. G. Massey (J. Organometal. Chem. **10** [1967] 471/81).

[16] P. Jutzi (Chem. Ber. **104** [1971] 1455/67). — [17] P. Jutzi (J. Organometal. Chem. **19** [1969] P1/P2). — [18] P. Jutzi, K. Deuchert (Angew. Chem. **81** [1969] 1051/2). — [19] H. A. Meinema, C. J. R. Crispim Romao, J. G. Noltes (J. Organometal. Chem. **55** [1973] 139/41). — [20] O. F. Beumel (Diss. Univ. of New Hampshire 1960, 120 S.; Diss. Abstr. **21** [1960] 1370).

[21] H. G. Kuivila, O. F. Beumel (J. Am. Chem. Soc. **80** [1958] 3250/3). — [22] J. Y. Corey, M. Duebber, M. Malaidza (J. Organometal. Chem. **36** [1972] 49/60). — [23] Esso Research and Engineering Co. (F.P. 1467549 [1966/67]; C.A. **68** [1968] Nr. 49769). — [24] H. E. Ramsden, Esso Research and Engineering Co. (U.S.P. 3240795 [1962/66]; C.A. **64** [1966] 14220). — [25] H. E. Ramsden, Esso Research and Engineering Co. (U.S.P. 3354190 [1965/67]; C.A. **68** [1968] Nr. 114744).

[26] E. C. Younghouse, W. K. Detweiler, Esso Research and Engineering Co. (U.S.P. 3236772 [1962/66]; C.A. **64** [1966] 15658). — [27] V. A. Perciaccante (Diss. St. John's Univ. 1967, 96 S.; Diss. Abstr. B **28** [1968] 3654). — [28] E. J. Kupchik, V. A. Perciaccante (J. Organometal. Chem. **10** [1967] 181/7). — [29] I. Lengyel, M. J. Aaronson (Angew. Chem. **84** [1972] 542/3). — [30] I. Lengyel, M. J. Aaronson (J. Organometal. Chem. **42** [1972] 95/106).

[31] C. Tamborski, H. Gilman, U.S. Dept. of the Air Forces (U.S.P. 3079414 [1959/63]; C.A. **59** [1963] 5196). — [32] H. Gilman, E. A. Zuech (J. Am. Chem. Soc. **82** [1960] 2522/4). — [33] D. Wasserman, R. E. Jones, S. A. Robinson, J. D. Garber (J. Org. Chem. **30** [1965] 3248/50). — [34] E. J. Kupchik, J. A. Ursino, P. R. Boudjouk (J. Organometal. Chem. **10** [1967] 269/78). — [35] E. J. Kupchik, J. A. Ursino (Chem. Ind. [London] **1965** 794/5).

[36] J. A. Ursino (Diss. St. John's Univ. 1967, 99 S.; Diss. Abstr. B **28** [1968] 3662). — [37] I. Lengyel, M. J. Aaronson, J. P. Dillon (J. Organometal. Chem. **25** [1970] 403/20). — [38] I. Lengyel, M. J. Aaronson (Angew. Chem. **82** [1970] 182). — [39] H. A. Meinema, J. G. Noltes (J. Organometal. Chem. **63** [1973] 243/50). — [40] I. Lengyel, M. J. Aaronson (Chem. Commun. **1970** 129/30).

[41] D. R. Morris, B. W. Rockett (J. Organometal. Chem. **40** [1972] C21/C22).

1.1.6.2 Heterocyclen des Typs RR'Sn⌒R''

Heterocycles of the RR'Sn⌒R'' Type

$C_2H_5(C_6H_5)SnC_{10}H_8$

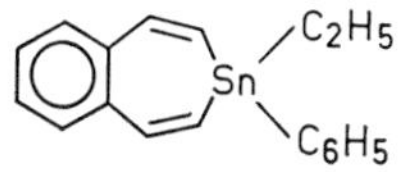

Die Verbindung entsteht aus $HC{\equiv}CC_6H_4$-*o*-$C{\equiv}CH$ und $C_2H_5(C_6H_5)SnH_2$ in Benzol in 5.4%iger Ausbeute neben anderen Produkten. Im UV-Spektrum erscheint eine Bande bei 224 nm (lg ε = 4.50). Im IR-Spektrum werden Banden bei 783 und 1582 cm^{-1} beobachtet. Die Verbindung reagiert mit J_2 unter Ringöffnung und Bildung von $JCH{=}CHC_6H_4$-*o*-$CH{=}CHJ$ neben $C_2H_5(C_6H_5)SnJ_2$ [1, 2].

Literatur:

[1] A. J. Leusink, J. G. Noltes, H. A. Budding, G. J. M. van der Kerk (Rec. Trav. Chim. **83** [1964] 1036/8). — [2] A. J. Leusink, H. A. Budding, J. G. Noltes (J. Organometal. Chem. **24** [1970] 375/86).

1.1.6.3 Heterocyclen des Typs RSn⌓R'

Heterocycles of the RSn⌓R' Type

Von diesem Typ sind bisher noch keine Verbindungen bekannt.

1.1.6.4 Heterocyclen des Typs Sn⌓R

Heterocycles of the Sn⌓R Type

Von diesem Typ sind bisher noch keine Verbindungen bekannt.

1.1.6.5 Spirane des Typs R⌒Sn⌒R

Spiranes of the R⌒Sn⌒R Type

Darstellung und Eigenschaften der symmetrischen Spirane des Typs R⌒Sn⌒R sind in Tabelle 26 auf S. 127/31 zusammengestellt.

Weitere Angaben für die in der Tabelle aufgeführten Verbindungen (laufende Nummern mit Stern):

$Sn(C_{28}H_{20})_2$ (Tabelle **26**, Nr. **4**). Die Verbindung entsteht auch aus $(CH_3)_2SnCl_2$, $(C_2H_5)_2SnCl_2$, $(CH_2{=}CH)_2SnCl_2$, $(CH_3)_3SnCl$, $(C_4H_9)_3SnCl$ oder $(CH_3)_2Sn(C_{28}H_{20})$ und $Li[C(C_6H_5)]_4Li$ in Tetrahydrofuran in Ausbeuten zwischen 13 und 80% [15]. Die angegebenen Schmelzpunkte liegen zwischen 160°C [9] und 282°C [12]. Die Verbindung kann bei 225°C im Vakuum sublimiert werden [15]. Die Isomerieverschiebung im Mössbauer-Spektrum beträgt $\delta = 1.30 \pm 0.06$ mm/s gegen SnO_2 [15].

$Sn(C_{12}H_8O)_2$ (Tabelle **26**, Nr. **14**). UV-Spektrum: 246 nm (ε = 32400), 286 nm (ε = 18000). IR-Spektrum (in cm^{-1}): 3040, 1587, 1460, 1429, 1311, 1266, 1220, 1176, 1161, 1122, 1064, 952, 897, 861, 781, 775, 762, 712, 627, 596, 512, 435, 369. ^{1}H-NMR-Spektrum: τCH = 2.2 bis 3.5 [30].

$Sn(C_{12}H_8SO_2)_2$ (Tabelle **26**, Nr. **15**). UV-Spektrum (in nm): 247 (ε = 16300), 267 (ε = 9620), 274 (ε = 12000), 282 (ε = 10200). IR-Spektrum (in cm^{-1}): 1312, 1154, 769, 646, 588, 566, 509, 476, 459, 428, 351, 338 und 322. ^{1}H-NMR-Spektrum: τCH = 2.0 bis 2.8 und 1.5 bis 1.8 (Multipletts) [30].

Literatur:

[1] D. B. Chambers, F. Glockling, M. Weston (J. Chem. Soc. A **1967** 1759/69). — [2] F. J. Bajer (Diss. State Univ. of New York 1964, 98 S.; Diss. Abstr. **25** [1964] 1557). — [3] V. Yu. Orlov, L. E. Guselnikov, E. Sh. Finkelshtein, V. M. Vdovin (Izv. Akad. Nauk SSSR Ser. Khim. **1973** 1984/9; Bull. Acad. Sci. USSR Div. Chem. Sci. **1973** 1934/8). — [4] F. J. Bajer, H. W. Post (J. Organometal. Chem. **11** [1968] 187/91). — [5] R. Polster (Liebigs Ann. Chem. **654** [1962] 20/3).

[6] R. Polster, Badische Anilin- und Soda-Fabrik A.-G. (D.P. 1156807 [1961/63]; C.A. **60** [1964] 4182). — [7] R. Polster, Badische Anilin- und Soda-Fabrik A.-G. (D. P. 1150388 [1961/63]; C.A. **60** [1964] 553). — [8] R. Polster, Badische Anilin- und Soda-Fabrik A.-G. (D.P. 1153748 [1960/63]; C.A. **60** [1964] 551). — [9] F. C. Leavitt, T. A. Manuel, F. Johnson (J. Am. Chem. Soc. **81** [1959] 3163/4). — [10] F. C. Leavitt, T. A. Manuel, F. Johnson, L. V. Matternas, D. S. Lehmann (J. Am. Chem. Soc. **82** [1960] 5099/102).

[11] E. H. Braye, W. Hübel, I. Chaplier (J. Am. Chem. Soc. **83** [1961] 4406/13). — [12] F. C. Leavitt, F. Johnson, Dow Chemical Co. (U.S.P. 3412119 [1963/68]; C.A. **70** [1969] Nr. 106658). — [13] F. C. Leavitt, F. Johnson, Dow Chemical Co. (U.S.P. 3116307 [1959/63]; C.A. **60** [1964] 6872). — [14] K. W. Hübel, E. H. Braye, I. H. Chaplier, Union Carbide Corp. (U.S.P. 3151140 [1960/64]; C.A. **61** [1964] 16097). — [15] J. G. Zavistoski, J. J. Zuckerman (J. Org. Chem. **34** [1969] 4197/9).

[16] M. D. Rausch, L. P. Klemann (J. Am. Chem. Soc. **89** [1967] 5732/3). — [17] Anonyme Veröffentlichung (Chem. Eng. News **49** Nr. 46 [1971] 26/7). — [18] R. Gelius (Chem. Ber. **93** [1960] 1759/68). — [19] S. C. Cohen, A. G. Massey (J. Organometal. Chem. **10** [1967] 471/81). — [20] S. C. Cohen, M. L. M. Reddy, A. G. Massey (Chem. Commun. **1967** 451/3).

[21] H. E. Ramsden, Esso Research and Engineering Co. (U.S.P. 3240795 [1962/66]; C.A. **64** [1966] 14220). — [22] Esso Research and Engineering Co. (F.P. 1467549 [1966/67]; C.A. **68** [1968] Nr. 49769). — [23] E. J. Kupchik, V. A. Perciaccante (J. Organometal. Chem. **10** [1967] 181/7). — [24] V. A. Perciaccante (Diss. St. John's Univ. 1967, 96 S.; Diss. Abstr. B **28** [1968] 3654). — [25] I. Lengyel, M. J. Aaronson (J. Organometal. Chem. **42** [1972] 95/106).

[26] I. Lengyel, M. J. Aaronson (Angew. Chem. **84** [1972] 542/3). — [27] H. Gilman, E. A. Zuech (J. Am. Chem. Soc. **82** [1960] 2522/4). — [28] C. Tamborski, H. Gilman, U.S. Dept. of the Air Forces (U.S.P. 3079414 [1959/63]; C.A. **59** [1963] 5196). — [29] D. Wasserman, R. E. Jones, Merck und Co., Inc. (Belg.P. 613915 [1961/62]; C.A. **58** [1963] 1490). — [30] E. J. Kupchik, J. A. Ursino, P. R. Boudjouk (J. Organometal. Chem. **10** [1967] 269/78).

[31] J. A. Ursino (Diss. St. John's Univ. 1967, 99 S.; Diss. Abstr. B **28** [1968] 3662).

Spiranes of the R⊃Sn⊂R' Type

1.1.6.6 Spirane des Typs R⊃Sn⊂R'

Von diesem Typ sind bisher noch keine Verbindungen bekannt.

Tabelle 26

Nr.	Verbindung R⌒Sn⌒R	Darstellung	Reaktionsbedingungen Eigenschaften	Ausbeute in %	Lit.
1	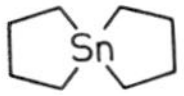	$SnCl_4 + BrMg(CH_2)_4MgBr$	Diäthyläther, 10 h, Rückfluß; $t_s = 108$ bis 110°C/30 Torr, Massenspektrum	—	[1, 2]
			Massenspektrum		[3]
2	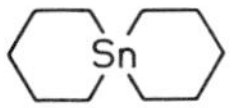	$SnCl_4 + BrMg(CH_2)_5MgBr$	Pentan; $t_s = 119$ bis 120°C/10 Torr, $n_D^{25} = 1.5362$; reagiert mit X_2 zu $[X(CH_2)_5]_2SnX_2$ (X = Br, J), mit HBr zu $[Br(CH_2)_5]_2SnBr_2$	—	[2, 4]
3	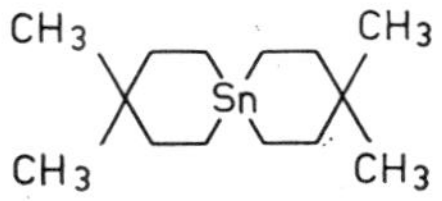	$SnCl_4 + (CH_3)_2C[CH_2CH_2Al\langle\ \rangle(CH_3)_2]_2$ 	Diäthyläther-Benzol; $t_s = 72$ bis 77°C/10 bis 14 Torr, 75 bis 82°C/0.0001 Torr, $n_D^{20} = 1.5182$; reagiert mit Br_2 zu R⌒Sn(Br)$CH_2CH_2C(CH_3)_2CH_2CH_2Br$ und $Br_2Sn[CH_2CH_2C(CH_3)_2CH_2CH_2Br]_2$; Fungizid, Stabilisator	68	[5 bis 8]
4*	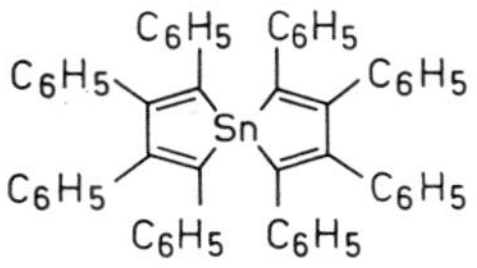	$SnCl_4$ + $LiC(C_6H_5){=}C(C_6H_5)C(C_6H_5){=}C(C_6H_5)Li$	Diäthyläther, N_2; $t_f = 281$ bis 282°C	62	[9 bis 14]
5	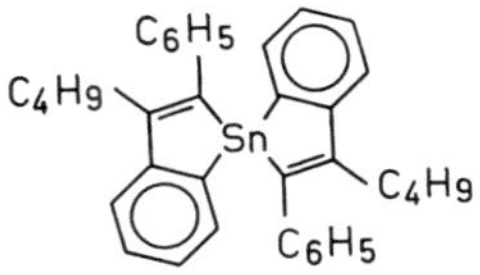	$C_6H_5C{\equiv}CC_6H_5 + C_4H_9Li + SnCl_4$	Tetramethylendiamin-Hexan; $t_f = 139.5$ bis 142.5°C	28	[16, 17]
		$C_6H_5C{\equiv}CC_6H_5 + (CH_2{=}CH)_2SnCl_2$	—	9	[16, 17]

Tabelle 26 (Fortsetzung)

Nr.	Verbindung R⌒Sn⌒R	Darstellung	Reaktionsbedingungen Eigenschaften	Ausbeute in %	Lit.
6	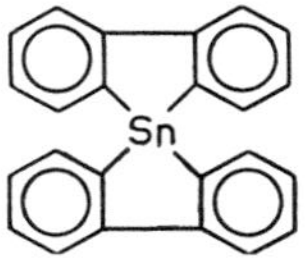	$SnBr_4 + LiC_6H_4$-*o*-C_6H_4-*o*-Li	Diäthyläther, 4 h, 20°C; $t_f = 320$ bis 322 °C (Zers.); reagiert mit HCl zu R⌒Sn(Cl)C_6H_4-*o*-C_6H_5 und (C_6H_5-*o*-$C_6H_4)_2SnCl_2$	21.2	[18]
7	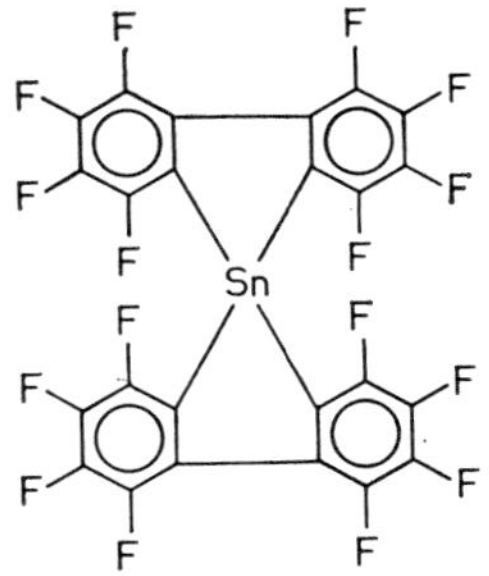	$SnCl_4 + LiC_6F_4$-*o*-C_6F_4-*o*-Li Sn + JC_6F_4-*o*-C_6F_4-*o*-J	Diäthyläther, 3 h, 20°C; $t_f = 227$ bis 229°C, IR: 1618 s, 1595 m, 1488 st, 1462 st, 1451 st, 1408 s, 1366 s, 1337 s, 1302 m, 1295 s, 1252 m, 1247 m, 1107 st, 1063 st, 1057 st, 1037 st, 919 s, 913 m, 815 s, 773 s, 705 m, 641 s, 588 s cm^{-1}	17	[19, 20]
8	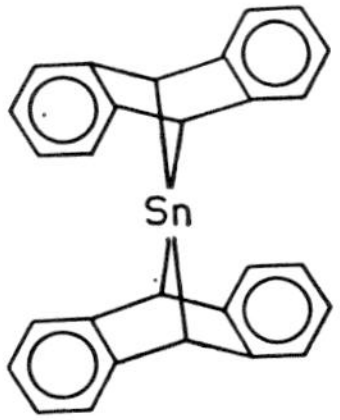	$SnCl_4$ + Natriumanthracen	Tetrahydrofuran; $t_f = 227$ bis 228°C; Stabilisator	—	[21, 22]

Tabelle 26 (Fortsetzung)

Nr.	Verbindung R⌒Sn⌒R	Darstellung	Reaktionsbedingungen Eigenschaften	Ausbeute in %	Lit.
9	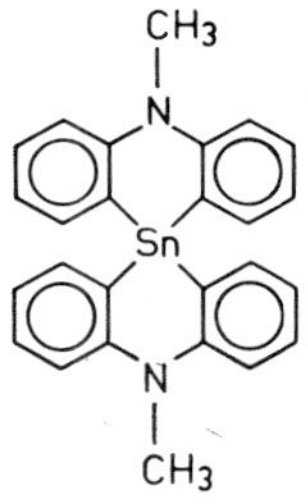	$SnCl_4 + CH_3N(C_6H_4\text{-}o\text{-}Li)_2$	Diäthyläther, 24 h, 25°C und Toluol, 4 h, Rückfluß; $t_f = 164$ bis 166°C, IR: 769, 660, 604, 576, 518, 506, 442 und 395 cm^{-1}, UV: 243 ($\varepsilon = 9140$), 285 ($\varepsilon = 12000$), 324 ($\varepsilon = 4970$) nm, NMR: $\tau NCH_3 = 6.45$, $\tau CH = 2.5$ bis 3.0 (Multiplett)	49	[23, 24]
			Massenspektrum	—	[25]
10	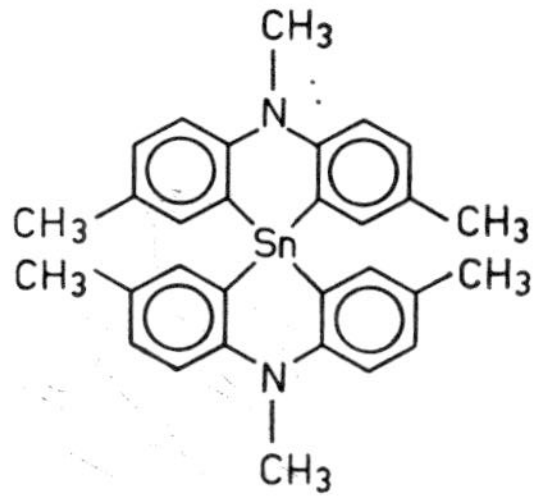	$SnCl_4 + CH_3N(C_6H_3\text{-}p\text{-}CH_3\text{-}o\text{-}Li)_2$	Diäthyläther, 24 h, 25°C und Toluol, 4 h, Rückfluß; $t_f = 209$ bis 211°C, IR: 883, 817, 650, 573, 545, 516, 446, 368 und 343 cm^{-1}, UV: 243 ($\varepsilon = 9890$), 284 ($\varepsilon = 11900$), 333 ($\varepsilon = 4620$) nm, NMR: $\tau CCH_3 = 7.79$, $\tau NCH_3 = 6.54$, $\tau CH = 2.2$ bis 3.2 (Multiplett)	78	[23, 24]
11	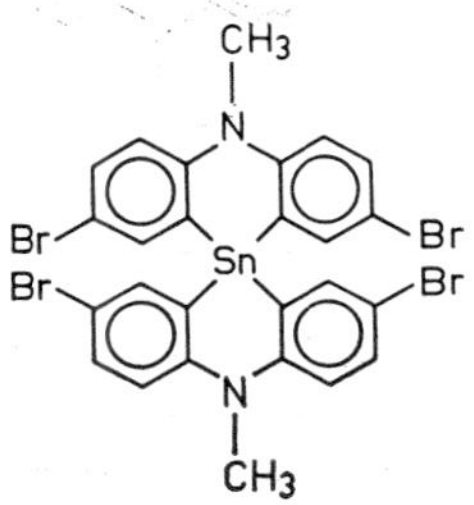	$SnCl_4 + CH_3N(C_6H_3\text{-}p\text{-}Br\text{-}o\text{-}Li)_2$	wie Nr. 10; $t_f = 259$ bis 260°C, IR: 881, 814, 649, 587, 524, 474 und 443 cm^{-1}, UV: 243 ($\varepsilon = 22500$), 290 ($\varepsilon = 31800$), 335 ($\varepsilon = 11200$) nm, NMR: $\tau NCH_3 = 6.52$, $\tau CH = 2.5$ bis 3.1 (Multiplett); reagiert mit $SnCl_4$ zu R⌒$SnCl_2$	77	[23, 24]
			Massenspektrum		[25, 26]

Tabelle 26 (Fortsetzung)

Nr.	Verbindung R⊃Sn⊂R	Darstellung	Reaktionsbedingungen Eigenschaften	Ausbeute in %	Lit.
12	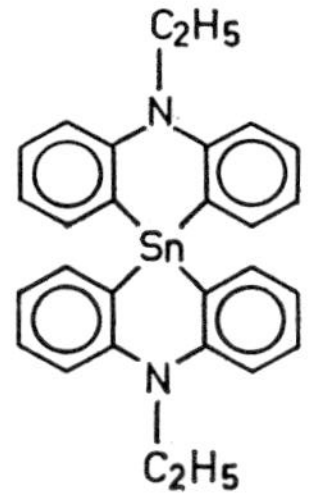	$SnCl_4 + C_2H_5N(C_6H_4\text{-}o\text{-}Li)_2$	Diäthyläther, 17 h, Rückfluß und Toluol, 3 h, Rückfluß	28.5	[27, 28]
		Nr. 13 + H_2	Benzol, Pd, $CH_3COOK\text{-}C_2H_5OH$; $t_f = 210$ bis 211°C; Schmiermittelzusatz	—	[29]
13	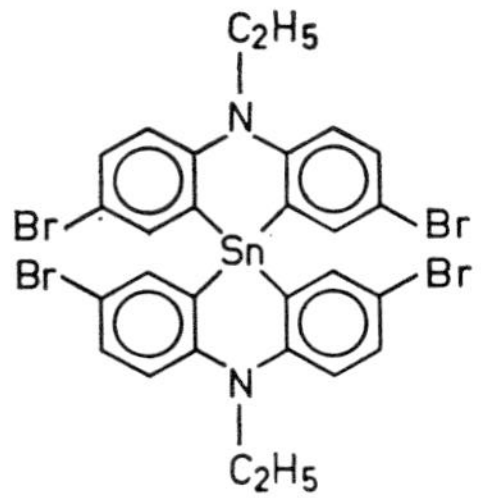	$SnCl_4 + C_2H_5N(C_6H_3\text{-}p\text{-}Br\text{-}o\text{-}Li)_2$	Diäthyläther, 20°C, N_2; reagiert mit H_2 zu Nr. 12; Schmiermittelzusatz	—	[29]
14*	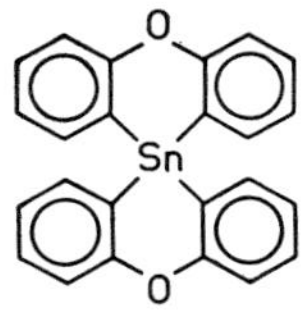	$C_4H_9Li + C_6H_5OC_6H_5 + SnCl_4$	Diäthyläther-Benzol, 12 h, Rückfluß; $t_f =$ 219 bis 221°C	7	[30, 31]
		$C_4H_9Li + C_6H_5OC_6H_5 + (CH_3)_2SnCl_2$	Diäthyläther-THF, 12 h, Rückfluß; reagiert mit $SnCl_4$ zu R⊃$SnCl_2$	2	[30, 31]

Tabelle 26 (Fortsetzung)

Nr.	Verbindung R⌒Sn⌒R	Darstellung	Reaktionsbedingungen Eigenschaften	Ausbeute in %	Lit.
15*	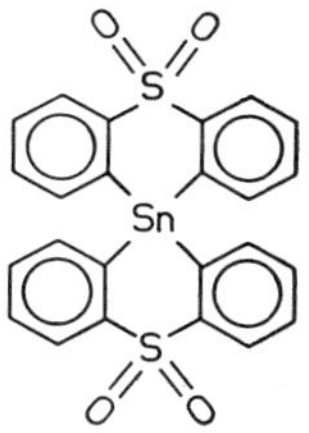	$(C_6H_5)_2SO_2 + C_4H_9Li + SnCl_4$	Diäthyläther, 24 h, Rückfluß; $t_f = 315$ bis 320°C (Zers.)	15	[30]

Formelregister

Die in dieser Lieferung beschriebenen Zinn-Organischen Verbindungen, die Stannane vom Typ $R_2SnR'_2$, $R_2SnR'R''$ und $RR'SnR''R'''$ sowie Heterocyclen vom Typ $R_2Sn\frown R'$ und $RR'Sn\frown R''$ und Spirane des Typs $R\frown Sn\frown R$ umfassen, sind in dem vorliegenden Register nach ihren Summenformeln unter Zugrundelegung des Systems von A. Hill (J. Am. Chem. Soc. **22** [1900] 478/94) geordnet. Nach diesem System werden als Ordnungskriterien zuerst die Zahl der C-Atome, danach die der H-Atome und schließlich die übrigen Elemente in alphabetischer Reihenfolge unter Berücksichtigung der jeweiligen Zahl der Atome verwendet.

Den Summenformeln der Verbindungen untergeordnet sind zusätzliche Angaben für die verschiedenen Verbindungstypen: Bei Stannanen folgen in vier Spalten die Organyle R, R', R'' und R'''; bei Heterocyclen sind in den ersten beiden Spalten zunächst die Organylsubstituenten am Sn-Heteroatom und dann das Ringsystem aufgeführt; bei Spiranen ist das Ringsystem wiedergegeben. Die letzte Spalte enthält den Seitenhinweis.

Die alicyclischen und polycyclischen aromatischen Reste sowie die Heterocyclen und Spirane sind durch Namen ergänzt. Die Nomenklatur richtet sich weitgehend nach den Richtlinien der IUPAC.

Formula Index

The organotin compounds described in this volume, i.e. stannanes of the types $R_2SnR'_2$, $R_2SnR'R''$, and $RR'SnR''R'''$ as well as the heterocycles of the types $R_2Sn\frown R'$ and $RR'Sn\frown R''$, and spiranes of the type $R\frown Sn\frown R$, are arranged in this index according to their molecular formulas using the system developed by A. Hill (J. Am. Chem. Soc. **22** [1900] 478/94). In this system, the number of C atoms is used as the first criterion for positioning the compound in the listing; this is followed by the number of H atoms, and then by the remaining elements in alphabetical order, considering the number of atoms present in each case.

The molecular formulas of the compounds are followed by additional characteristics of the individual types of compounds: for stannanes four columns contain the organyles R, R', R'', and R'''; for the heterocycles the columns contain the organyl substituents of the Sn heteroatom and the ring system; for spiranes the ring system is given. The last column contains the page reference.

The alicyclic and polycyclic aromatic groups as well as the heterocycles and spiranes are completed by names. The nomenclature as recommended by IUPAC is used.

$SnC_4H_{10}Br_2$				
CH_3	CH_3	CH_2Br	CH_2Br	6
$SnC_4H_{10}Cl_2$				
CH_3	CH_3	CH_2Cl	CH_2Cl	5, 6
$SnC_4H_{10}J_2$				
CH_3	CH_3	CH_2J	CH_2J	6
$SnC_5H_{12}Cl_2$				
CH_2Cl	CH_2Cl	CH_3	C_2H_5	93
$SnC_5H_{13}Cl$				
CH_3	CH_3	CH_2Cl	C_2H_5	76
$SnC_6H_6F_6$				
CH_3	CH_3	$CF{=}CF_2$	$CF{=}CF_2$	5, 6
$SnC_6H_6F_{10}$				
CH_3	CH_3	C_2F_5	C_2F_5	6
$SnC_6H_7F_7$				
CH_3	CH_3	CF_2CHF_2	$CF{=}CF_2$	82
SnC_6H_8				
CH_3	CH_3	$C{\equiv}CH$	$C{\equiv}CH$	6, 15
$SnC_6H_8Br_2F_6$				
CH_3	CH_3	CF_2CHBrF	CF_2CHBrF	6, 15
$SnC_6H_8F_4$				
CH_3	CH_3	$CF{=}CHF$	$CF{=}CHF$	6, 16
CH_3	CH_3	$CH{=}CF_2$	$CH{=}CF_2$	6, 16
$SnC_6H_8F_8$				
CH_3	CH_3	CF_2CHF_2	CF_2CHF_2	7, 16
$SnC_6H_{10}F_2$				
CH_3	CH_3	$CH{=}CHF$	$CH{=}CHF$	7, 16
SnC_6H_{12}				
CH_3	CH_3	$CH{=}CH_2$	$CH{=}CH_2$	7, 16
$SnC_6H_{12}Cl_2Cu_2$				
CH_3	CH_3	$CH{=}CH_2 \cdot CuCl$	$CH{=}CH_2 \cdot CuCl$	7
$SnC_6H_{12}Cl_4$				
CH_2Cl	CH_2Cl	$CHClCH_3$	$CHClCH_3$	69
SnC_6H_{16}				
CH_3	CH_3	C_2H_5	C_2H_5	3
$SnC_6H_{16}Cl_2Si$				
CH_3	CH_3	CH_2Cl	$CH_2SiCl(CH_3)_2$	81
$SnC_6H_{17}ClSi$				
CH_3	CH_3	CH_2Cl	$CH_2SiH(CH_3)_2$	82
SnC_7H_{14}				
CH_3	CH_3	$CH{=}CH_2$	C_3H_5 (Cyclopropyl)	82
SnC_7H_{16}				
C_2H_5	C_2H_5	CH_3	$CH{=}CH_2$	86
CH_3	CH_3	Sn (ring) Stannacyclohexan 1,1-Dimethyl-		105
SnC_7H_{18}				
CH_3	CH_3	C_2H_5	C_3H_7	76

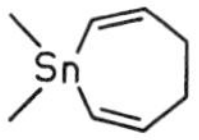

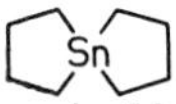

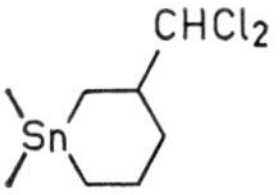

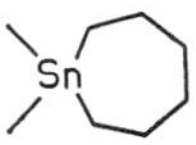

$SnC_8H_{22}OSi_2$				
CH_3	CH_3	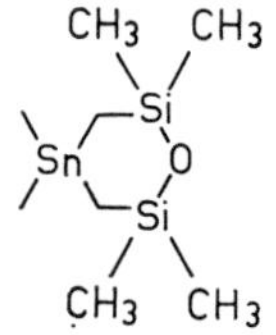		107
		1-Oxa-2,6-disila-4-stanna-cyclohexan 2,2,4,4,6,6-Hexamethyl-		
$SnC_8H_{24}Si_2$				
CH_3	CH_3	$CH_2SiH(CH_3)_2$	$CH_2SiH(CH_3)_2$	8
$SnC_8H_{32}B_{20}$				
CH_3	CH_3	1,7-$CB_{10}H_{10}C$-CH_3	1,7-$CB_{10}H_{10}C$-CH_3	8
$SnC_9H_{13}Cl$				
CH_3	CH_3	CH_2Cl	C_6H_5	79
$SnC_9H_{13}J$				
CH_3	CH_3	CH_2J	C_6H_5	79
SnC_9H_{16}				
C_3H_5 (Cyclopropyl)	C_3H_5 (Cyclopropyl)	CH_3	$CH{=}CH_2$	94
SnC_9H_{20}				
C_2H_5	C_2H_5	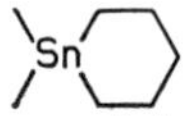		105
		Stannacyclohexan 1,1-Diäthyl-		
SnC_9H_{22}				
CH_3	CH_3	C_3H_7	*sec*-C_4H_9	75, 76
CH_3	CH_3	*iso*-C_3H_7	*sec*-C_4H_9	75, 77
C_3H_7	C_3H_7	CH_3	C_2H_5	87
CH_3	C_2H_5	C_3H_7	*iso*-C_3H_7	96
$SnC_{10}H_6F_{10}$				
CH_3	CH_3	C_3F_2-CF_3 (3,3-Difluor-2-trifluormethyl-1-cyclopropen-1-yl)	C_3F_2-CF_3 (3,3-Difluor-2-trifluormethyl-1-cyclopropen-1-yl)	8
$SnC_{10}H_{10}F_{10}$				
$CH_2CH{=}CH_2$	$CH_2CH{=}CH_2$	C_2F_5	C_2F_5	72
$SnC_{10}H_{14}Cl_2$				
CH_2Cl	CH_2Cl	C_2H_5	C_6H_5	93
$SnC_{10}H_{16}$				
C_2H_5	C_2H_5	$C{\equiv}CCH_3$	$C{\equiv}CCH_3$	26
C_3H_7	C_3H_7	$C{\equiv}CH$	$C{\equiv}CH$	37
CH_3	CH_3	C_2H_5	C_6H_5	76
$SnC_{10}H_{16}N_4O_4$				
CH_3	CH_3	$C(=N_2)CO_2C_2H_5$	$C(=N_2)CO_2C_2H_5$	8, 17
$SnC_{10}H_{18}$				
C_2H_5	C_2H_5	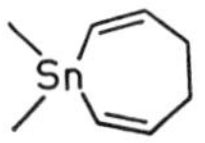		109
		1-Stanna-cyclohepta-2,6-dien; 4,5-Dihydro-1H-stannepin 1,1-Diäthyl-		

$SnC_{10}H_{18}N_2$				
C_2H_5	C_2H_5	CH_2CH_2CN	CH_2CH_2CN	26
$SnC_{10}H_{20}$				
CH_3	CH_3	$CH_2CH{=}CHCH_3$	$CH_2CH{=}CHCH_3$	8, 17
C_2H_5	C_2H_5	$CH_2CH{=}CH_2$	$CH_2CH{=}CH_2$	25, 26
		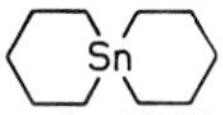 Sn 6-Stanna-spiro[5.5]undecan; 1,1'-Spirobistannacyclohexan		127
$SnC_{10}H_{20}O_4$				
C_2H_5	C_2H_5	$CH_2CO_2CH_3$	$CH_2CO_2CH_3$	25, 26
$SnC_{10}H_{22}$				
C_2H_5	C_2H_5	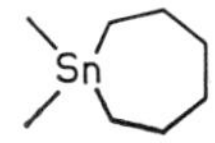 Sn Stannacycloheptan; Stannepan 1,1-Diäthyl-		108
$SnC_{10}H_{22}O_2$				
C_2H_5	C_2H_5	CH_3	$CH_2CH_2CO_2C_2H_5$	86
$SnC_{10}H_{23}J$				
C_4H_9	C_4H_9	CH_3	CH_2J	88
$SnC_{10}H_{24}$				
CH_3	CH_3	C_4H_9	C_4H_9	8, 17
CH_3	CH_3	*iso*-C_4H_9	*iso*-C_4H_9	9
CH_3	CH_3	*sec*-C_4H_9	*sec*-C_4H_9	9, 17
CH_3	CH_3	*tert*-C_4H_9	*tert*-C_4H_9	9, 17
C_2H_5	C_2H_5	C_3H_7	C_3H_7	27
C_2H_5	C_2H_5	*iso*-C_3H_7	*iso*-C_3H_7	27
CH_3	CH_3	C_4H_9	*sec*-C_4H_9	75, 77
CH_3	CH_3	*iso*-C_4H_9	*sec*-C_4H_9	75, 78
CH_3	CH_3	*sec*-C_4H_9	*tert*-C_4H_9	75, 78
$SnC_{10}H_{24}O_2$				
C_2H_5	C_2H_5	$CH_2OC_2H_5$	$CH_2OC_2H_5$	27
$SnC_{10}H_{26}P_2$				
CH_3	CH_3	$CH{=}P(CH_3)_3$	$CH{=}P(CH_3)_3$	9
$SnC_{10}H_{28}Si_2$				
CH_3	CH_3	$CH_2Si(CH_3)_3$	$CH_2Si(CH_3)_3$	9, 17
$SnC_{11}H_{18}$				
CH_3	CH_3	C_3H_7	C_6H_5	76
C_2H_5	C_2H_5	CH_3	C_6H_5	86
$SnC_{11}H_{24}$				
CH_3	CH_3	*iso*-C_3H_7	C_6H_{11} (Cyclohexyl)	77
CH_3	CH_3	*sec*-C_4H_9	C_5H_9 (Cyclopentyl)	75, 78
C_3H_7	C_3H_7	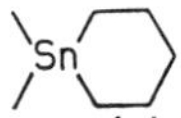 Sn Stannacyclohexan 1,1-Dipropyl-		105
$SnC_{11}H_{24}O_2$				
C_3H_7	C_3H_7	CH_3	$CH_2CH_2CO_2CH_3$	87
iso-C_3H_7	*iso*-C_3H_7	CH_3	$CH_2CH_2CO_2CH_3$	92, 93

$SnC_{11}H_{26}$				
CH_3	CH_3	*sec*-C_4H_9	$CH(CH_3)C_3H_7$	75, 78
CH_3	CH_3	*sec*-C_4H_9	$CH(C_2H_5)_2$	75, 78
CH_3	CH_3	*sec*-C_4H_9	$CH_2C(CH_3)_3$	75, 78
CH_3	CH_3	*sec*-C_4H_9	$CH_2CH(CH_3)C_2H_5$	75, 78
CH_3	CH_3	*sec*-C_4H_9	*iso*-C_5H_{11}	75, 78
CH_3	C_3H_7	*iso*-C_3H_7	C_4H_9	96
CH_3	C_3H_7	*iso*-C_3H_7	*iso*-C_4H_9	96
CH_3	C_3H_7	*iso*-C_3H_7	*sec*-C_4H_9	96
CH_3	C_3H_7	*iso*-C_3H_7	*tert*-C_4H_9	96
$SnC_{12}H_{14}$				
CH_3	CH_3	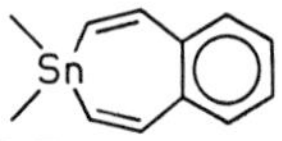 3H-3-Benzostannepin 3,3-Dimethyl-		111,113
$SnC_{12}H_{16}$				
CH_3	CH_3	C_5H_5 (2,4-Cyclopentadien-1-yl)	C_5H_5 (2,4-Cyclopentadien-1-yl)	9
C_2H_5	C_2H_5	$C{\equiv}CCH{=}CH_2$	$C{\equiv}CCH{=}CH_2$	27
$SnC_{12}H_{18}$				
C_2H_5	C_2H_5	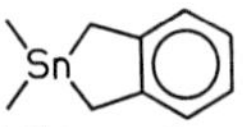 2H-2-Benzostannolen; 1,3-Dihydro-2H-2-benzostannol 2,2-Diäthyl-		112
$SnC_{12}H_{18}F_6$				
C_4H_9	C_4H_9	$CF{=}CF_2$	$CF{=}CF_2$	42, 43
$SnC_{12}H_{18}F_{10}$				
C_4H_9	C_4H_9	C_2F_5	C_2F_5	43
$SnC_{12}H_{19}Cl$				
CH_3	CH_3	C_6H_5	$CH_2CH_2CHClCH_3$	80
$SnC_{12}H_{20}$				
C_4H_9	C_4H_9	$C{\equiv}CH$	$C{\equiv}CH$	43
CH_3	CH_3	C_2H_5	$CH(CH_3)C_6H_5$	75, 76
CH_3	CH_3	C_4H_9	C_6H_5	77
CH_3	CH_3	*sec*-C_4H_9	C_6H_5	75, 78
CH_3	C_2H_5	*iso*-C_3H_7	C_6H_5	97
$SnC_{12}H_{20}F_8$				
C_4H_9	C_4H_9	CF_2CHF_2	CF_2CHF_2	43
$SnC_{12}H_{20}N_4O_4$				
C_2H_5	C_2H_5	$C(=N_2)CO_2C_2H_5$	$C(=N_2)CO_2C_2H_5$	27, 33
$SnC_{12}H_{20}O$				
CH_3	CH_3	C_6H_5	$CH_2CH_2CH(CH_3)OH$	80
$SnC_{12}H_{20}O_2$				
C_4H_9	C_4H_9	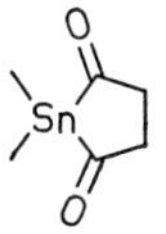 1-Stanna-cyclopentan-2,5-dion; Stannolan-2,5-dion 1,1-Dibutyl-		104

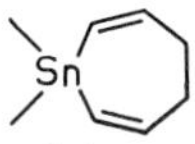

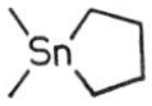

$SnC_{12}H_{30}OSi_2$					
CH_3	CH_3	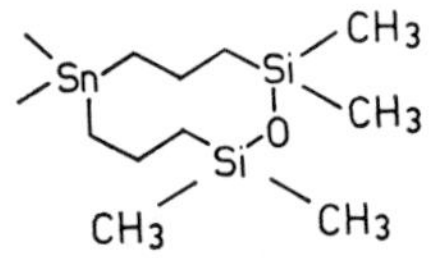 1-Oxa-2,10-disila-6-stanna-cyclodecan; 1,2,10,6-Oxadisilastannecan 2,2,6,6,10,10-Hexamethyl-			110
$SnC_{12}H_{32}Si_2$					
CH_3	CH_3	$(CH_2)_3SiH(CH_3)_2$	$(CH_2)_3SiH(CH_3)_2$		10
$SnC_{12}H_{36}B_{20}$					
C_2H_5	C_2H_5	1,2-$CB_{10}H_{10}C$-CH=CH_2	1,2-$CB_{10}H_{10}C$-CH=CH_2		28
$SnC_{13}H_{20}$					
C_2H_5	C_2H_5	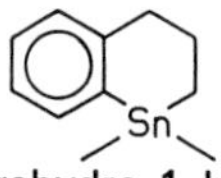 1,2,3,4-Tetrahydro-1-benzostannin 1,1-Diäthyl-			112
$SnC_{13}H_{22}$					
CH_3	CH_3	C_3H_7	$CH(CH_3)C_6H_5$		75, 76
CH_3	CH_3	*iso*-C_3H_7	$CH(CH_3)C_6H_5$		75, 77
CH_3	CH_3	*sec*-C_4H_9	$CH_2C_6H_5$		75, 78
CH_3	CH_3	*tert*-C_4H_9	$CH_2C_6H_5$		75, 79
C_3H_7	C_3H_7	CH_3	C_6H_5		87
iso-C_3H_7	*iso*-C_3H_7	CH_3	C_6H_5		93
CH_3	C_3H_7	*iso*-C_3H_7	C_6H_5		97
$SnC_{13}H_{24}$					
C_4H_9	C_4H_9	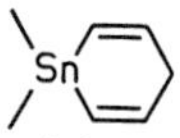 1-Stanna-cyclohexa-2,5-dien; 1,4-Dihydro-stannin 1,1-Dibutyl-			106
$SnC_{13}H_{28}$					
C_2H_5	C_2H_5	*iso*-C_3H_7	C_6H_{11} (Cyclohexyl)		86
C_4H_9	C_4H_9	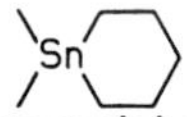 Stannacyclohexan 1,1-Dibutyl-			105
$SnC_{13}H_{30}$					
C_4H_9	C_4H_9	C_2H_5	*iso*-C_3H_7		88
$SnC_{14}H_6Br_2F_8$					
CH_3	CH_3	C_6F_4-*o*-Br	C_6F_4-*o*-Br		10, 18
$SnC_{14}H_6F_8$					
CH_3	CH_3	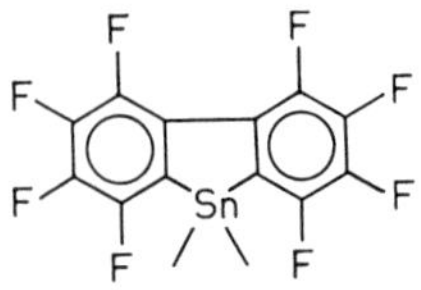 5H-Dibenzostannol 1,2,3,4,6,7,8,9-Octafluor-5,5-dimethyl-			115

$SnC_{14}H_{20}$				
C_2H_5	C_2H_5	C_5H_5 (2,4-Cyclopentadien-1-yl)	C_5H_5 (2,4-Cyclopentadien-1-yl)	28
C_3H_7	C_3H_7	$C{\equiv}CCH{=}CH_2$	$C{\equiv}CCH{=}CH_2$	37
$SnC_{14}H_{22}$				
CH_3	CH_3	C_6H_5	C_6H_{11} (Cyclohexyl)	80
C_2H_5	C_2H_5	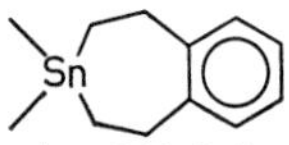 1,2,4,5-Tetrahydro-3H-3-benzostannepin 3,3-Diäthyl-		113
$SnC_{14}H_{24}$				
C_2H_5	C_2H_5	$C{\equiv}CC_3H_7$	$C{\equiv}CC_3H_7$	28, 33
C_4H_9	C_4H_9	$CH_2C{\equiv}CH$	$CH_2C{\equiv}CH$	43
C_4H_9	C_4H_9	$C{\equiv}CCH_3$	$C{\equiv}CCH_3$	43
$CH{=}CH_2$	$CH{=}CH_2$	$CH_2CH(CH_3)CH{=}CH_2$	$CH_2CH(CH_3)CH{=}CH_2$	72
CH_3	CH_3	*iso*-C_4H_9	$CH(CH_3)C_6H_5$	75, 78
CH_3	CH_3	*sec*-C_4H_9	$CH_2CH_2C_6H_5$	75, 79
CH_3	CH_3	*sec*-C_4H_9	$CH(CH_3)C_6H_5$	75, 79
CH_3	CH_3	*tert*-C_4H_9	$CH(CH_3)C_6H_5$	75, 79
CH_3	*iso*-C_3H_7	C_4H_9	C_6H_5	97
CH_3	*iso*-C_3H_7	*iso*-C_4H_9	C_6H_5	97
CH_3	*iso*-C_3H_7	*sec*-C_4H_9	C_6H_5	97
$SnC_{14}H_{26}$				
C_4H_9	C_4H_9	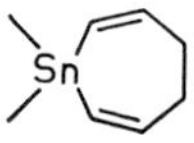 1-Stanna-cyclohepta-2,6-dien; 4,9-Dihydro-1H-stannepin 1,1-Dibutyl-		110
$SnC_{14}H_{26}N_2$				
C_4H_9	C_4H_9	CH_2CH_2CN	CH_2CH_2CN	44
iso-C_4H_9	*iso*-C_4H_9	CH_2CH_2CN	CH_2CH_2CN	69
$SnC_{14}H_{28}$				
CH_3	CH_3	C_6H_{11} (Cyclohexyl)	C_6H_{11} (Cyclohexyl)	11, 18
C_4H_9	C_4H_9	$CH_2CH{=}CH_2$	$CH_2CH{=}CH_2$	42, 44
C_4H_9	C_4H_9	C_3H_5 (Cyclopropyl)	C_3H_5 (Cyclopropyl)	44
iso-C_4H_9	*iso*-C_4H_9	$CH_2CH{=}CH_2$	$CH_2CH{=}CH_2$	69
		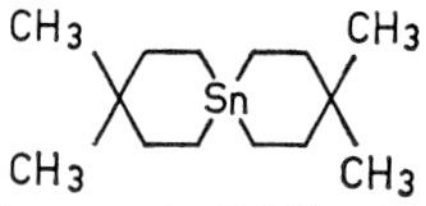 6-Stanna-spiro[5.5]undecan 3,3,9,9-Tetramethyl- 1,1'-Spirobistannacyclohexan 4,4,4',4'-Tetramethyl-		127
$SnC_{14}H_{28}O_4$				
C_2H_5	C_2H_5	$CH_2CH(CH_3)CO_2CH_3$	$CH_2CH(CH_3)CO_2CH_3$	28
C_2H_5	C_2H_5	$CH_2CO_2C_3H_7$	$CH_2CO_2C_3H_7$	28
C_3H_7	C_3H_7	$CH_2CH_2CO_2CH_3$	$CH_2CH_2CO_2CH_3$	36, 37
C_3H_7	C_3H_7	$CH_2CO_2C_2H_5$	$CH_2CO_2C_2H_5$	38
C_4H_9	C_4H_9	$CH_2CO_2CH_3$	$CH_2CO_2CH_3$	44

$SnC_{16}H_{16}$				
C_6H_5	C_6H_5	$CH{=}CH_2$	$CH{=}CH_2$	57
CH_3	CH_3	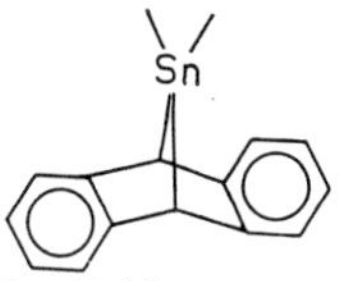		116
		9,10-Dihydro-9,10-stannanoanthracen 11,11-Dimethyl-		
$SnC_{16}H_{16}Cl_2N_2$				
CH_3	CH_3	$CCl{=}NC_6H_5$	$CCl{=}NC_6H_5$	11
$SnC_{16}H_{16}O_4$				
CH_3	CH_3	C_6H_4-*p*-CO_2H	C_6H_4-*p*-CO_2H	11
$SnC_{16}H_{18}$				
C_2H_5	C_2H_5	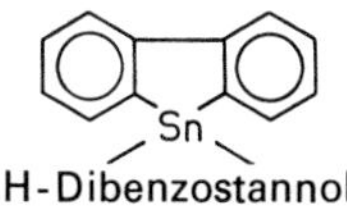		114
		5H-Dibenzostannol 5,5-Diäthyl-		
CH_3	CH_3	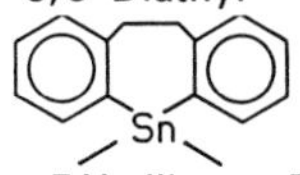		116,122
		10,11-Dihydro-5H-dibenzo[b,f]stannepin 5,5-Dimethyl-		
$SnC_{16}H_{18}Br_2$				
C_2H_5	C_2H_5	C_6H_4-*p*-Br	C_6H_4-*p*-Br	29
$SnC_{16}H_{18}Cl_2$				
CH_3	CH_3	$CH_2C_6H_4$-*o*-Cl	$CH_2C_6H_4$-*o*-Cl	11, 18
C_2H_5	C_2H_5	C_6H_4-*p*-Cl	C_6H_4-*p*-Cl	29
$SnC_{16}H_{18}F_2$				
C_2H_5	C_2H_5	C_6H_4-*m*-F	C_6H_4-*m*-F	29, 33
C_2H_5	C_2H_5	C_6H_4-*p*-F	C_6H_4-*p*-F	29, 33
$SnC_{16}H_{18}O$				
C_2H_5	C_2H_5	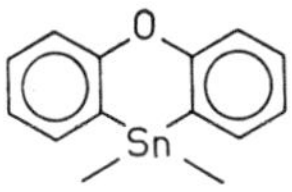		120,123
		10H-Phenoxastannin 10,10-Diäthyl-		
$SnC_{16}H_{20}$				
CH_3	CH_3	$CH_2C_6H_5$	$CH_2C_6H_5$	11, 19
CH_3	CH_3	C_6H_4-*p*-CH_3	C_6H_4-*p*-CH_3	11, 19
C_2H_5	C_2H_5	C_6H_5	C_6H_5	24
CH_3	CH_3	C_6H_5	$CH(CH_3)C_6H_5$	75, 80
C_6H_5	C_6H_5	CH_3	C_3H_7	90
C_6H_5	C_6H_5	CH_3	*iso*-C_3H_7	89, 90
$SnC_{16}H_{20}F_{12}$				
C_4H_9	C_4H_9	$C(CF_3){=}CHCF_3$	$C(CF_3){=}CHCF_3$	45
$SnC_{16}H_{21}N$				
CH_3	CH_3	C_6H_5	$CH_2CH_2NHC_6H_5$	75, 80
$SnC_{16}H_{22}$				
CH_3	CH_3	*sec*-C_4H_9	$C_{10}H_7$ (x-Naphthyl)	75, 79

$SnC_{18}H_{18}F_6$				
C_6H_5	C_6H_5	$CH_2CH_2CF_3$	$CH_2CH_2CF_3$	58, 59
$SnC_{18}H_{18}N_2$				
C_6H_5	C_6H_5	CH_2CH_2CN	CH_2CH_2CN	59
$SnC_{18}H_{20}$				
C_6H_5	C_6H_5	$CH_2CH{=}CH_2$	$CH_2CH{=}CH_2$	57
$SnC_{18}H_{22}$				
C_6H_5	C_6H_5	C_4H_9	$CH{=}CH_2$	90
C_6H_5	C_6H_5	Sn Stannacycloheptan; Stannepan 1,1-Diphenyl-		109
$SnC_{18}H_{23}NO$				
CH_3	CH_3	C_6H_5	$CH_2CH_2N(C_6H_5)COCH_3$	81, 85
$SnC_{18}H_{24}$				
CH_3	CH_3	$CH(CH_3)C_6H_5$	$CH(CH_3)C_6H_5$	12, 20
CH_3	CH_3	$CH_2C_6H_4$-*o*-CH_3	$CH_2C_6H_4$-*o*-CH_3	12, 20
C_2H_5	C_2H_5	$CH_2C_6H_5$	$CH_2C_6H_5$	30, 33
C_2H_5	C_2H_5	C_6H_4-*o*-CH_3	C_6H_4-*o*-CH_3	30
C_2H_5	C_2H_5	C_6H_4-*m*-CH_3	C_6H_4-*m*-CH_3	30
C_2H_5	C_2H_5	C_6H_4-*p*-CH_3	C_6H_4-*p*-CH_3	30
C_3H_7	C_3H_7	C_6H_5	C_6H_5	36, 38
iso-C_3H_7	*iso*-C_3H_7	C_6H_5	C_6H_5	40
CH_3	CH_3	$CH(CH_3)C_6H_5$	$CH_2CH_2C_6H_5$	75, 82
CH_3	*iso*-C_4H_9	C_6H_5	$CH_2C_6H_5$	95, 98
$SnC_{18}H_{26}$				
C_4H_9	C_4H_9	Sn 3H-3-Benzostannepin 3,3-Dibutyl-		113
$SnC_{18}H_{28}$				
C_4H_9	C_4H_9	C_5H_5 (2,4-Cyclopentadien-1-yl)	C_5H_5 (2,4-Cyclopentadien-1-yl)	47
$SnC_{18}H_{28}Si_2$				
CH_3	CH_3	$CH_2SiH(CH_3)C_6H_5$	$CH_2SiH(CH_3)C_6H_5$	12
$SnC_{18}H_{30}$				
CH_3	*iso*-C_3H_7	C_6H_{11} (Cyclohexyl)	$CH(CH_3)C_6H_5$	95, 98
$SnC_{18}H_{32}$				
C_3H_7	C_3H_7	$C{\equiv}CC_4H_9$	$C{\equiv}CC_4H_9$	36, 38
C_4H_9	C_4H_9	$C{\equiv}CC_3H_7$	$C{\equiv}CC_3H_7$	47, 54
C_6H_{11} (Cyclohexyl)	C_6H_{11} (Cyclohexyl)	$CH_2CH{=}CH_2$	$CH_2CH{=}CH_2$	70
tert-C_4H_9	*tert*-C_4H_9	C_4H_9	C_6H_5	93
$SnC_{18}H_{32}B_{16}$				
CH_3	CH_3	1,10-CB_8H_8C-C_6H_5	1,10-CB_8H_8C-C_6H_5	12
$SnC_{18}H_{32}O_4$				
C_2H_5	C_2H_5	$CH_2CH(CH_3)CO_2CH_2CH{=}CH_2$	$CH_2CH(CH_3)CO_2CH_2CH{=}CH_2$	31
C_3H_7	C_3H_7	$CH_2CH_2CO_2CH_2CH{=}CH_2$	$CH_2CH_2CO_2CH_2CH{=}CH_2$	38
C_4H_9	C_4H_9	$CH(COCH_3)_2$	$CH(COCH_3)_2$	47

$SnC_{18}H_{34}O$				
C_4H_9	C_4H_9	1-Stanna-cyclohexa-2,5-dien; 1,4-Dihydro-stannin 1,1-Dibutyl-4-*tert*-butyl-4-methoxy- (Sn, OCH_3, $C(CH_3)_3$)		106
$SnC_{18}H_{36}$				
C_3H_7	C_3H_7	C_6H_{11} (Cyclohexyl)	C_6H_{11} (Cyclohexyl)	36, 38
iso-C_3H_7	*iso*-C_3H_7	C_6H_{11} (Cyclohexyl)	C_6H_{11} (Cyclohexyl)	41
C_4H_9	C_4H_9	$(CH_2)_3CH{=}CH_2$	$(CH_2)_3CH{=}CH_2$	47
C_4H_9	C_4H_9	C_5H_9 (Cyclopentyl)	C_5H_9 (Cyclopentyl)	48
$SnC_{18}H_{36}B_{20}$				
CH_3	CH_3	1,7-$CB_{10}H_{10}C$-C_6H_5	1,7-$CB_{10}H_{10}C$-C_6H_5	12
C_6H_5	C_6H_5	1,7-$CB_{10}H_{10}C$-CH_3	1,7-$CB_{10}H_{10}C$-CH_3	59
$SnC_{18}H_{36}O_2$				
C_3H_7	C_3H_7	$(CH_2)_3$-C_2H_2O-CH_3 (3-(2-Methyl-2-oxiranyl)-propyl)	$(CH_2)_3$-C_2H_2O-CH_3 (3-(2-Methyl-2-oxiranyl)-propyl)	39
$SnC_{18}H_{36}O_4$				
C_3H_7	C_3H_7	$(CH_2)_3OCH_2$-C_2H_3O (3-(2-Oxiranylmethoxy)-propyl)	$(CH_2)_3OCH_2$-C_2H_3O (3-(2-Oxiranylmethoxy)-propyl)	39
C_4H_9	C_4H_9	$(CH_2)_3OOCCH_3$	$(CH_2)_3OOCCH_3$	48
C_4H_9	C_4H_9	$CH_2CH(CH_3)CO_2CH_3$	$CH_2CH(CH_3)CO_2CH_3$	48
iso-C_4H_9	*iso*-C_4H_9	$CH_2CH(CH_3)CO_2CH_3$	$CH_2CH(CH_3)CO_2CH_3$	69
$SnC_{18}H_{40}$				
CH_3	CH_3	C_8H_{17}	C_8H_{17}	12
CH_3	CH_3	$CH_2CH(C_2H_5)C_4H_9$	$CH_2CH(C_2H_5)C_4H_9$	13
C_4H_9	C_4H_9	C_5H_{11}	C_5H_{11}	48
C_4H_9	C_4H_9	$CH_2C(CH_3)_3$	$CH_2C(CH_3)_3$	48
C_4H_9	C_4H_9	$C(CH_3)_2C_2H_5$	$C(CH_3)_2C_2H_5$	48
CH_3	CH_3	C_4H_9	$C_{12}H_{25}$	77
$SnC_{18}H_{40}O_2$				
C_2H_5	C_2H_5	$CH_2CH_2C(C_2H_5)_2OH$	$CH_2CH_2C(C_2H_5)_2OH$	31
$SnC_{18}H_{44}O_2Si_2$				
C_4H_9	C_4H_9	$CH_2Si(CH_3)_2OC_2H_5$	$CH_2Si(CH_3)_2OC_2H_5$	48
$SnC_{19}H_{24}$				
C_6H_5	C_6H_5	CH_3	C_6H_{11} (Cyclohexyl)	90
C_6H_5	C_6H_5	Stannacyclohexan 4,4-Dimethyl-1,1-diphenyl- (Sn, CH_3, CH_3)		106
$SnC_{19}H_{26}$				
$CH_2C_6H_5$	$CH_2C_6H_5$	C_2H_5	C_3H_7	93
$CH_2C_6H_5$	$CH_2C_6H_5$	CH_3	*tert*-C_4H_9	94
CH_3	*iso*-C_3H_7	C_6H_5	C_6H_2-2,4,6-$(CH_3)_3$	95, 98

$SnC_{19}H_{30}$				
C_6H_{11} (Cyclohexyl)	C_6H_{11} (Cyclohexyl)	CH_3	C_6H_5	94
$SnC_{19}H_{31}FeN$				
CH_3	CH_3	C_4H_9	$C_5H_3[CH_2N(CH_3)_2]FeC_5H_5$ (2-Dimethylaminomethyl-1-ferrocenyl)	77
$SnC_{20}H_{16}Cr_2O_6$				
CH_3	CH_3	$C_6H_5Cr(CO)_3$	$C_6H_5Cr(CO)_3$	13, 20
$SnC_{20}H_{16}S_2$				
C_6H_5	C_6H_5	C_4H_3S (2-Thienyl)	C_4H_3S (2-Thienyl)	59
$SnC_{20}H_{18}$				
C_6H_5	C_6H_5	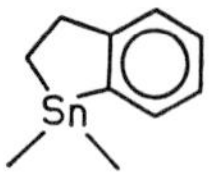 1H-1-Benzostannolen; 2,3-Dihydro-1H-1-benzostannol 1,1-Diphenyl-		112
C_6H_5	C_6H_5	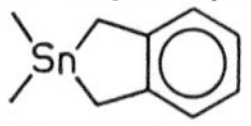 2H-2-Benzostannolen; 1,3-Dihydro-2H-2-benzostannol 2,2-Diphenyl-		112
$SnC_{20}H_{18}F_{10}$				
C_4H_9	C_4H_9	C_6F_5	C_6F_5	49
$SnC_{20}H_{18}Cl_{10}$				
C_4H_9	C_4H_9	C_6Cl_5	C_6Cl_5	49
$SnC_{20}H_{20}$				
C_2H_5	C_2H_5	$C{\equiv}CC_6H_5$	$C{\equiv}CC_6H_5$	31, 34
C_6H_5	C_6H_5	CH_3	$CH_2C_6H_5$	90
$SnC_{20}H_{20}O_8$				
CH_3	CH_3	C_6H_4-*p*-$CH(CO_2H)_2$	C_6H_4-*p*-$CH(CO_2H)_2$	13
$SnC_{20}H_{22}$				
CH_3	*iso*-C_3H_7	C_6H_5	$C_{10}H_7$ (1-Naphthyl)	95, 98
$SnC_{20}H_{22}O_6$				
CH_3	CH_3	C_6H_4-*p*-$CH(CO_2H)_2$	C_6H_4-*p*-$CH(CH_3)CO_2H$	83
$SnC_{20}H_{24}$				
C_6H_5	C_6H_5	$CH_2CH_2CH{=}CH_2$	$CH_2CH_2CH{=}CH_2$	59
CH_3	CH_3	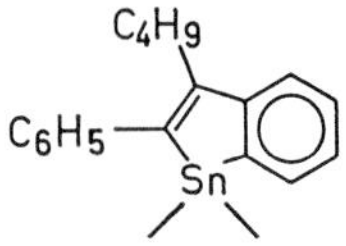 1H-1-Benzostannol 3-Butyl-1,1-dimethyl-2-phenyl-		112
$SnC_{20}H_{24}O$				
C_6H_5	C_6H_5	$CH_2CH_2CH{=}CH_2$	CH_2CH_2-C_2H_3O (2-(2-Oxiranyl)-äthyl)	90
$SnC_{20}H_{24}O_4$				
C_6H_5	C_6H_5	$CH_2CH_2CO_2CH_3$	$CH_2CH_2CO_2CH_3$	59

$SnC_{20}H_{26}$

C_4H_9	C_4H_9	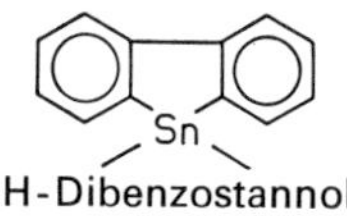 5H-Dibenzostannol 5,5-Dibutyl-		114

$SnC_{20}H_{26}Br_2$

tert-C_4H_9	*tert*-C_4H_9	C_6H_4-*p*-Br	C_6H_4-*p*-Br	69

$SnC_{20}H_{26}O$

C_4H_9	C_4H_9	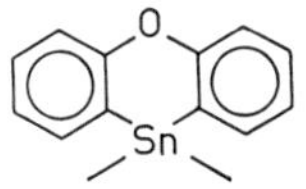 10H-Phenoxastannin 10,10-Dibutyl-		120,123

$SnC_{20}H_{28}$

CH_3	CH_3	C_6H_2-2,4,6-$(CH_3)_3$	C_6H_2-2,4,6-$(CH_3)_3$	13
CH_3	CH_3	C_6H_2-3,4,5-$(CH_3)_3$	C_6H_2-3,4,5-$(CH_3)_3$	13
CH_3	CH_3	C_6H_4-*p*-$CH(CH_3)_2$	C_6H_4-*p*-$CH(CH_3)_2$	13
C_2H_5	C_2H_5	$CH_2CH_2C_6H_5$	$CH_2CH_2C_6H_5$	31
iso-C_3H_7	*iso*-C_3H_7	$CH_2C_6H_5$	$CH_2C_6H_5$	41
C_4H_9	C_4H_9	C_6H_5	C_6H_5	42
C_6H_5	C_6H_5	*iso*-C_4H_9	*iso*-C_4H_9	59
C_6H_5	C_6H_5	*tert*-C_4H_9	*tert*-C_4H_9	59
CH_3	CH_3	$CH(CH_3)C_6H_5$	$CH_2C(CH_3)_2C_6H_5$	75, 82
$CH_2C_6H_5$	$CH_2C_6H_5$	C_2H_5	C_4H_9	94

$SnC_{20}H_{30}O$

C_4H_9	C_4H_9	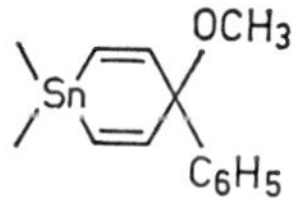 OCH_3, C_6H_5; 1-Stanna-cyclohexa-2,5-dien; 1,4-Dihydro-stannin 1,1-Dibutyl-4-methoxy-4-phenyl-		107

$SnC_{20}H_{32}Si_2$

C_6H_5	C_6H_5	$CH_2Si(CH_3)_3$	$CH_2Si(CH_3)_3$	60

$SnC_{20}H_{34}FeJN$

CH_3	CH_3	C_4H_9	$[C_5H_3[CH_2N(CH_3)_3]FeC_5H_5]J$ ($C_5H_3[CH_2N(CH_3)_2]FeC_5H_5$ = 2-Dimethylaminomethyl-1-ferrocenyl)	75, 77

$SnC_{20}H_{36}$

C_2H_5	C_2H_5	CH_2CH_2-C_6H_9 (2-(3-Cyclohexen-1-yl)-äthyl)	CH_2CH_2-C_6H_9 (2-(3-Cyclohexen-1-yl)-äthyl)	31
C_4H_9	C_4H_9	$C{\equiv}CC_4H_9$	$C{\equiv}CC_4H_9$	49, 54
$CH_2C(CH_3)_3$	$CH_2C(CH_3)_3$	*sec*-C_4H_9	C_6H_5	93

$SnC_{20}H_{36}O$

C_4H_9	C_4H_9	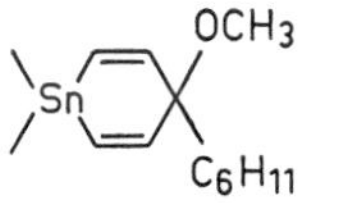 OCH_3, C_6H_{11}; 1-Stanna-cyclohexa-2,5-dien; 1,4-Dihydro-stannin 1,1-Dibutyl-4-cyclohexyl-4-methoxy-		107

$SnC_{24}F_{16}$

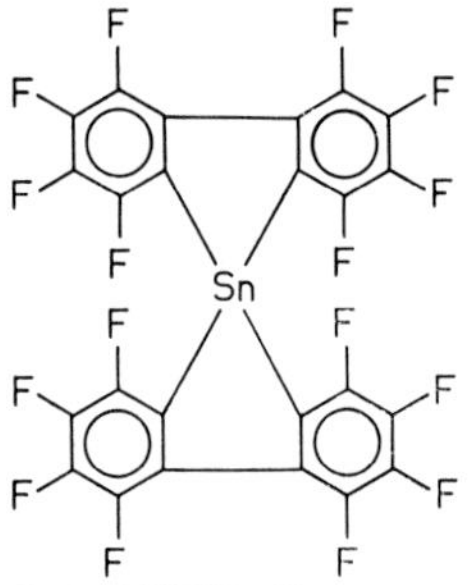

5,5'-Spirobi[5H-dibenzostannol]
Perfluor- 128

$SnC_{24}H_{10}Cl_{10}$
C_6H_5 C_6H_5 C_6Cl_5 C_6Cl_5 60

$SnC_{24}H_{10}F_8$
C_6H_5 C_6H_5 111,115

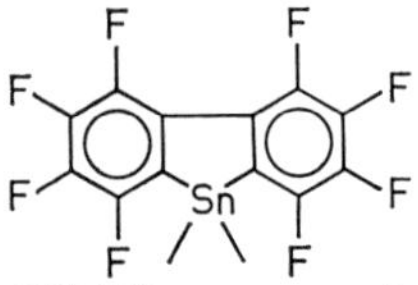

5H-Dibenzostannol
1,2,3,4,6,7,8,9-Octafluor-5,5-diphenyl-

$SnC_{24}H_{10}F_{10}$
C_6H_5 C_6H_5 C_6F_5 C_6F_5 58

$SnC_{24}H_{16}$

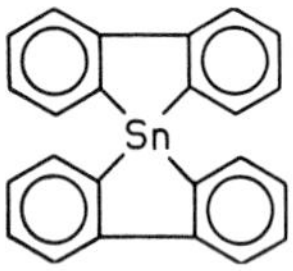

5,5'-Spirobi[5H-dibenzostannol] 128

$SnC_{24}H_{16}O_2$

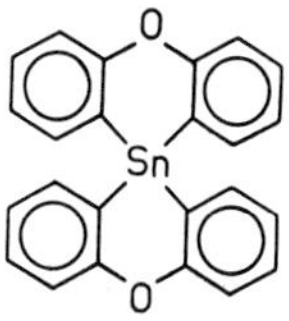

10,10'-Spirobiphenoxastannin 125,130

$SnC_{24}H_{16}O_4S_2$

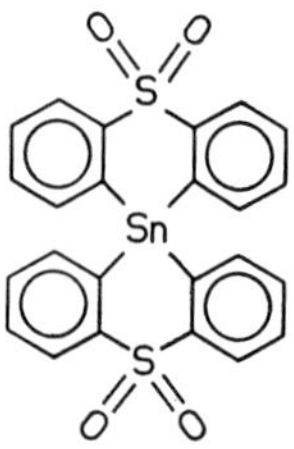

$5\lambda^6,5'\lambda^6$-10,10'-Spirobiphenothiastannin-5,5,5',5'-tetroxid 125,131

$SnC_{26}H_{14}F_{10}$

C_6H_4-*o*-CH_3 C_6H_4-*o*-CH_3 C_6F_5 C_6F_5 72

C_6H_4-*p*-CH_3 C_6H_4-*p*-CH_3 C_6F_5 C_6F_5 73

$SnC_{26}H_{18}Br_4N_2$

10,10′(5H,5′H)-Spirobiphenazastannin
2,2′,8,8′-Tetrabrom-5,5′-dimethyl- 129

$SnC_{26}H_{20}$

C_6H_5 C_6H_5 117

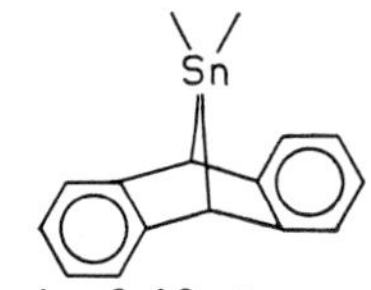

9,10-Dihydro-9,10-stannanoanthracen
11,11-Diphenyl-

$SnC_{26}H_{21}Br_2N$

C_6H_5 C_6H_5 119

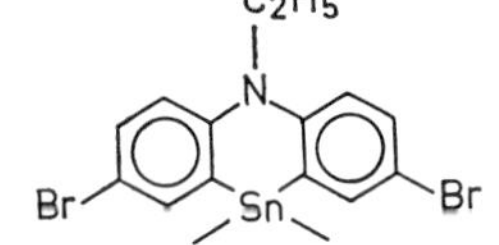

5,10-Dihydro-phenazastannin
5-Äthyl-2,8-dibrom-10,10-diphenyl-

$SnC_{26}H_{22}$

C_6H_4-*p*-CH_3 C_6H_4-*p*-CH_3 114

5H-Dibenzostannol
5,5-Di-p-tolyl-

C_6H_5 C_6H_5 116,122

10,11-Dihydro-5H-dibenzo[b,f]stannepin
5,5-Diphenyl-

$SnC_{26}H_{22}N_2$

129

10,10′(5H,5′H)-Spirobiphenazastannin
5,5′-Dimethyl-

$SnC_{26}H_{23}N$				
C_6H_5	C_6H_5	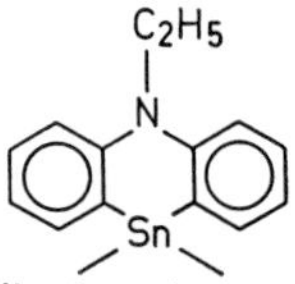 5,10-Dihydro-phenazastannin 5-Äthyl-10,10-diphenyl-		119
$SnC_{26}H_{24}$				
CH_3	CH_3	C_6H_4-*p*-C_6H_5	C_6H_4-*p*-C_6H_5	13
C_6H_5	C_6H_5	$CH_2C_6H_5$	$CH_2C_6H_5$	58, 61
C_6H_5	C_6H_5	C_6H_4-*p*-CH_3	C_6H_4-*p*-CH_3	61
$SnC_{26}H_{24}O_2$				
C_6H_5	C_6H_5	C_6H_4-*p*-OCH_3	C_6H_4-*p*-OCH_3	62
$SnC_{26}H_{32}$				
C_4H_9	C_4H_9	C_9H_7 (3-Indenyl)	C_9H_7 (3-Indenyl)	52
C_6H_5	C_6H_5	*tert*-C_4H_9	$CH_2C(CH_3)_2C_6H_5$	91
$CH_2CH_2C_6H_5$	$CH_2CH_2C_6H_5$	C_4H_9	C_6H_5	94
iso-C_3H_7	C_6H_5	$CH_2C_6H_5$	$CH_2C(CH_3)_2C_6H_5$	100,101
$SnC_{26}H_{36}$				
iso-C_4H_9	*iso*-C_4H_9	C_6H_4-$CH_2CH{=}CH_2$	C_6H_4-$CH_2CH{=}CH_2$	69
C_6H_{11} (Cyclohexyl)	C_6H_{11} (Cyclohexyl)	C_6H_4-*p*-CH_3	C_6H_4-*p*-CH_3	70
C_6H_{11} (Cyclohexyl)	C_6H_{11} (Cyclohexyl)	$CH_2C_6H_5$	$CH_2C_6H_5$	70
$SnC_{26}H_{36}O_2$				
C_6H_{11} (Cyclohexyl)	C_6H_{11} (Cyclohexyl)	C_6H_4-*p*-OCH_3	C_6H_4-*p*-OCH_3	70
$SnC_{26}H_{36}O_6S_2$				
C_4H_9	C_4H_9	$CH(COCH_3)SO_2C_6H_5$	$CH(COCH_3)SO_2C_6H_5$	52
$SnC_{26}H_{40}$				
C_6H_5	C_6H_5	C_7H_{15}	C_7H_{15}	62
$SnC_{26}H_{44}Si_2$				
C_4H_9	C_4H_9	C_6H_4-*p*-$Si(CH_3)_3$	C_6H_4-*p*-$Si(CH_3)_3$	52
$SnC_{26}H_{48}O_6$				
C_4H_9	C_4H_9	$C(C_3H_7)(COCH_3)CO_2C_2H_5$	$C(C_3H_7)(COCH_3)CO_2C_2H_5$	52
$SnC_{26}H_{52}$				
C_6H_{11} (Cyclohexyl)	C_6H_{11} (Cyclohexyl)	C_7H_{15}	C_7H_{15}	70
$SnC_{26}H_{56}$				
CH_3	CH_3	$C_{12}H_{25}$	$C_{12}H_{25}$	14
C_3H_7	C_3H_7	$C_{10}H_{21}$	$C_{10}H_{21}$	39
$SnC_{27}H_{22}$				
$C_{10}H_7$ (1-Naphthyl)	$C_{10}H_7$ (1-Naphthyl)	CH_3	C_6H_5	94
$SnC_{27}H_{25}N$				
C_6H_5	C_6H_5	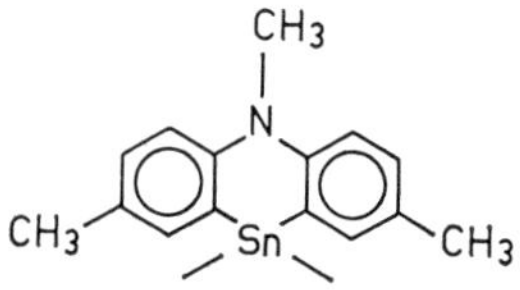 5,10-Dihydro-phenazastannin 2,5,8-Trimethyl-10,10-diphenyl-		119,122

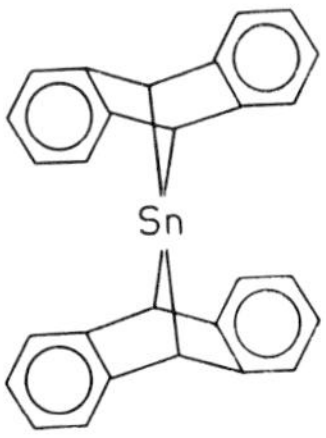

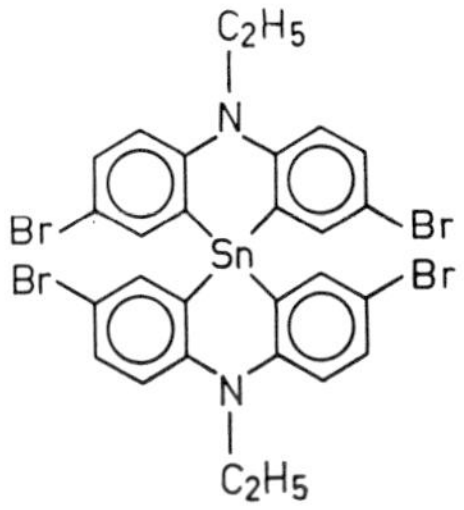

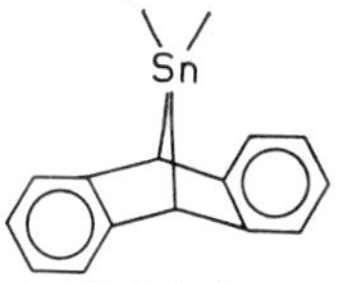

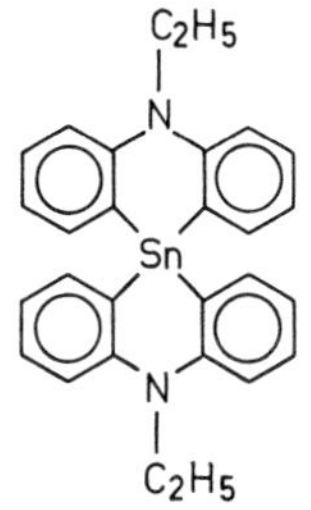

$SnC_{28}H_{28}Ge$				
C_6H_5	C_6H_5	1-Germa-4-stanna-cyclohexan 1,1,4,4-Tetraphenyl-		108
$SnC_{28}H_{28}O_2$				
CH_3	CH_3	C_6H_4-*p*-$OCH_2C_6H_5$	C_6H_4-*p*-$OCH_2C_6H_5$	14
C_2H_5	C_2H_5	C_6H_4-*o*-OC_6H_5	C_6H_4-*o*-OC_6H_5	29
$SnC_{28}H_{28}Si$				
C_6H_5	C_6H_5	1-Sila-4-stanna-cyclohexan 1,1,4,4-Tetraphenyl-		107
$SnC_{28}H_{30}N_2$				
C_6H_5	C_6H_5	C_6H_4-*p*-$N(CH_3)_2$	C_6H_4-*p*-$N(CH_3)_2$	62
$SnC_{28}H_{36}$				
C_4H_9	C_4H_9	$C{\equiv}CCH_2CH_2C_6H_5$	$C{\equiv}CCH_2CH_2C_6H_5$	52
$C(CH_3)_2C_2H_5$	C_6H_5	$CH_2C_6H_5$	$CH_2C(CH_3)_2C_6H_5$	100,101
$SnC_{28}H_{36}O_4$				
C_4H_9	C_4H_9	$CH(COCH_3)COC_6H_5$	$CH(COCH_3)COC_6H_5$	52
$SnC_{28}H_{40}O_2$				
C_6H_{11} (Cyclohexyl)	C_6H_{11} (Cyclohexyl)	C_6H_4-*p*-OC_2H_5	C_6H_4-*p*-OC_2H_5	70
$SnC_{28}H_{42}Fe_2N_2$				
CH_3	CH_3	$C_5H_3[CH_2N(CH_3)_2]FeC_5H_5$ (2-Dimethylaminomethyl-1-ferrocenyl)	$C_5H_3[CH_2N(CH_3)_2]FeC_5H_5$ (2-Dimethylaminomethyl-1-ferrocenyl)	14, 20
$SnC_{28}H_{44}$				
C_6H_5	C_6H_5	C_8H_{17}	C_8H_{17}	62
$SnC_{28}H_{52}O_4$				
C_4H_9	C_4H_9	$C(C_4H_9)(COCH_3)COC_2H_5$	$C(C_4H_9)(COCH_3)COC_2H_5$	52
$SnC_{28}H_{56}$				
C_6H_{11} (Cyclohexyl)	C_6H_{11} (Cyclohexyl)	C_8H_{17}	C_8H_{17}	71
$SnC_{29}H_{30}$				
C_6H_5	C_6H_5	$CH_2C_6H_5$	$CH_2C(CH_3)_2C_6H_5$	91
$SnC_{30}H_{24}$				
C_6H_5	C_6H_5	C_9H_7 (1-Indenyl)	C_9H_7 (1-Indenyl)	63
$SnC_{30}H_{26}$				
CH_3	CH_3	1-Stanna-cyclopenta-2,4-dien; 1H-Stannol 1,1-Dimethyl-2,3,4,5-tetraphenyl-		103

$SnC_{30}H_{28}$					
C_6H_5	C_6H_5	C_6H_4-*p*-$CH_2CH{=}CH_2$	C_6H_4-*p*-$CH_2CH{=}CH_2$		63
$SnC_{30}H_{30}N_2$					
		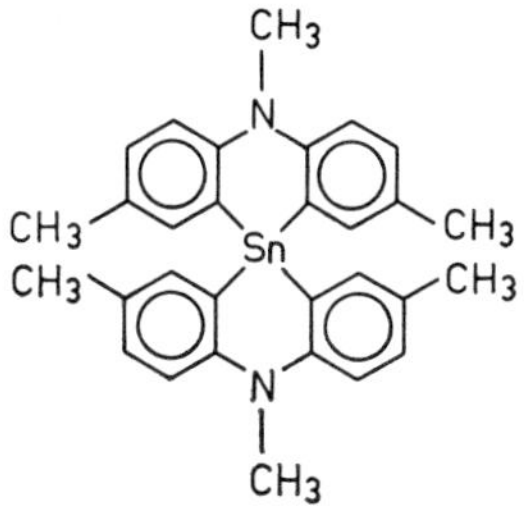 10,10′(5H,5′H)-Spirobiphenazastannin 2,2′,5,5′,8,8′-Hexamethyl-			129
$SnC_{30}H_{31}Fe_2N$					
CH_3	CH_3	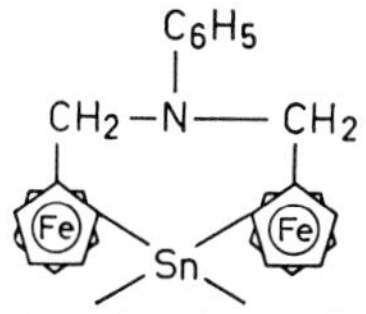 1,4,5,6,6a,10-Hexahydro-dicyclopent[c, f] [1, 5]azastannocin 10,10-Dimethyl-5-phenyl-, Fe-Komplex			121,123
$SnC_{30}H_{32}$					
C_6H_5	C_6H_5	C_6H_2-2,4,6-$(CH_3)_3$	C_6H_2-2,4,6-$(CH_3)_3$		63
$CH_2C_6H_5$	$CH_2C_6H_5$	$CH(CH_3)C_6H_5$	$CH(CH_3)C_6H_5$		71
$SnC_{30}H_{36}J_2N_2$					
C_6H_5	C_6H_5	$[C_6H_4$-*p*-$N(CH_3)_3]J$	$[C_6H_4$-*p*-$N(CH_3)_3]J$		63
$SnC_{30}H_{36}Si_2$					
C_6H_5	C_6H_5	C_6H_4-*p*-$Si(CH_3)_3$	C_6H_4-*p*-$Si(CH_3)_3$		63
$SnC_{30}H_{40}$					
C_6H_{11} (Cyclohexyl)	C_6H_{11} (Cyclohexyl)	C_6H_4-*p*-$CH_2CH{=}CH_2$	C_6H_4-*p*-$CH_2CH{=}CH_2$		71
$SnC_{30}H_{40}O_6$					
C_4H_9	C_4H_9	$CH(COC_6H_5)CO_2C_2H_5$	$CH(COC_6H_5)CO_2C_2H_5$		53
$SnC_{30}H_{48}$					
C_6H_5	C_6H_5	C_9H_{19}	C_9H_{19}		63
$SnC_{30}H_{56}O_8$					
C_4H_9	C_4H_9	$CH(CO_2C_4H_9)_2$	$CH(CO_2C_4H_9)_2$		53
$SnC_{30}H_{60}$					
C_6H_{11} (Cyclohexyl)	C_6H_{11} (Cyclohexyl)	C_9H_{19}	C_9H_{19}		71
$SnC_{31}H_{33}Fe_2N$					
CH_3	CH_3	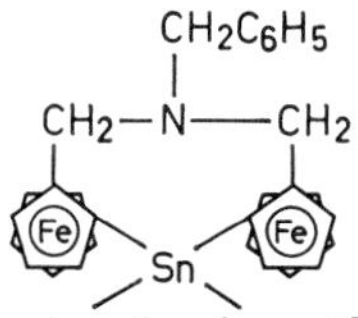 1,4,5,6,6a,10-Hexahydro-dicyclopent[c,f] [1,5]azastannocin 5-Benzyl-10,10-dimethyl-, Fe-Komplex			121,123

$SnC_{34}H_{48}O_8$				
C_4H_9	C_4H_9	$CH(CO_2C_4H_9)CO_2C_6H_5$	$CH(CO_2C_4H_9)CO_2C_6H_5$	53
$SnC_{34}H_{50}Fe_2N_2$				
C_4H_9	C_4H_9	$C_5H_3[CH_2N(CH_3)_2]FeC_5H_5$ (2-Dimethylaminomethyl-1-ferrocenyl)	$C_5H_3[CH_2N(CH_3)_2]FeC_5H_5$ (2-Dimethylaminomethyl-1-ferrocenyl)	53
$SnC_{34}H_{64}O_4$				
C_4H_9	C_4H_9	$C(COCH_3)_2CH_2$ $C_4H_9(C_2H_5)CH$	$C(COCH_3)_2CH_2$ $C_4H_9(C_2H_5)CH$	53
$SnC_{36}H_{26}$				
C_6H_4-*o*-C_6H_5	C_6H_4-*o*-C_6H_5	Sn 5H-Dibenzostannol 5,5-Bis(o-phenoxyphenyl)-		111,115
$SnC_{36}H_{28}$				
C_6H_5	C_6H_5	C_6H_4-*o*-C_6H_5	C_6H_4-*o*-C_6H_5	64
$SnC_{36}H_{28}O_2$				
C_6H_5	C_6H_5	C_6H_4-*p*-OC_6H_5	C_6H_4-*p*-OC_6H_5	64
$SnC_{36}H_{31}Br$				
CH_3	CH_3	C_6H_5	$C(C_6H_5)=C(C_6H_5)$ $(C_6H_5)BrC=C(C_6H_5)$	81, 85
$SnC_{36}H_{31}Cl$				
CH_3	CH_3	C_6H_5	$C(C_6H_5)=C(C_6H_5)$ $(C_6H_5)ClC=C(C_6H_5)$	81, 85
$SnC_{36}H_{31}J$				
CH_3	CH_3	C_6H_5	$C(C_6H_5)=C(C_6H_5)$ $(C_6H_5)JC=C(C_6H_5)$	81, 85
$SnC_{36}H_{36}$				
		C_6H_5, C_4H_9, Sn, C_4H_9, C_6H_5 1,1'-Spirobi[1H-1-benzostannol] 3,3'-Dibutyl-2,2'-diphenyl-		127
$SnC_{36}H_{40}$				
C_6H_5	C_6H_5	C_6H_4-*p*-C_6H_{11} (*p*-Cyclohexylphenyl)	C_6H_4-*p*-C_6H_{11} (*p*-Cyclohexylphenyl)	64
$SnC_{36}H_{52}O_8$				
C_4H_9	C_4H_9	$C(CO_2C_2H_5)_2CH_2C_6H_5$	$C(CO_2C_2H_5)_2CH_2C_6H_5$	53
$SnC_{36}H_{56}Fe_2J_2N_2$				
C_4H_9	C_4H_9	$[C_5H_3[CH_2N(CH_3)_3]FeC_5H_5]J$ ($C_5H_3[CH_2N(CH_3)_2]FeC_5H_5$ = 2-Dimethylaminomethyl-1-ferrocenyl)	$[C_5H_3[CH_2N(CH_3)_3]FeC_5H_5]J$ ($C_5H_3[CH_2N(CH_3)_2]FeC_5H_5$ = 2-Dimethylaminomethyl-1-ferrocenyl)	53
$SnC_{38}H_{28}$				
C_6H_5	C_6H_5	$C_{13}H_9$ (9-Fluorenyl)	$C_{13}H_9$ (9-Fluorenyl)	65